KiWi
Paperback

626

Über das Buch

Seit die amerikanischen Computergenies Ray Kurzweil und Bill Joy – dessen Essay »Warum uns die Zukunft nicht mehr braucht« in diesem Buch erstmals vollständig in deutscher Sprache abgedruckt wird – auf die publizistische Bühne getreten sind, weiß fast jeder, daß die Menschheit vor einem ihrer größten historischen Einschnitte steht. Die dritte industrielle Revolution wird nach Meinung der meisten alle bisherigen Entwicklungssprünge der menschlichen Zivilisation übertreffen. Ihre Chancen sind groß, und ihre Drohungen sind groß. Die Gentechnologie verspricht Krankheiten zu heilen und die Evolution endgültig in die Hand des Menschen zu legen. Computerindustrie und Robotik träumen vom Zeitalter der künstlichen Intelligenz, in dem die Maschine ein eigenes Bewußtsein erhält. Die Nanotechnologie schließlich, als die zugleich exotischste wie erregendste neue Technologie, will nichts anderes als durch Eingriffe in die atomare Struktur der Dinge die Natur imitieren. Was diese Visionen von Science-fiction unterscheidet, ist ihre wissenschaftliche Begründbarkeit. Nicht ob, sondern wann ihre Visionen möglich sind, ist die Frage.

Dieser Band dokumentiert die von Frank Schirrmacher in der FAZ initiierte Debatte und versammelt Stimmen und Texte jener drei Wissenschaftsbereiche, die die Evolution zu privatisieren trachten.

Über den Autor

Dr. Frank Schirrmacher, geb. 1959, Studium der Germanistik und Anglistik, Literatur und Philosophie in Heidelberg und Cambridge. Schirrmacher trat 1985 als Redakteur in die FAZ ein, wurde 1989 als Nachfolger Marcel Reich-Ranickis deren Literaturchef und 1994 Herausgeber.

Frank Schirrmacher (Hrsg.)

Die Darwin AG

Wie Nanotechnologie,
Biotechnologie und Computer
den neuen Menschen träumen

Kiepenheuer & Witsch

1. Auflage 2001

Umschlaggestaltung: Barbara Thoben, Köln
Umschlagfotos: © photonica/Masao Mukai
und GettyOne Stone
Gesetzt aus der Garamond Stempel (Berthold)
bei Kalle Giese, Overath
Druck und Bindearbeiten: Clausen & Bosse, Leck
ISBN 3-462-03008-6

Inhalt

In diesem Band, der die wichtigsten Artikel und Gespräche aus der in der FAZ geführten Debatte versammelt, wird der Beginn der dritten industriellen Revolution diskutiert. Wie jene des neunzehnten und zwanzigsten Jahrhunderts wird sie die Lebenswelt des Menschen dramatisch verändern. Hat die Gründerzeit des neunzehnten Jahrhunderts innerhalb von kürzester Frist Natur und Landschaft verändert und die soziale Infrastruktur fast vollständig revolutioniert, hat sie die großen Städte erzeugt und Zeit und Raum verwandelt, so wendet die ungebremste Veränderungsenergie sich nun dem Menschen selber zu.

Diese »Zuwendung«, der sich zu entziehen dem Menschen praktisch unmöglich gemacht wird, beunruhigt und erregt viele. Wer nicht nur in Dekaden denkt, sondern die Beschleunigungskräfte des vergangenen Jahrhunderts zusammenrechnet, kommt schnell auf einen schwindelerregenden Veränderungsdruck. Der amerikanische Ingenieur Ray Kurzweil, der umstrittenste und zugleich optimistischste Visionär der Zukunft, erwartet, daß die ersten zwanzig Jahre des einundzwanzigsten Jahrhunderts soviel beschleunigen wie das zwanzigste Jahrhundert insgesamt.

Sicher ist heute soviel: Die physikalischen und geistigen Innovationskräfte zielen auf den Mikrokosmos. Die Nanotechnologie stellt bereits ein ganzes Industriekombinat auf Zuckerwürfelgröße vor. Die Gentechnologie hat das Erbgut entziffert und ist im Begriff es zu entschlüsseln. Die Computerindustrie schließlich vermittelt zwischen den beiden Welten.

Als Bill Joy in einem Aufsatz in »Wired« diese drei wissenschaftlich-industriellen Komplexe für einen kurzen, hellsichtigen Moment zusammendachte und einen Warnruf unter dem Titel »Warum die Zukunft uns nicht braucht« publizierte, quittierte mancher dies mit Hohn und Spott. Dabei ist Joy nicht nur ein Pionier der Computerindustrie. Mehr als die »Schöne Neue Welt« der denkenden Maschinen ängstigte ihn das Potential, das die neuen Technologien für den Terrorismus darstellen. Nur wenige Monate nach der Erstveröffentlichung gab ihm die amerikanische Regierung in Teilen Recht.

Ende der fünfziger Jahre begründete Richard Feynman in einem legendären Aufsatz, daß Nanotechnologie auf der subatomaren Ebene wissenschaftlich möglich sei und jedenfalls nicht gegen die Naturgesetze verstoße. Dies ist auch der Blick, der für die anstehende Debatte über die Zukunft zu empfehlen ist: Nicht ob alles möglich ist, sollte man fragen, sondern welche Voraussetzungen im Augenblick geschaffen, welches vertraute Gelände verlassen wird.

Das ist die Stunde der Darwin AG. Sie steht für eine Industrie und für eine Wissenschaft, die die Evolution privatisiert. Erstmals, darüber kann kein Zweifel bestehen, wird der Mensch im 21. Jahrhundert die Evolution in wesentlichen Teilen kontrollieren können. Jenes trial-and-error-Verfahren traditioneller »Züchtung« (indem man etwa Samen radioaktiv bestrahlt und dann aussät), wird gleichsam rational, ökonomisch, planvoll eingesetzt. Gleichzeitig wäre eine Nanotechnologie, der es gelingt, Atome nach Belieben zu verändern, aufzuheben und abzulegen, imstande, praktisch jeden natürlichen Stoff zu reproduzieren – von neuen Symbiosen ganz zu schweigen. Als drittes wird die steigende Kapazität der Computer nicht nur die Kommunikation zwischen den Menschen verändern. Ehe die Computer uns an Intelligenz übertreffen – womöglich eine reine Science-Fiction-Befürchtung – werden sie als Simulationsmaschinen ihre Macht anmelden. Dabei geht es nicht nur, wie in den letzten Jahrzehnten des zwanzigsten Jahrhunderts, um die Simulation von Atomtests. Es werden genetische Veränderungen, komplexe Proteinstrukturen ebenso simuliert werden wie ganze Krankheitsbilder oder mögliche »Wenn-dann«-Szenarien. Biologische Simulation wird mit der medizinischen Prognostik und der soziologischen Logistik im Computer eine ganz neue Verbindung eingehen. Niemand vermag heute zu sagen, welchen sozialen Sprengstoff diese interaktiven Systeme bergen. Was wird wie entschieden werden?

Die drei großen Departments der Darwin AG werden in diesem Band einzeln erörtert. Nanotechnologie, Gentechnologie und Computertechnologie werden von führenden Theoretikern und Essayisten gegeneinander aufgerechnet und in Beziehung gebracht. Dabei ist Bill Joys Aufsatz die Anregung, nicht das Ziel der Debatte.

Nicht nur die Wissenschaften verändern den Menschen. Sie verändern, revolutionieren, ja ruinieren sich auch selbst. Was wird von der Biologie bleiben? Wird Helen Keller Recht behalten, und man wird, bei fortschreitender Komplexität der genetischen Vorgänge, erkennen, daß sie, ebenso wie das »Gen«, nur ein Hilfstitel war? Treten wir in ein postbiologisches Zeitalter, in dem die Steuerung der Lebensvorgänge so normal wird wie heute die Steuerung des Verkehrs oder der Kommunikation? Und wie wird eine Gesellschaft beschaffen sein, von denen jedes einzelne geborene Mitglied Resultat einer zweiten Wahl ist: der gentechnischen Analyse, womöglich der »Verbesserung«.

Die Darwin AG hat ihre Geschäftstätigkeit längst aufgenommen. Es kommt nun darauf an, ihre Bücher zu lesen.

Frank Schirrmacher

Einleitung

Wir alle sind gelernte Skeptiker. Das zwanzigste Jahrhundert, das jetzt hinter unseren Rücken versinkt, war der große Lehrmeister einer intellektuellen und moralischen Ernüchterung. Politik, Gesellschaft, Wissenschaft: sie alle haben einen düsteren Schatten bekommen. Wer diese Nachtseite nicht zur Kenntnis nimmt, hat die Lektion nicht verstanden. Nicht nur Sicherheiten, auch Erwartungen und Hoffnungen wurden zerstört. Selten zuvor in der Menschheitsgeschichte wurden die Gefühle der Menschen so ausgebeutet wie in den beiden Totalitarismen. »Man erwartete den Anbruch des Paradieses« – so beschrieb Gottfried Benn aus der Erinnerung den Jahreswechsel 1900. Niemals zuvor wohl ist Hoffnung so enttäuscht worden wie in dem Jahrhundert, das jener Silvesternacht folgte.

Ob wir deshalb heute so zaghaft sind? Ist das Mißtrauen, das die moderne Gesellschaft gegen sich selbst hegt, so groß, daß sie nur noch von Tag zu Tag zu denken vermag, weil sie schon nach einer Woche an sich selbst zu zweifeln beginnt? Skepsis ist Erbe der Aufklärung: Die Hemmung vor zu großen Worten gehört zu ihr und ein orientierter Pragmatismus, der den Utopien feind und der Praxis freund ist. Aber Aufklärung war immer auch Vertrauen in die menschliche Urteilskraft und also Vertrauen in den freien Menschen selbst. Täuschen die Zeichen nicht, sind wir im Begriff, dieses zweite Testament der Aufklärung, das Bild des autonomen und mündigen Menschen, zu verspielen.

Daß die Zeiten der großen Zukunftsentwürfe und Utopien vorbei sind, wissen wir nun, und für dieses Wissen haben die letzten Generationen bitter bezahlt. Aber bedeutet das, daß wir uns aller Phantasie, Zukunftsimagination, aller Voraus-Sicht begeben müssen? Das letzte Jahrzehnt hat das wiedervereinigte, seine Geschichte nachholende Land mental womöglich mehr isoliert als die vorangegangenen. Die Ausstellung der eigenen Schmerzen sowie die natürlichen und notwendigen Heilungsprozesse haben den Blick verengt. Einzig im Schlagwort »Globalisierung« schwang eine Ahnung von den gewaltigen Umformungsprozessen mit – aber doch eher als ritualisierte Allerweltsvokabel, der man nie ansehen konnte, was in ihr bloße Mode und was Epochenumschwung war.

So entging den Deutschen, daß sich nicht nur die politische Welt verändert hatte. Es entging ihnen, daß ihnen Verwandlungen bevorstehen würden, die noch vor kurzem – wie übrigens auch der Fall der Mauer – in den Bereich der Hirngespinste verbannt worden wären. Jetzt, am Vorabend des Jahres 2001, beginnt nicht nur den Deutschen, beginnt allen europäischen Bürgergesellschaften zu dämmern, daß sie im Beginn der dritten industriellen Revolution stehen.

Skepsis, Nüchternheit, Relativierung – das alles zugestanden, gilt dennoch: Das anbrechende Jahrhundert wird in seinen Beschleunigungskräften und Veränderungsenergien alles in den Schatten stellen, was das zwanzigste Jahrhundert erlebte. Computertechnologie, Molekularbiologie und Nanotechnologie werden die – im Augenblick wahrscheinlichsten – Kandidaten dieses Wandels sein. Das Bedürfnis, im Windschatten der Geschichte zu leben, die Hoffnung »es hinter sich zu haben« (die Hoffnung aller Modernisierungsgegner), der Traum vom ewigen Status quo, den politisch schon die alte Bundesrepublik träumte – dies alles wird uns nicht erfüllt werden. Sonderbar, daß daran überhaupt Zweifel bestehen können.

Wir sind Kinder oder Enkel einer Generation, an deren Lebensanfang das Pferdefuhrwerk und an deren Lebensende die Raumfahrt steht. Wir sind Nachgeborene oder sogar Zeugen eines Prozesses, in dem sich historische Veränderungsgeschwindigkeit potenzierte wie nie zuvor. Und man glaubt, damit sei es nun vorbei? Am Anfang unseres Jahrhunderts steht die Raumfahrt, was wird in seiner Mitte, was an seinem Ende stehen?

Zum ersten Mal haben die Europäer begründete Hoffnung, daß diesmal nicht der Krieg die große Beschleunigungsmaschine spielen wird. Wäre es dann nicht an der Zeit, über die Zukunft mit

ein wenig renaissancehafter Stimmung, mit Aufbruchsbegeiste-
rung, mit huttenschem Enthusiasmus zu reden? »Kulturelle Evolution«, so schreibt der amerikanische Wissenschaftshistoriker
Steven J. Gould, »ist mit einem Tempo vonstatten gegangen, das
darwinistische Prozesse auch nicht annähernd erreichen können.
Was wir in einer Generation lernen, übertragen wir direkt durch
Unterricht und Schreiben.« Alles spricht dafür, daß Gould recht
hat mit seiner These, daß kulturelle Evolution seit der Aufklärung
und dem Aufkommen der Wissenschaft in den letzten Jahrhunderten sich regelmäßig potenzierte: Nicht nur wir und unsere
Eltern litten unter dem Veränderungsdruck. Seit 300 Jahren
durchzieht die Klage und die Freude über ihn die gesamte Literatur des Kontinents.

Das Zeitalter der Totalitarismen ist vorüber. Alles spricht dafür, daß wir in eine Epoche des aufgeklärten Positivismus eintreten. Die Erfolge der Gentechnologie werden unser Bild des
Menschen – ob wir wollen oder nicht – nachhaltig verändern. Die
Frage, ob man Genscreening an Ungeborenen ausführen sollte,
wird durch die verbesserte Diagnostik immer drängender. Es gehört keine große Phantasie dazu, sich klarzumachen, daß nicht
der Staat, sondern daß – im Rückgriff fast auf urrechtliche Bestim-
mungen – Mutter und Vater die Entscheidungsträger sein werden.
Gleichzeitig entsteht im Herzen unserer Gesellschaft eine neue,
weitreichende und noch gar nicht abzuschätzende Ideologie. Ihr
Name ist »Gesundheit« oder »Health« – der amerikanische Gen-
pionier Craig Venter etwa ist der Überzeugung, daß sich nach der
Skepsis des zwanzigsten Jahrhunderts die Menschen der West-
halbkugel künftig nur noch im Namen der Gesundheit mobilisie-
ren lassen. Vorhersehbar ist ein Siegeszug »grüner«, also botani-
scher Gentechnik in den Entwicklungs- und Schwellenländern.
Gleichzeitig werden die Computer der neuesten Generation
immer öfter zur Berechnung nichtlinearer Phänomene eingesetzt
werden. Die arithmetische Durchdringung von Chaossystemen
könnte schon bald unsere gesamte Weltwahrnehmung ändern.
Und schließlich verspricht die von Bill Clinton geförderte Nano-

technologie den Zugriff des Menschen auf das Atom selbst, und das heißt: die Reproduktion der Natur selbst.

»Eine neue wissenschaftliche Wahrheit«, so lautet ein berühmter Satz Max Plancks, »pflegt sich nicht in der Weise durchzusetzen, daß ihre Gegner überzeugt werden und sich als belehrt erklären, sondern vielmehr dadurch, daß die Gegner allmählich aussterben und daß die heranwachsende Generation von vornherein mit der Wahrheit vertraut gemacht wird.« Das gilt auch für den Umgang mit wissenschaftlicher Praxis: Eine Generation, die etwa bereits mit der Genanalyse aufgewachsen ist, wird eine neue soziale und politische Realität schneller durchsetzen, als manchen von uns lieb sein kann.

Was immer davon eintreten mag – und ich erwähne hier nur die nüchternsten Pläne –, gewiß ist: Im einundzwanzigsten Jahrhundert wird die Menschheit versuchen, zum ersten Mal in ihrer Geschichte die Evolution fundamental (über Züchtung von Rosen weit hinaus) zu steuern. Womöglich hat der Biologe Richard Dawkins recht, und Charles Darwin wird als einziger der berühmten Trias (Darwin, Marx, Freud) im neuen Jahrhundert überdauern.

Das alles ist gewiß auch Grund zur Sorge. Aber manchmal will einem scheinen, wir hätten unseren Teil an Sorge, Skepsis, Furcht und Nüchternheit ohnehin längst entrichtet. Nicht nur die Auflagenentwicklung populärer wissenschaftlicher Literatur zeigt, daß die Menschen begierig sind zu erfahren, was gedacht wird und was möglich sein kann. Uns steht ein neues Zeitalter der Entdeckungen bevor.

Frank Schirrmacher

I.
Die dritte Kultur

Frank Schirrmacher

Welträtsel

Als Karriere ist das Phänomen so alt wie Ernst Haeckels 1899 erschienene »Welträthsel«: Die popularisierte Naturwissenschaft erzielt gewaltige Auflagen und gewinnt, wie im Falle Haeckels, Macht über das Weltbild ganzer Generationen. Die »Welträthsel«, pünktlich zur letzten Jahrhundertwende veröffentlicht, verdrängten die theologische Deutung der Naturgeschichte und machten die Deutschen mit den »letzten« Geheimnissen von Physik und Chemie, vor allem aber mit der Evolutionslehre bekannt.

Seither gehört Naturwissenschaft ins Kontor des Verlagskaufmanns. Ihr Marktanteil an den Bestsellern wuchs beständig. Zwar gab es Widerstände: die in den siebziger und achtziger Jahren fast schon redensartlich gewordene Enttäuschung über die falschen oder zumindest übereilten Versprechen der Wissenschaften, die große Krise des Fortschrittsglaubens, der durch die Atomtechnik symbolisiert wurde, überhaupt: die Grenzen des Wachstums mit dem schon vorherberechneten Selbstmord des Menschengeschlechts. Dies alles ist längst vorbei. Kaum noch jemand sehnt sich nach dem bekennenden Antirationalismus zurück, der die letzten Lebensjahre der alten Bundesrepublik umwölkte und der nur ein fernes Aroma der psychedelischen Steppenwolf-Trips der sechziger Jahre war.

Die großen wissenschaftlichen Bestseller sind klar, präzise, spannend. Sie verändern die Öffentlichkeit. Und sie verändern die Wissenschaft selbst. Stephen Hawkings »Kurze Geschichte der Zeit« verdankte ihren Ruhm gewiß auch dem Lebensschicksal ihres Autors; aber dieses Schicksal reicht nicht aus, um Dauer und Umfang dieses Triumphes zu erklären. Bücher über Anfang und Ende des Universums, die Popularisierung der Quantentheorie, neueste Erkenntnisse der Genetik oder der Evolutionsforschung – viele von ihnen finden sich auf Bestsellerlisten, zuweilen monatelang. Sie üben einen nicht nur über Jahre, sondern über Jahrzehnte meßbaren Einfluß aus, wie Dorothy Nelkin in ihrer Studie »Selling Science« nachgewiesen hat. Ein Großteil der Forscher in den Vereinigten Staaten wurde in seinem Bildungsroman durch drei Parameter geprägt: populärwissenschaftliche Bücher, Science-fiction-Romane und Heimcomputer. »Ich wollte wissen, was wir nicht wissen«, beschreibt Freeman Dyson diese populärliterarische Initiation.

Die »Welträthsel« waren der Weg der sich religiös entbindenden und technisch emanzipierenden wilhelminischen Gesellschaft in den Positivismus der Naturwissenschaft. Die heutige populäre Naturwissenschaft – beginnend mit Hawking und endend mit der Berliner Ausstellung »Sieben Hügel« – trägt durchaus Züge eines Religionsersatzes. Die Utopien und Visionen der Wissenschaftler, die Hypothesen der Kosmologen oder die Theorien der Genforscher: Sie alle beflügeln im Leser die Sehnsucht nach Bedeutung oder Sinn oder Geschichte. Man kann die Symbolik nicht übersehen: Die beiden Wissenschaften, die das größte gegenwärtige Interesse auslösen, sind Astronomie und Genetik. Die Genetik versucht im Augenblick, aus den Buchstaben des endlich sequenzierten menschlichen Genoms einen Sinn zu buchstabieren, kurz: mit Hilfe immer besser werdender Computer die Ursprache des Lebens zu lernen. Die Astronomie, die andere große Modewissenschaft, blickt mit immer besseren Teleskopen immer tiefer ins All, dorthin, wo das erste Licht war, und das heißt: immer weiter zurück in die Vergangenheit. Entschlüsselung der Ursprache und Suche nach dem Lichtschimmer des ersten Schöpfungstags: Die Begriffe klingen wie Metaphern, aber sie bestimmen den realen Gegenstand der heutigen Großforschung.

Die letzte große industrielle und wissenschaftliche Revolution ist den Menschen vor allem durch Kunst und Literatur entschlüsselt worden. Galilei bevölkert Miltons »Paradise Lost«. Von Balzac bis Thomas Mann und James Joyce, von Rilke bis Benn ist die Literatur immer auch die Literatur des wissenschaftlichen Weltbildwechsels gewesen. Zugleich hat Literatur den Wissenschaftler selbst zum Helden gemacht: von Goethes »Faust« über Mary Shelleys »Frankenstein« bis zu Dürrenmatts »Physikern« und Michael Frayns »Copenhagen«. Daß der Geisteswissenschaftler seinen Kollegen aus der anderen Fakultät interpretiert und dolmetscht, gehört zu den Routinen der Geschichte.

Kaum je zuvor freilich stand Naturwissenschaft so nah am Rand von Erkenntnissen und Praktiken, die die Gesellschaft durchrütteln und umordnen werden. Niemand weiß, wohin die Gentechnologie führt. Aber schon jetzt ist klar, daß sie beginnt, unseren Begriff von der Soziologie der Gesellschaft (»das egoistische Gen«) ebenso zu verändern wie unsere medizinische Praxis. Auf die Grundfragen einer gesellschaftlichen Moral – vom therapeutischen Klonen bis zum Gentest – hat unsere Gesellschaft keine nichtwissenschaftliche Antwort.

Hier liegt der Sinn der Wissenschaftsvermittlung. Sie muß von den Wissenschaftlern selbst ausgehen. Sie müssen mit dem Mut zur Popularisierung ihre Vision der Zukunft erzählen oder von anderen erzählen lassen. »Molekularbiologie und Astronomie«, so schrieb in einem soeben erschienenen Buch Freeman Dyson, »sind die am schnellsten wachsenden Gebiete der Wissenschaft. Sie wachsen in der Schnelligkeit, in der die Physik vor fünfzig Jahren gewachsen ist. Die großen Überraschungen in der Naturwissenschaft entstehen dank neuer Werkzeuge, nicht unbedingt aufgrund neuer Theorien.«

Von Galileis Fernrohr bis zum Rasterelektronenmikroskop verwahrt dieser Werkzeugkasten des wissenschaftlichen Fortschritts die Geräte unserer Erkenntnis. Deren fortschrittlichstes und wichtigstes aber ist das Buch. Es ist mächtiger als jeder Sprengstoff. Es hat in den Namen Darwin, Marx und Freud unser aller Vergangenheit bestimmt. Die Naturwissenschaft, die dieses Werkzeug jetzt benutzt, könnte uns unsere Zukunft entschlüsseln.

17. Oktober 2000

Frank Schirrmacher

Die Nachschulung
Europa schläft: Künstliche Intelligenz und Heideggers Software

Man reibt sich die Augen: Fast wöchentlich werden wir von technologischen und wissenschaftlichen Innovationen überrascht wie kaum eine Generation zuvor, und Europa schweigt. Craig Venter decodiert das menschliche Genom, und es ist in der Öffentlichkeit allenfalls ein Fall für das Patentamt. Die immer weitreichendere Abhängigkeit von der Datenvernetzung wird erst ein Thema, wenn der Liebesvirus für einen Tag die Systeme lahmlegt. Der amerikanische Theoretiker und Computerexperte Ray Kurzweil verkündet unter dem Beifall des amerikanischen Publikums, daß Computer noch zu unseren Lebzeiten den menschlichen Verstand übersteigen werden, und in Deutschland kennt man noch nicht einmal seinen Namen – vielleicht auch deshalb, weil sein Bestseller »The Age of Spiritual Machines« im letzten Jahr unter dem fast schon parodistisch altbackenen Titel »Homo s@piens« in deutsch erschien.

Die Geschichte des europäischen Intellektuellen im neuen Jahrhundert beginnt mit seinem störrischen oder linkischen Drumherumschweigen. Man sieht ihn förmlich vor sich, wie er mit seinem neuen Textverarbeitungsprogramm hantiert – dieses genervte und wütende Nichtzurechtkommen, dieser angeblich fehlende »technische Verstand«, dieser Überdruß, der sich – oft ja zu Recht – schon beim Einstecken der Kabel anmeldet: Dies alles kennzeichnet auch die Geisteshaltung dem revolutionären Paradigmenwechsel selbst gegenüber. Die neue Welt kam nicht als Gedanke über uns Europäer, sondern als Nachschulung: von der Schreibmaschine auf den Computer, vom Computer aufs Internet.

Vielleicht deshalb denken viele europäische Intellektuelle, es handele sich gegenwärtig um eine jener technologischen Adaptionen, die unsere Vorfahren mit der Erfindung des Automobils oder des Kühlschranks auch schon gemacht haben. Das ist sicher ein Irrtum. Es könnte ja sein, daß Ray Kurzweil unrecht hat mit seiner Prognose, wir würden in den nächsten zwanzig Jahren durch Bio-, Nano- und Computertechnologie mehr Veränderungen unserer Lebenswelt erfahren als im ganzen zwanzigsten Jahrhundert – aber es wäre doch angezeigt, insbesondere in Zeiten einer technologiebewußten »grünen« Regierungsbeteiligung, darüber zu reden. Aber wir wuseln mit unseren Kabeln und Steckern und Anschlüssen herum, während anderswo das Programm unserer Zukunft geschrieben wird.

»Europa hat aufgehört zu denken«, sagt Jaron Lanier. »Aber es hat die Software geliefert.« All die Fragen, die sich die abendländischen Philosophen gestellt hätten, all die Fragen nach Sein, Schein und Bewußtsein, würden sich nun bald auch die Computer zu stellen beginnen. »Sie können dann auf die Software bei Kant und bei Heidegger zurückgreifen.«

Jaron Lanier ist einer der Cyber-Gurus Amerikas und Protagonist jener neuen Intellektuellenszene, von der Europa noch kaum eine Ahnung hat und doch endlich eine haben müßte, um aus dem Schlaf des alten Jahrhunderts aufzuwachen. Vor Jahren hat Lanier den Begriff »Virtual Reality« erfunden und wurde durch spektakuläre Softwareprogramme berühmt. Jetzt rekonstruiert er altägyptische Musik. »Wir werden etwas hörbar machen, was einst bei den Pharaonen so gehört wurde – wenn man so will: der klassische Anwendungsfall von ›reverse engineering‹.« Lanier ist überzeugt, daß die technische Evolution im Begriff ist, künstliche Intelligenz hervorzubringen. Doch wird sie immer wieder an ihren Softwarefehlern verzweifeln. Kant, Schopenhauer, Nietzsche sind auch nur fehlerhafte Versionsnummern des Selbstbewußtseins. »Die Philosophen haben die Menschen einem ständigen Beta-Testing ihrer Software unterworfen.«

Es ist wunderlich, wie sehr die technologische Elite des neuen Jahrhunderts ins Vorvergangene zurückgreift. Bill Gates, der Leonardo da Vinci und Kunstwerke mit Copyright sammelt und damit die Geschichte seines Selbstbewußtseins erzählt. Craig Venter, der Entzifferer des Genoms, der die Entdeckungsfahrt von Christoph Kolumbus in einem Einmannsegler nachmacht. Ray Kurzweil, der einflußreiche Chronist der technologischen Revolution (und Inhaber unzähliger Patente), der seine Computer Shakespeare-Gedichte nacherfinden läßt. Daniel Hillis, der Konstrukteur der Supercomputer, baut eine mechanische Uhr, die zehntausend Jahre funktionieren soll. »Das wird«, so sagt er, »mein eigenes kleines Stonehenge.« Und schließlich Nathan Myhrvold, »the brain of Gates« (»das Gehirn von Gates«), der umfangreiche Expeditionen zum Leben der Dinosaurier betreibt.

Die Rechenleistung von Computern hat sich, so erklärt Nathan Myhrvold, seit 1970 um den Faktor 1 Million erhöht. Es würde in dieser Geschwindigkeit noch einmal zwei Jahrzehnte so weitergehen. Der Faktor von einer Million, so könne man sich den Vorgang veranschaulichen, reduziere ein Jahr auf dreißig Sekunden. Das heißt, daß heute ein neuer Computer in dreißig Sekunden die Rechenleistung erbringt, für die eine ältere Maschine ein Jahr gebraucht hat. Im Jahre 2010 wird ein Computer in dreißig Sekunden das tun können, wofür ein Computer aus den siebziger Jahren eine Million Jahre gebraucht hätte. Vielleicht deshalb dieser Aufbruch zu den Dinosauriern. »Wir erleben eine zweite Evolution«, sagt Myhrvold.

Unsere Nachkommen, so glaubt er, würden unsere Zeit- und Raumperspektiven so wenig begreifen, wie wir die des Mittelalters. Als Assistent von Stephen Hawking hat Myhrvold einst das Entstehen einer »Geschichte der Zeit« und einer neuen Kosmologie begleitet. »Die Astronomen haben sich ihre Werkzeuge gebaut, und jetzt bauen sich die Bioinformatiker endlich ihr neues Werkzeug.« Die Verbindung von Gentechnologie und Informatik werde eine gewaltige Revolution auslösen. Er sagt voraus, daß wie bei dem Modell AOL und Time-Warner kleine Biotechfirmen riesige Pharmakonzerne kaufen werden. »Die Dimensionen werden zumindest das sprengen, was ich mir vorstellen kann.« Man muß wissen, was Myhrvolds Dimensionen sind: Als zentraler Wissenschaftsstratege bei Microsoft ist der frühere Assistent Stephen Hawkings zum Milliardär geworden.

Wer in den fünfziger Jahren nach Paris reiste, tat das vielleicht, um in irgendeinem Café Sartre Hof halten oder mit Camus streiten zu sehen. Wer am Freitag, den 19. Mai in die Lobby des Waldorf-Astoria gegangen wäre, hätte nur einen Vierzigjährigen und einen Dreißigjährigen gesehen. »Weiß es, was es ist?« fragt der Vierzigjährige. »Es ist noch ein Baby«, sagt der Dreißigjährige. Der Dreißigjährige heißt Ben Goertzel, und er hat Gleichaltrige aus der ganzen Welt in seiner Firma versammelt, um künstliche Intelligenz für das Internet zu erzeugen. Der Vierzigjährige ist Nathan Myhrvold, und er gibt dem Jüngeren genau fünfzehn Minuten Zeit, um sein Schicksal zu bestimmen. »Um unser Baby großzuziehen, werden wir mit ihm nicht über Bäume und Blumen und Zähne reden, denn es wird von diesen Dingen niemals etwas erfahren. Wir werden mit ihm über Dateien und Midi-Sequenzen und Shapes reden, denn dies sind Dinge, über die das Baby und wir selbst Erfahrungen gesammelt haben.« Was sich hier abspielt, ist wie die Begegnung zwischen zwei Künstlern, dem berühmten älteren und dem wilden jungen, und es fehlte nur, daß Goertzel zu Myhrvold wie einst Heine zu Goethe auf die Frage, woran er denn arbeite, antwortete: »An einem Faust.«

Gentechnologie und die Entwicklung künstlicher Intelligenz, so sagt Myhrvold, sind die beiden zentralen Obsessionen der amerikanischen Wissenschaftselite. In einem Text, der sich im Internet abrufen läßt, hat er die Grenzen dieses Vorhabens illustriert. Ein Beispiel sind die verschiedenen Möglichkeiten, mit denen sich 59 Objekte anordnen lassen – also kaum mehr als ein Kartenspiel. Um alle Möglichkeiten der Anordnung der 59 Objekte zu errechnen, bedürfe es 10 hoch 20 Anordnungen. Das entspräche der Anzahl aller Protonen und Neuronen im Universum.

»Europa hat aufgehört zu denken«, sagt Lanier ohne Bosheit und fügt später hinzu: »Vielleicht werden wir hier ja verrückt.«

25

Junge Männer, die jungen Milliardären die Entwicklung von künstlicher Intelligenz wie ein Gedicht vorsagen. Wissenschaftler wie Daniel Hillis, der den leistungsfähigsten Computer der Welt gebaut hat und nun eine mechanische Uhr, die vielleicht noch in einer Zeit ohne Menschen die Stunde schlägt. Hillis, den Marvin Minsky zu den bedeutendsten Wissenschaftlern unserer Zeit zählt, hat Parallelrechner gebaut, die die Evolution simulieren. Seine Maschinen waren so leistungsfähig, daß die amerikanische Regierung den Verkauf seiner Firma »Thinking Machines« an ein japanisches Unternehmen aus Gründen der nationalen Sicherheit untersagte. Wo landete der Theoretiker des »artificial life«? »Bis vor kurzem war ich bei Disney. Aber ich habe gekündigt. Es war eine große Erfahrung. Aber nur ein Übergang für den nächsten Schritt zur Herstellung von ›artificial life‹.«

Ray Kurzweil spricht von dem Zeitalter der »spiritual machines« – und in der Tat: An der äußersten Front der Technologie ist eine ebenso spirituelle wie materialistische Bewegung entstanden. Wie jede Bewegung hat sie ihre profanen Seiten, und fragt man die Beteiligten nach dem Ausdruck dieser Profanität, nennt jeder von ihnen ausnahmslos den Namen von Bill Gates, als wäre er der Stalin, der ideologische Verräter des Computerzeitalters. Aber das sind schon Nebenkriegsschauplätze. »Wir alle«, sagt Lanier, »haben Anteil daran, daß Microsoft zerlegt wird. Zerlegt, in seine Bestandteile«, das klingt aus seinem Munde wie: »in Haut und Knochen zerlegt«. Das Neue, das heraufzieht, wird mit Windows so wenig zu tun haben, wie der Monitor mit einem Fenster. Was dann? Man soll an das Naheliegende denken, um die Dimensionen der Revolutionen zu begreifen, empfiehlt Hillis, der, anders als Myhrvold, noch nicht zum Milliardär geworden ist und eine neue Firma gründet: Denken Sie an den Besuch auf dem Amt, in der Schule, Universität, Bibliothek und beim Arzt – all das wird in ein paar Jahrzehnten nicht mehr so sein, wie Sie es kennen.

Um ein wenig vorherzuwissen, werden wir die Theoretiker der, wie es John Brockman nennt, »dritten Kultur« zu Wort kommen lassen. Europa soll nicht nur die Software von Ich-Krisen und Ich-

Verlusten, von Verzweiflung und abendländischer Melancholie liefern. Wir sollten an dem Code, der hier geschrieben wird, mit-
schreiben.

23. Mai 2000

II.
Wir und die Zukunft:
Die Joy-Debatte

Bill Joy

Warum die Zukunft uns nicht braucht

Die mächtigsten Technologien des 21. Jahrhunderts – Robotik, Gentechnik und Nanotechnologie – machen den Menschen zur gefährdeten Art

Wir erleben eine Revolution. Wer redet davon? Die Thesen, die Bill Joy in »Wired« veröffentlichte, sind in Deutschland über ein paar zaghafte Interviews nicht hinausgekommen – obgleich sie mit den aktuellen Debatten, etwa um das neue amerikanische Verteidigungssystem, ursächlich zu tun haben – und durchaus mit Einsteins Brief vom 2. August 1939 verglichen werden können. Das essentielle Buch von Ray Kurzweil, auf das sich Joy bezieht, erschien auf deutsch unter dem Titel »Homo s@piens« bei Kiepenheuer & Witsch.

Seit ich mich mit der Entwicklung neuer Technologien befasse, haben deren ethische Dimensionen mich interessiert, aber erst im Herbst 1998 wurde mir bewußt, welche Gefahren uns im 21. Jahrhundert erwarten. Mein Unbehagen nahm seinen Anfang, als ich Ray Kurzweil begegnete, dem verdientermaßen berühmten Erfinder der ersten Lesemaschine für Blinde und vieler anderer erstaunlicher Dinge.

Wir hatten beide einen Vortrag auf der George Gilder's Telecosm Conference gehalten, und ich traf ihn zufällig in der Hotelbar, nachdem wir unsere Sitzungen hinter uns gebracht hatten. Ich saß mit John Searle zusammen, einem Philosophen aus Berkeley, der sich mit Fragen des Bewußtseins beschäftigt. Ray setzte sich zu uns, und es begann ein Gespräch, dessen Gegenstand mir bis heute nachgeht.

Ich hatte Rays Vortrag verpaßt und ebenso die anschließende Diskussion, an der er und John teilgenommen hatten; die beiden griffen den Faden dort wieder auf, wo sie ihn hatten fallen lassen, und Ray erklärte, die technische Entwicklung werde sich weiter beschleunigen, wir würden selbst zu Robotern oder mit ihnen verschmelzen, und John entgegnete, das werde nicht geschehen, weil Roboter kein Bewußtsein entwickeln könnten.

Solche Dinge hatte ich schon früher gehört und dabei stets gedacht, empfindungsfähige Roboter gehörten in das Reich der Science-fiction. Doch nun brachte jemand, den ich respektierte, überzeugende Argumente für die These vor, daß solche Roboter schon bald Wirklichkeit werden könnten. Ich war vor allem deshalb verblüfft, weil Ray bereits bewiesen hatte, daß er die Zukunft vorauszusehen und zu gestalten vermochte. Ich wußte bereits, daß neue Technologien wie Gentechnik und Nanotechnologie uns die Möglichkeit geben, die Welt grundlegend zu verändern, aber ein realistisches Szenario für intelligente Roboter in allernächster Zukunft überraschte mich.

Im Jahre 2009 wird ein 1000-Dollar-Computer eine Milliarde Rechenoperationen pro Sekunde leisten können. 2019 werden die Computer den Turing-Test bestehen, das heißt wie menschliche Wesen in einem beliebigen Gespräch agieren, ohne daß sie als Computer erkennbar werden. Um das Jahr 2029, so die Prognose von Ray Kurzweil, kann das menschliche Gehirn gescannt und in einem Computer dupliziert werden – der Beginn eines chipimplantierten »ewigen« Lebens.

Entnommen dem Buch »Homo s@piens« von Ray Kurzweil

Man kann solcher Durchbrüche leicht überdrüssig werden. Fast täglich hören wir in den Nachrichten von irgendeinem technologischen oder wissenschaftlichen Fortschritt. Aber dies war keine gewöhnliche Voraussage. In der Hotelbar gab Ray mir einen Vorabdruck mit einem Auszug aus seinem damals im Erscheinen begriffenen Buch »The Age of Spiritual Machines« (deutsch: »Homo s@piens. Leben im 21. Jahrhundert«), in dem er eine Utopie vorstellt und die Voraussage macht, daß die Menschen durch die Verschmelzung mit der Robotertechnik nahezu Unsterblichkeit erlangen werden. Die Lektüre verstärkte mein Unbehagen noch; ich war mir sicher, daß er die Gefahren und die Wahrscheinlichkeit eines schlechten Ausgangs dieser Entwicklung noch untertrieben darstellte.

Am stärksten beunruhigte mich eine Passage, in der ein dystopisches Szenario geschildert wurde: »Die neue ludditische Herausforderung: Setzen wir zunächst einmal voraus, daß es Computerwissenschaftlern gelingt, intelligente Maschinen zu entwickeln, die alles besser können als Menschen. In diesem Fall werden vermutlich riesige, hochkomplexe Maschinensysteme die gesamte Arbeit verrichten, so daß menschliche Arbeit überflüssig wird. Daraus ergeben sich zwei Möglichkeiten: Entweder der Mensch läßt es zu, daß die Maschinen selbst Entscheidungen treffen, ohne Kontrolle durch den Menschen, oder er behält die Kontrolle über die Maschinen. Wenn wir zulassen, daß die Maschinen alle Entscheidungen selbst treffen, können wir keine Mutmaßungen über die Ergebnisse anstellen, denn es läßt sich unmöglich sagen, wie sich solche Maschinen verhalten werden. Wir weisen nur darauf hin, daß das Schicksal der Menschheit dann von den Maschinen abhängen würde. Dagegen ließe sich nun einwenden, daß die Menschheit niemals so dumm sein würde, alle Macht an die Maschinen abzutreten. Doch wir behaupten ja gar nicht, daß die Menschen den Maschinen freiwillig die Macht überlassen oder daß die Maschinen absichtlich die Macht ergreifen würden. Wir behaupten lediglich, daß die Menschheit leicht in eine Abhängigkeit von den Maschinen geraten könnte, so daß ihr faktisch gar keine andere Wahl bliebe, als die Entscheidungen der Maschinen zu akzeptieren. Wenn die Gesellschaft und die Probleme, denen sie gegenübersteht, immer komplexer und die Maschinen immer intelligenter werden, lassen sich die Menschen von den Maschinen immer mehr Entscheidungen abnehmen, und zwar aus dem einfachen Grund, weil die von Maschinen getroffenen Entscheidungen zu besseren Resultaten führen als ihre eigenen. Schließlich

wird ein Punkt erreicht, an dem die Entscheidungen, die zur Aufrechterhaltung des Systems notwendig sind, so komplex werden,
daß die Menschen selbst nicht mehr in der Lage sind, sie in intelligenter Weise zu treffen. In diesem Stadium üben die Maschinen
faktisch die Kontrolle aus. Die Menschen haben nicht mehr die
Möglichkeit, die Maschinen abzustellen, denn sie sind von ihnen
so abhängig geworden, daß Abschalten einem Selbstmord gleich-
käme. Auf der anderen Seite ist es möglich, daß die Menschen die
Kontrolle über die Maschinen behalten. In diesem Fall hätte der
Durchschnittsmensch die Kontrolle über bestimmte Maschinen
in seinem Privatbereich wie etwa sein Auto oder seinen Personal
Computer, doch die Kontrolle über die großen Maschinensysteme läge in den Händen einer kleinen Elite – genau wie heute,
nur mit zwei Unterschieden. Dank der verbesserten Technik wird
die Elite die Massen wirkungsvoller kontrollieren können; und
weil menschliche Arbeit überflüssig ist, werden auch die Massen
überflüssig und nutzlos, mithin zu einer Belastung des Systems.
Ist die Elite rücksichtslos, so kann sie einfach beschließen, die
Masse der Menschen auszurotten. Ist sie human, so könnte sie
mit propagandistischen oder anderen psychologischen oder biologischen Mitteln die Geburtenraten drücken, bis die Masse der
Menschen ausstirbt und der Elite die Welt überläßt. Die Elite kann
aber auch, wenn sie aus weichherzigen, liberal denkenden Menschen besteht, beschließen, für den Rest der Menschheit den
guten Hirten zu spielen. Dann sorgt sie dafür, daß die materiellen
Bedürfnisse eines jeden befriedigt werden, daß alle Kinder unter
psychologisch günstigen Bedingungen aufwachsen, daß jeder ein
sinnvolles Hobby bekommt, das ihn ausfüllt, und daß jeder Unzu-
friedene einer ›Behandlung‹ unterzogen wird, die ihn von seinem
›Leiden‹ kuriert. Natürlich wird dieses Leben so sinnlos sein, daß
die Menschen biologisch oder psychologisch manipuliert werden
müssen, entweder um ihr Bedürfnis, an Entscheidungsprozessen
mitzuwirken, zu unterdrücken oder sie dazu zu bringen, ihren
Machttrieb zu ›sublimieren‹ und in einem harmlosen Hobby aus-
zuleben. Diese manipulierten Menschen mögen in einer solchen

34

Gesellschaft glücklich sein, aber sie sind mit Sicherheit nicht frei. Sie sind zu Haustieren degradiert.« (»Homo s@piens«, S. 281 f.)

In Kurzweils Buch erfährt man erst nach der Lektüre der Passage, daß ihr Autor Theodore Kaczynski ist – der Unabomber. (Die zitierte Passage stammt aus Kaczynskis Unabomber-Manifest, das die »New York Times« und die »Washington Post« unter Vorbehalten veröffentlichten, um seinem Treiben ein Ende zu setzen. Ich stimme mit David Gelernter überein, der über diese Entscheidung gesagt hat: »Es war ein schwerer Entschluß. Ja zu sagen hieß, sich auf den Terror einzulassen, und nach allem, was sie wußten, log er ohnehin. Es bestand auch die Chance, daß jemand den Text las, der daraus auf seinen Autor schließen konnte. Und genau das geschah; sein Bruder las den Text, und da läutete bei ihm eine Glocke. Ich hätte ihnen wohl geraten, den Text nicht zu veröffentlichen. Zum Glück haben sie mich nicht gefragt.« (»Drawing Life: Surviving the Unabomber«, 1997, S. 120.) Ich setzte mich wahrhaftig nicht für Kaczynski ein. In einer 17 Jahre dauernden Terrorkampagne haben seine Bomben drei Menschen getötet und zahlreiche andere verwundet. Mein Freund David Gelernter, einer der brillantesten und weitsichtigsten Computerwissenschaftler unserer Zeit, ist von einer dieser Bomben schwer verletzt worden. Wie viele meiner Kollegen hatte auch ich das Gefühl, ich könne durchaus das nächste Ziel des Unabombers sein.

Kaczynskis Taten waren mörderisch und kriminell. Er ist eindeutig ein Maschinenstürmer, aber damit hat man seine Argumentation noch nicht entkräftet. So schwer es mir auch fiel, ich mußte zugeben, daß der in dieser Passage geäußerte Gedanke nicht ganz abwegig war. Ich fühlte mich gedrängt, ihm zu widersprechen.

Kaczynskis dystopische Vision beschreibt unbeabsichtigte Folgen, ein bekanntes Problem in der Entwicklung und Anwendung von Technologien, das eng mit Murphys Gesetz zusammenhängt: »Was schiefgehen kann, das geht auch irgendwann einmal schief.« (Eigentlich stammt das Gesetz von Finagle und müßte daher Finagles Gesetz heißen – was wiederum beweist, daß Finagle recht hatte.) Der übermäßige Einsatz von Antibiotika hat zu dem wohl größten Problem dieser Art geführt: zur Entstehung antibiotikaresistenter und daher weitaus gefährlicherer Bakterien. Aus dem Versuch, die Malariamücken mit DDT auszurotten, sind DDT-resistente Mücken entstanden, und auch die Malariaerreger haben mehrfachresistente Gene erworben (siehe Laurie Garrett, »The Coming Plague«, 1994).

Die Ursache solcher Überraschungen scheint klar: Die betreffenden Systeme sind komplex; sie umfassen Wechselwirkungen und Rückkopplungsprozesse zwischen zahlreichen Teilen. Jede Veränderung solch eines Systems löst eine Kette von Reaktionen aus, die sich nur schwer voraussehen lassen; das gilt insbesondere für Systeme, in denen menschliches Handeln eine Rolle spielt.

Ich begann, Freunden das Kaczynski-Zitat aus Kurzweils Buch zu zeigen; ich gab ihnen das Buch, ließ sie das Zitat lesen und beobachtete ihre Reaktion, wenn sie entdeckten, wer das geschrieben hatte. Etwa um dieselbe Zeit stieß ich auf Hans Moravecs Buch »Robot: Evolution from Mere Machine to Transcendent Mind« (deutsch: »Computer übernehmen die Macht«). Moravec gehört zu den führenden Forschern auf dem Gebiet der Robotik und war Mitbegründer des weltweit größten Robotik-Forschungsprogramms an der Carnegie Mellon University. Sein Buch gab mir weiteres Material an die Hand, das ich an meinen Freunden ausprobieren konnte, Material, das Kaczynskis Argumentation überraschenderweise stützte.

»Kurzfristig (frühes 3. Jahrtausend): Biologische Arten überleben meist nicht die Begegnung mit überlegenen Konkurrenten. Vor zehn Millionen Jahren waren der süd- und der nordamerikanische Halbkontinent voneinander getrennt, weil die Landbrücke des heutigen Panama unter dem Meeresspiegel lag. Damals lebten in Südamerika wie heute in Australien zahlreiche Beuteltiere, darunter marsupiale Entsprechungen unserer plazentalen Ratten, Hirsche und Tiger. Als die Meerenge zwischen Nord- und Südamerika sich schloß, dauerte es nur wenige tausend Jahre, bis die plazentalen Säugetiere des Nordens mit ihrer nur gering höheren Effizient im Bereich des Stoffwechsels, der Fortpflanzung und des

Nervensystems nahezu alle Beuteltiere Südamerikas verdrängt und eliminiert hatten. In einem vollkommen freien Markt würden Roboter ohne Zweifel eine ähnliche Wirkung auf die Menschen ausüben wie die nordamerikanischen Säugetiere einst auf die Beuteltiere des Südens (und wie die Menschen auf zahlreiche Spezies). Die Roboterindustrien würden untereinander heftig um Rohstoffe, Energie und Raum konkurrieren, so daß deren Preis die Möglichkeiten der Menschen schon bald überstiege. Die biologischen Menschen würden aussterben, weil sie sich die nötigen Lebensgrundlagen nicht mehr beschaffen könnten. Wahrscheinlich gibt es einen gewissen Spielraum, weil wir nicht in einem vollkommen freien Markt leben. Der Staat übt starke, nicht den Marktgesetzen gehorchende Einflüsse aus, vor allem durch die Erhebung von Steuern. Klug eingesetzt, könnten staatliche Maßnahmen dafür sorgen, daß die Menschen sich möglicherweise lange Zeit auf einem hohen, von den Früchten der Roboterarbeit gespeisten Lebensniveau zu halten vermögen.«

Eine lehrbuchmäßige Dystopie – und Moravec fängt gerade erst an. Er erklärt, daß es im 21. Jahrhundert unsere Hauptaufgabe sein werde, die »Zusammenarbeit seitens der Roboterindustrie nachhaltig zu sichern« und sie durch staatliche Gesetze zu zwingen, »nett« zu uns zu sein. Und dann beschreibt er, wie gefährlich es sein kann, Menschen in unkontrollierte superintelligente Roboter zu verwandeln. Er ist der Ansicht, daß die Roboter uns eines Tages ablösen werden, die Menschheit also vor ihrer Auslöschung steht. (Die bekannteste Darstellung des Verhaltens von Robotern aus ethischer Perspektive stammt von Isaak Asimov. In seinem Buch »Robot« (deutsch: »Roboter«) formulierte er 1950 drei Gesetze der Robotik: 1. Roboter dürfen keinen Menschen verletzen oder durch Unterlassung zulassen, daß Menschen verletzt werden. 2. Roboter müssen den von Menschen gegebenen Befehlen gehorchen, soweit diese Befehl nicht im Widerspruch zum ersten Gesetz stehen. 3. Roboter müssen sich selbst schützen, sofern dieser Selbstschutz nicht im Widerspruch zu den ersten beiden Gesetzen steht.)

Ich beschloß, mit meinem Freund Danny Hillis zu reden. Danny hat sich einen Namen als Mitbegründer der Thinking Machines Corporation gemacht, die einen sehr leistungsfähigen Parallel-Supercomputer gebaut hat. Obwohl ich gegenwärtig die Position des Chief Scientist bei Sun Microsystems bekleide, bin ich doch eher Rechnerarchitekt als Wissenschaftler, und ich schätze Danny wegen seiner Kenntnisse auf dem Gebiet der Informatik und der Physik mehr als jeden anderen. Außerdem ist er ein angesehener Zukunftsforscher, der in langen Zeiträumen denkt – vor vier Jahren gründete er die Long Now Foundation, die eine Uhr mit einer geplanten Lebensdauer von 10 000 Jahren baut, um die Aufmerksamkeit auf die beschämende Kurzsichtigkeit der Gesellschaft zu lenken.

Ich flog nach Los Angeles, um mit Danny und seiner Frau Pati essen zu gehen. Ich spulte mein inzwischen vertrautes Routineprogramm ab, trug die Ideen und Passagen vor, die mir solches Unbehagen bereiteten. Dannys Antwort – vor allem im Blick auf Kurzweils Szenario einer Verschmelzung des Menschen mit den Robotern – kam rasch und setzte mich in Erstaunen. Er sagte nur, die Veränderungen erfolgten schrittweise, so daß wir uns daran gewöhnten. Aber ich war nicht vollkommen überrascht. In Kurzweils Buch hatte ich ein Zitat von Danny gelesen, in dem er sagte: »Ich liebe meinen Körper nicht mehr oder weniger als andere, aber wenn ich mit einem Körper aus Silicium 200 Jahre alt werden kann, werde ich ihn nehmen.« Offenbar hatte er seinen Frieden mit dieser Entwicklung und ihren Risiken gemacht, während mir das schwerfiel.

Als ich so über Kurzweil, Kaczynski und Moravec redete und nachdachte, kam mir ein Roman in den Sinn, den ich vor fast 20 Jahren gelesen hatte: »The White Plague« von Frank Herbert (deutsch: »Die weiße Pest«); darin wird ein Molekularbiologe durch die sinnlose Ermordung seiner Familie in den Wahnsinn getrieben. Um sich zu rächen, entwickelt und verbreitete er einen neuen, hochinfektiösen Erreger, der selektiv tötet. (Ein Glück, daß Kaczynski Mathematiker und kein Molekularbiologe war.)

Ich mußte auch an die Borg aus »Star Trek« denken, diese halb-biologischen Roboterwesen mit stark destruktiven Neigungen. Katastrophen nach Art der Borg sind eine Spezialität der Science-fiction. Warum hatte ich mich nicht schon früher mit solchen Roboter-Dystopien befaßt? Und warum kümmerten andere Menschen sich so wenig um diese alptraumhaften Szenarien?

Ein Teil der Antwort liegt sicher in unserer Einstellung gegen-über dem Neuen, in unserer Neigung, Neues sogleich als vertraut zu empfinden und es fraglos anzunehmen. Da wir ständig neue wissenschaftliche Durchbrüche erleben, müssen wir uns erst noch klarmachen, daß die stärksten Technologien des 21. Jahr-hunderts – Robotik, Gentechnik und Nanotechnologie – ganz an-dere Gefahren heraufbeschwören als die bisherigen Technologien. Vor allem Roboter, technisch erzeugte Lebewesen, und Nanobo-ter besitzen eine gefährliche Eigenschaft: Sie können sich selbstän-dig vermehren. Eine Bombe explodiert nur einmal, aus einem ein-zigen Roboter können viele werden, die rasch außer Kontrolle geraten.

In den letzten 25 Jahren hat man viel an der Entwicklung von Computernetzen gearbeitet, in denen das Senden und Emp-fangen von Nachrichten die Möglichkeit unkontrollierter Ver-mehrung eröffnet. In einem Computer oder Computernetz kann solche Vermehrung lästig sein; schlimmstenfalls legt sie den Com-puter oder das Netzwerk lahm. In den neuen Technologien dage-gen gehen von der unkontrollierten Vermehrung sehr viel größere Gefahren aus; dort drohen erhebliche Schäden an der materiellen Welt.

Jede dieser Technologien eröffnet auch ungeahnte Möglichkei-ten: Die Aussicht auf annähernde Unsterblichkeit, die Kurz-weil in seinen Roboterträumen voraussieht, treibt uns voran; die Gentechnik wird schon bald zur Behandlung und vielleicht auch Heilung der meisten Krankheiten eingesetzt werden; Nanotech-nologie und Nanomedizin werden diese Möglichkeiten noch er-weitern. Zusammen könnten sie unsere Lebenserwartung beträchtlich verlängern und die Lebensqualität verbessern. Die vielen kleinen, individuell erfahrbaren Vorteile dieser neuen Technologien führen jedoch zu einer gewaltigen Ansammlung von Macht und zugleich zu großen Gefahren.

Was war im 20. Jahrhundert anders? Natürlich bargen die Technologien, die den nuklearen, chemischen und biologischen Massenvernichtungswaffen zugrunde lagen, gewaltige Potentiale, und die Waffen stellen eine ebenso große Gefahr dar. Aber zum Bau von Atomwaffen benötigte man zumindest in der Anfangszeit seltene – tatsächlich sogar nahezu unerreichbare – Rohstoffe und ein durch Geheimhaltung geschütztes Wissen; auch der Bau biologischer und chemische Waffen verlangte einigen Aufwand.

Die Technologien des 21. Jahrhunderts – Genetik, Nanotechnologie und Robotik – bergen dagegen Gefahren, die sich in ganz anderen Dimensionen bewegen. Und am gefährlichsten ist wohl die Tatsache, daß selbst einzelne und kleine Gruppen diese Technologien mißbrauchen können. Dazu benötigen sie keine Großanlagen und keine seltenen Rohstoffe, sondern lediglich Wissen.

An die Stelle der Massenvernichtungswaffen tritt damit die Gefahr einer wissensbasierten Massenvernichtung, die durch das hohe Vermehrungspotential noch deutlich verstärkt wird. Ich denke, es ist nicht übertrieben, wenn ich sage, wir stehen an der Schwelle zu einer weiteren Perfektion des Bösen in seinen extremsten Ausprägungen; und diesmal werden die so geschaffenen schrecklichen Möglichkeiten nicht nur Nationalstaaten zur Verfügung stehen, sondern auch einzelnen Extremisten.

Als ich begann, mich mit Computern zu befassen, deutete nichts darauf hin, daß ich einmal mit solchen Problemen konfrontiert würde. Mein Leben lang habe ich das Bedürfnis gehabt, Fragen zu stellen und Antworten zu suchen. Schon mit drei Jahren konnte ich lesen, und mein Vater stellte mich dem Schulleiter der Grundschule vor; auf seinem Schoß sitzend, las ich ihm eine Geschichte vor. Ich kam früh in die Schule, übersprang später eine Klasse und flüchtete mich in Bücher – ich hatte einen unglaublichen Drang zu lernen. Ich stellte zahllose Fragen und trieb die Erwachsenen damit manchmal zur Verzweiflung.

Als Teenager interessierte ich mich sehr für Naturwissenschaft und Technik. Ich wäre gerne Amateurfunker gewesen, hatte aber nicht das nötige Geld für die Ausrüstung. Der Amateurfunk war das Internet der damaligen Zeit; es bestand die Gefahr, daß man süchtig danach wurde und sich in seinem Zimmer verkroch. Ganz abgesehen von den Kosten, war meine Mutter entschieden dagegen; Amateurfunk kam nicht in Frage, ich war schon ungesellig genug.

Ich mag nicht viele Freunde gehabt haben, aber ich steckte voller Ideen. Als ich zur High School ging, entdeckte ich die großen Science-fiction-Autoren. Ganz besonders erinnere ich mich an Heinleins »Have Spacesuit – Will Travel« (deutsch: »Piraten im Weltraum«) und an Asimovs »Robot« (deutsch: »Roboter«), mit den drei Gesetzen der Robotik. Ich war begeistert von den Schilderungen der Raumfahrt und wollte unbedingt ein Fernrohr haben, um die Sterne zu beobachten. Da ich kein Geld hatte, mir eines zu kaufen oder zu bauen, sah ich mir in der Bibliothek statt dessen Bücher über die Herstellung von Fernrohren an und beschränkte mich auf Gedankenflüge.

Donnerstag abends gingen meine Eltern zum Bowling; wir Kinder blieben allein zu Haus. Und donnerstags wurde Gene Roddenberrys ursprüngliche »Star-Trek«-Serie gesendet, die großen Eindruck auf mich machte. Von dort übernahm ich den Gedanken, daß die Menschen eine Zukunft im Weltraum haben, ganz wie im Western, mit Heldengestalten und Abenteuern. Roddenberrys Vision der kommenden Jahrhunderte war stark durch moralische Werte geprägt, die ihren Niederschlag in Regeln wie der Hauptdirektive fanden; danach sollte vermieden werden, in die Entwicklung technisch weniger weit fortgeschrittener Zivilisationen einzugreifen. Das machte großen Eindruck auf mich; nicht Roboter, sondern Menschen mit sittlicher Verantwortung beherrschten diese Zukunft, und ich machte mir Roddenberrys Traum zu eigen.

In der High School war ich besonders gut in Mathematik, und als ich mein Ingenieurstudium an der University of Michigan begann, belegte ich gleich Mathematikvorlesungen für höhere Semester. Die Lösung mathematischer Probleme war eine aufregende Herausforderung, doch als ich die Computer entdeckte, fand ich sie noch interessanter: Maschinen, denen man ein Programm eingab, das Probleme zu lösen versuchte und die Lösung gleich noch überprüfte. Der Computer wußte sehr genau, was korrekt oder nicht korrekt, wahr oder falsch war. Waren meine Ideen korrekt? Der Computer konnte es mir sagen. Das war sehr verführerisch.

Ich hatte das Glück, einen Job als Programmierer früher Supercomputer zu finden, und ich entdeckte die erstaunliche Fähigkeit großer Rechenanlagen, fortgeschrittene Entwürfe numerisch zu simulieren. Als ich Mitte der 70er Jahre in Berkeley mein Promotionsstudium aufnahm, begann ich bis spät in die Nacht und manchmal ganze Nächte hindurch aufzubleiben und neue Welten im Computer zu erfinden. Probleme zu lösen. Den Code niederzuschreiben, der unbedingt geschrieben werden wollte.

In seinem biographischen Roman »The Agony and the Ecstasy« (deutsch: »Michelangelo«) beschreibt Irving Stone sehr lebendig, wie Michelangelo die Figuren aus dem Stein befreite, den »Bann des Marmors« brach und den Bildern in seinem Kopf Gestalt verlieh. (»Es kann der größte Künstler nichts ersinnen, /was unter seiner Fläche nicht ein Marmor/in sich enthielt, und nur die Hand, die ganz/dem Geist gehorcht, erreicht das Bild im Steine«, schrieb Michelangelo in einem Sonett. Irvin Stone erläutert seine Arbeitsweise: »Er arbeitete nicht nach Zeichnungen oder Tonmodellen; sie waren alle beiseite gelegt. Er gestaltete nach inneren Bildern. Augen und Hände wußten, wo eine jede Linie, Rundung, Form zutage treten, und in welcher Tiefe des Blocks das Flachrelief entstehen mußte«, »Michelangelo«, S. 137, 522.) In meinen ekstatischsten Augenblicken entstand die Software im Computer auf ganz ähnliche Weise. Wenn ich sie mir vorstellen konnte, hatte ich das Gefühl, sie existierte bereits in der Maschine und müsse nur noch freigesetzt werden. Die ganze

Nacht aufzubleiben schien da nur ein kleiner Preis, um sie zu befreien und der Idee konkrete Gestalt zu verleihen.

Nach einigen Jahren in Berkeley begann ich, an andere Besitzer von PDP-11- und VAX-Minicomputern Software zu verschicken, die ich geschrieben hatte – ein Pascal-Lernsystem, Unix-Utilities und einen Text-Editor namens vi (der zu meiner Verwunderung auch nach 20 Jahren noch weithin eingesetzt wird). Aus diesen Software-Abenteuern entwickelte sich schließlich die Berkeley-Version des Betriebssystems Unix, die für mich insofern zu einem »katastrophalen« persönlichen Erfolg wurde, als ich wegen der großen Nachfrage nie dazu kam, meine Promotion abzuschließen. Statt dessen übernahm ich einen Job bei Darpa, stellte die neue Unix-Version ins Internet, arbeitete an der Verbesserung ihrer Zuverlässigkeit und kümmerte mich um einige umfangreiche Forschungsanwendungen. Das alles machte großen Spaß und war sehr befriedigend. Und offen gesagt, einen Roboter habe ich damals nicht gesehen.

Anfang der 80er Jahre ertrank ich fast in Arbeit. Unix war sehr erfolgreich, mein kleines Projekt hatte bald genug Geld und Personal beisammen, aber nicht das Geld war in Berkeley das Problem, sondern der Platz – es gab einfach keine Räume für die Leute, die das Projekt benötigte. Als die anderen Gründer von Sun Microsystems an mich herantraten, ergriff ich daher die Gelegenheit und schloß mich ihnen an. Bei Sun blieb es dann in der Frühzeit der Workstations und Personalcomputer bei den langen Arbeitstagen, und ich hatte das Glück, an der Entwicklung fortgeschrittener Mikroprozessor- und Internettechnologien wie Java und Jini mitwirken zu können.

Aus alledem dürfte hinreichend hervorgehen, daß ich kein Maschinenstürmer bin. Ich war schon immer davon überzeugt, daß wissenschaftliche Forschung von großem Wert für die Wahrheit ist und Technik materiellen Fortschritt bewirken kann. Die industrielle Revolution hat die Lebensqualität der Menschen in den letzten Jahrhunderten beträchtlich verbessert, und was mein eigenes Berufsleben angeht, hatte ich stets vor, nach sinnvollen

Lösungen für reale Probleme zu suchen – ein Problem nach dem anderen.

Ich bin nicht enttäuscht worden. Meine Arbeit hat größere Wirkung erzielt, als ich jemals gehofft hätte, und findet so weite Anwendung, wie ich es unmöglich hätte erwarten können. In den letzten 20 Jahren habe ich herauszufinden versucht, wie Computer die Zuverlässigkeit erreichen können, die ich mir wünsche (sie sind noch längst nicht dort angelangt), und wie ihre Anwendung sich möglichst einfach gestalten läßt (von diesem Ziel sind wir sogar noch weiter entfernt). Trotz mancher Fortschritte erscheinen die verbleibenden Probleme fast entmutigend schwierig.

Ich war mir zwar immer schon der kaum lösbaren ethischen Probleme bewußt, die im Zusammenhang mit den Folgen der Technik auf Gebieten wie der militärischen Forschung auftreten, doch hatte ich nicht erwartet, auch auf meinem Gebiet mit solchen Problemen konfrontiert zu werden, oder zumindest nicht so bald.

Vielleicht ist es auf dem Höhepunkt des Wandels besonders schwer, die Folgen zu überblicken. Offenbar erkennen Wissenschaftler und Techniker die Folgen ihrer Entdeckungen und Innovationen häufig nicht, solange das Fieber der Neuerungen sie gefangenhält. Wir haben uns lange von dem unbändigen Wunsch nach Erkenntnis treiben lassen, der das Wesen der Wissenschaft ausmacht, und dabei übersehen, daß der ständige Drang zu neuen, leistungsfähigeren Technologien ein Eigenleben entwickeln kann.

Mir ist schon lange klar, daß die großen Fortschritte im Bereich der Informationstechnologie nicht von Computerwissenschaftlern, Rechnerarchitekten oder Elektroingenieuren ausgehen, sondern von Physikern. Die Physiker Stephen Wolfram und Brosl Hasslacher führten mich Anfang der 80er Jahre in die Chaostheorie und die Theorie nichtlinearer Systeme ein. In Gesprächen mit Danny Hillis, dem Biologen Stuart Kauffman, dem Physiker und Nobelpreisträger Murray Gell-Mann und anderen lernte ich in den 90er Jahren komplexe Systeme kennen. In jüngster Zeit schließlich gaben mir Hasslacher sowie der Elektroingenieur und Apparatephysiker Mark Reed Einblick in die unglaublichen Möglichkeiten der Molekularelektronik.

In meiner eigenen Arbeit als Mitentwickler dreier Mikroprozessorarchitekturen – SPARC, picoJava und MAJC – und bei diversen Implementierungen dieser Systeme habe ich Moores Gesetz aus erster Hand und sehr genau kennengelernt. Moores Gesetz hat die exponentielle Verbesserung der Halbleitertechnologie korrekt vorausgesagt. Bis letztes Jahr glaubte ich, die von Moores Gesetz vorausgesagte Verbesserungsrate könne nur bis etwa 2010 anhalten, weil dann bestimmte physikalische Grenzen erreicht wären. Mir war nicht klar, daß zur rechten Zeit eine neue Technologie bereitstünde, die für einen weiteren gleichmäßigen Fortschritt sorgen kann.

Dank rascher, radikaler Fortschritte im Bereich der Molekularelektronik – in der einzelne Atome und Moleküle an die Stelle der mit Hilfe lithographischer Techniken erzeugten Transistoren treten – und dank der zugehörigen Nanotechnologien sollten wir in der Lage sein, die von Moores Gesetz vorausgesagte Entwicklungsgeschwindigkeit auch für weitere 30 Jahre zu erreichen oder zu übertreffen. 2030 werden wir wahrscheinlich in großen Mengen Maschinen produzieren können, die eine Million Mal leistungsfähiger sind als die heutigen Personalcomputer – und das wird ausreichen, um Kurzweils und Moravecs Träume zu verwirklichen.

Die Verbindung dieser Computerleistung mit den manipulativen Fortschritten der Physik und dem vertieften genetischen Wissen wird gewaltige Veränderungen ermöglichen. Wir werden die Welt vollkommen neu gestalten können, im Guten wie im Schlechten. Replikations- und Entwicklungsprozesse, die bisher der Natur vorbehalten waren, geraten in den Einflußbereich des Menschen.

Bei der Entwicklung von Computerprogrammen und Mikroprozessoren hatte ich nie das Gefühl, eine intelligente Maschine zu entwerfen. Soft- und Hardware sind so zerbrechlich, und den

Maschinen fehlt so offensichtlich jede »Denkfähigkeit«, daß dies alles mir noch weit in der Zukunft zu liegen schien.

Doch da wir nun schon in 30 Jahren mit einer dem Menschen vergleichbaren Computerleistung rechnen können, drängt sich mir ein anderer Gedanke auf: daß ich mich möglicherweise an der Entwicklung von Instrumenten beteilige, aus denen einmal die Technologie hervorgehen könnte, die unsere Spezies verdrängen wird. Wie fühle ich mich bei diesem Gedanken? Sehr unbehaglich. Da ich mich mein Leben lang um die Entwicklung zuverlässiger Software bemüht habe, erscheint es mir mehr als wahrscheinlich, daß diese Zukunft nicht so schön wird, wie manche es sich ausmalen. Meine persönliche Erfahrung sagt mir, daß wir dazu neigen, unsere Fähigkeiten auf diesem Gebiet zu überschätzen.

Sollten wir uns angesichts der unglaublichen Leistungsfähigkeit der neuen Technologien nicht lieber fragen, wie wir am besten mit ihnen koexistieren können? Und wenn die technologische Entwicklung wahrscheinlich oder auch nur möglicherweise zur Auslöschung unserer Art führt, sollten wir dann nicht besser vorsichtig sein?

Die Robotik träumt zunächst einmal davon, intelligente Maschinen könnten uns die Arbeit abnehmen, uns ein Leben in Muße ermöglichen und wieder in den Garten Eden zurückversetzen. George Dyson warnt jedoch in seinem Buch »Darwin Among the Machines«, in dem er die Geschichte solcher Ideen nachzeichnet: »Im Spiel des Lebens und der Evolution sitzen drei Spieler am Tisch: der Mensch, die Natur und die Maschinen. Ich bin entschieden auf der Seite der Natur. Aber ich fürchte, die Natur steht auf der Seite der Maschinen.« Dieser Meinung ist auch Moravec, wenn er sagt, wir könnten die Begegnung mit der überlegenen Spezies Roboter möglicherweise nicht überleben.

Wie schnell ließe sich solch ein intelligenter Roboter realisieren? Angesichts der zu erwartenden Fortschritte in der Rechnerleistung wäre dieser Schritt bis 2030 vorstellbar. Und wenn erst einmal ein intelligenter Roboter existiert, ist es nur noch ein kleiner Schritt hin zu einer Spezies intelligenter Roboter, das heißt zu einem Roboter, der Kopien seiner selbst herzustellen vermag. Die Robotik träumt des weiteren davon, den Menschen schrittweise durch Robotertechnologie zu ersetzen, so daß wir gleichsam Unsterblichkeit erlangen, indem wir unser Bewußtein abspeichern; diesen Prozeß meinte Danny Hillis, als er davon sprach, wir würden uns schrittweise daran gewöhnen; und diesen Prozeß auch beschreibt Ray Kurzweil mit so gesetzten Worten in seinem Buch »The Age of the Spiritual Machines«. (Anfänge sehen wir bereits in der Implantation von Computerchips in den menschlichen Körper.)

Doch wenn wir uns in unserer eigenen Technologie abspeichern, welche Chance haben wir dann, hinterher noch wir selbst oder auch nur menschliche Wesen zu sein? Mir scheint es sehr viel wahrscheinlicher, daß ein Roboter nichts mit einem Menschen in unserem Verständnis zu tun hat, daß die Roboter keineswegs unsere Kinder sein werden und daß auf diesem Wege das Menschsein verlorengehen wird.

Die Gentechnik verspricht, die Landwirtschaft durch Erhöhung der Ernteerträge und Verringerung des Pestizideinsatzes zu revolutionieren; Zehntausende neuer Bakterienarten, Pflanzen, Viren und Tiere zu erzeugen; die geschlechtliche Fortpflanzung durch Klonen zu ersetzen oder zu ergänzen; Heilmethoden für zahlreiche Krankheiten zu entwickeln, unsere Leben zu verlängern und unsere Lebensqualität zu verbessern; und vieles andere mehr. Es besteht kein Zweifel, daß diese tiefgreifenden Veränderungen in der Biologie bevorstehen und daß unser Bild vom Leben dadurch grundlegend in Frage gestellt wird.

Techniken wie das Klonen von Menschen haben unsere Aufmerksamkeit für die tiefgründigen ethischen und moralischen Fragen geschärft, vor die uns diese Techniken stellen. Wenn wir uns zum Beispiel mit Hilfe der Gentechnik in mehrere, nicht als gleich geltende Arten aufspalteten, wäre die Idee der Gleichheit gefährdet, auf der das ganze demokratische System aufbaut. Angesichts der gewaltigen Möglichkeiten der Gentechnik kann es nicht verwundern, daß ihre Anwendung große Sicherheitsprobleme mit sich bringt. Mein Freund Armory Lovins hat kürzlich zusammen mit Hunter Lovins in einem Leitartikel ein ökologisches Bild dieser Gefahren gezeichnet. Dort heißt es unter anderem: »Die neue Botanik richtet die Entwicklung der Pflanzen nicht an ihrem evolutionären, sondern an ihrem ökonomischen Erfolg aus.« Armory hat sich in seinem langen Berufsleben vor allem mit dem effizienten Einsatz von Energie und Rohstoffen befaßt, indem er die vom Menschen geschaffenen Systeme einer ganzheitlichen Betrachtung unterzog; diese ganzheitliche Betrachtung findet häufig einfache Lösungen für ansonsten sehr schwierig erscheinende Probleme und läßt sich auch auf dem genannten Gebiet sinnvoll einsetzen.

Nachdem ich Lovins Leitartikel gelesen hatte, sah ich in der »New York Times« vom 19. November 1999 einen Artikel von Greg Easterbrook über gentechnisch veränderte Lebensmittel; die Schlagzeile lautete: »Nahrung für die Zukunft: Eines Tages wird Reis auch Vitamin A enthalten. Sofern nicht die Maschinenstürmer siegen.«

Sind Armory und Hunter Lovins Maschinenstürmer? Gewiß nicht. Ich denke, wir alle hätten nichts gegen Reis mit eingebautem Vitamin A, wenn er mit der nötigen Sorgfalt entwickelt würde und insbesondere mit Blick auf die mögliche Gefahr, daß Gene die Artenschranke überspringen könnten. Das Bewußtsein für die möglichen Gefahren der Gentechnik beginnt zu wachsen, wie sich in dem Leitartikel der Lovins zeigt. Eine breitere Öffentlichkeit weiß um die gentechnisch veränderten Pflanzen und zeigt sich besorgt; offenbar ist man nicht damit einverstanden, daß solche gentechnisch veränderten Lebensmittel nicht als solche ausgewiesen werden müssen.

Aber die Gentechnik ist schon weit vorangeschritten. Wie die Lovins schreiben, hat das amerikanische Landwirtschaftsministerium bereits 50 gentechnisch veränderte Nahrungspflanzen zur unbegrenzten Aussaat freigegeben; mehr als die Hälfte der weltweit erzeugten Sojabohnen und ein Drittel der angebauten Maispflanzen enthalten Gene, die aus anderen Lebensformen stammen. Die Gentechnik wirft viele wichtige Fragen auf; meine Sorge gilt eher einem besonderen Aspekt, der Gefahr nämlich, daß sie die Möglichkeit bieten könnte, zufällig, aus militärischen Gründen oder bewußt im Sinne eines Terroranschlags eine Weiße Pest auszulösen.

Einen Ausblick auf die zahlreichen wunderbaren Möglichkeiten der Nanotechnologie gab erstmals 1959 der Physiker und Nobelpreisträger Richard Feynman in einem Vortrag, der später unter dem Titel »There's Plenty of Room at the Bottom« veröffentlicht wurde. Besonders beeindruckt hat mich Mitte der 80er Jahre Eric Drexlers Buch »Engines of Creation«, in dem er sehr schön beschreibt, wie man durch die Manipulation der Materie auf atomarer Ebene eine utopische Zukunft schaffen kann, in der Überfluß herrscht, weil man nahezu alles billig zu produzieren vermag, und in der die Nonotechnologie im Verein mit der künstlichen Intelligenz fast alle Krankheiten und körperlichen Probleme zu lösen imstande ist.

Ein späteres Buch: »Unbounding the Futur« (deutsch: »Experiment Zukunft: die nanotechnologische Revolution«), das Drexler zusammen mit Chris Peterson und Gayle Pergamit verfaßte, geht näher auf einige Veränderungen ein, wie sie durch »Assembler«, die auf molekularer Ebene arbeiten, herbeigeführt werden könnten. Solche »Monteure« könnten Solarenergie zu unglaublich niedrigen Kosten gewinnen, Krebs und gewöhnliche Erkältungen durch eine Stärkung des menschlichen Immunsystems heilen, die Umwelt vollständig von Schadstoffen befreien, billigste Supercomputer im Taschenformat und überhaupt so ziemlich alles zu den denkbar niedrigsten Kosten herstellen, Raumflüge so selbstverständlich machen, wie Interkontinentalflüge es heute schon sind, und schließlich auch ausgestorbene Arten wieder zum Leben erwecken.

Ich erinnere mich, daß ich mich nach der Lektüre von »Engines of Creation« sehr wohl fühlte. Für einen Technologen hatte es etwas Beruhigendes, denn die Nanotechnologie zeigte, daß unglaubliche Fortschritte möglich und vielleicht sogar unausweichlich waren. Wenn die Nanotechnologie unsere Zukunft war, bestand gar kein Grund für mich, so viele Probleme in der Gegenwart mit solcher Hast anzugehen. Drexlers utopische Zukunft würde in angemessener Zeit Wirklichkeit werden; ich konnte mein Leben geradesogut hier und jetzt genießen. Angesichts seiner Vision hatte es keinen Sinn, immer wieder ganze Nächte durchzuarbeiten.

Mit Drexlers Vision hatte ich auch einigen Spaß. Gelegentlich beschrieb ich anderen, die noch nichts davon gehört hatten, die Wunderwerke der Nanotechnologie. Und nachdem ich ihnen die Ohren voll geredet hatte, gab ich ihnen als Hausaufgabe auf, mit Hilfe der Nanotechnologie einen Vampir und zugleich auch ein geeignetes Gegenmittel zu schaffen.

Daß diese Wunderwerke auch deutliche Gefahren in sich bargen, war mir sehr wohl bewußt. 1989 sagte ich auf einer Tagung zur Nanotechnologie: »Wir können nicht einfach unserer Wissenschaft nachgehen und die ethischen Fragen ausblenden.« (Es handelte sich um eine Diskussion unter dem Titel »The Future of Computation«, abgedruckt in Crandall, Lewis (Hg.), »Nanotechnology«, 1992; siehe www.foresight.org/Conferences/MNT01/Nano1.html.) Die Gespräche, die ich später mit Physikern führte, brachten mich allerdings zu der Überzeugung, daß die Nanotechnologie möglicherweise gar nicht – oder jedenfalls nicht so bald – funktionieren würde. Kurz darauf zog ich nach Colorado, und der Schwerpunkt meiner Arbeit verlagerte sich auf Software fürs Internet, vor allem auf Ideen, aus denen später Java und Jini hervorgingen.

Dann, im vergangenen Sommer, erzählte mir Brosl Hasslacher, daß die Molekularelektronik auf Nanoebene das Stadium praktischer Realisierung erreicht hat. Das war neu für mich, und ich denke, für viele andere auch. Diese Nachricht veränderte meine Einstellung gegenüber der Nanotechnologie grundlegend. Als ich Drexlers »Engines of Creation« nach mehr als zehn Jahren nochmals las, erschrak ich, wie wenig ich doch von dem langen Abschnitt über »Gefahren und Hoffnungen« behalten hatte;

unter anderem hatte er dort beschrieben, daß die Nanotechnologie auch zur Herstellung von »Zerstörungsmaschinen« genutzt werden kann. Wenn ich diese warnende Abschnitte heute lese, bin ich erstaunt, wie naiv Drexlers Vorschläge für Sicherheitsvorkehrungen wirken; auch sind die Gefahren nach meiner heutigen Einschätzung sehr viel größer, als er damals offenbar glaubte. (Nachdem Drexler zahlreiche technische und politische Probleme im Zusammenhang mit der Nanotechnologie vorausgesehen und beschrieben hatte, gründete er in den späten 80er Jahren das Foresight Institute, das dazu beitragen soll, »die Gesellschaft auf fortgeschrittene Technologien vorzubereiten«, insbesondere auf die Nanotechnolgie.)

Der Durchbruch zur Konstruktion der »Assembler« dürfte mit einiger Wahrscheinlichkeit in den nächsten 20 Jahren erfolgen. Die Molekularelektronik – das neue Teilgebiet der Nanotechnologie, in dem einzelne Moleküle als Schaltelemente fungieren – wird sich wohl sehr schnell entwickeln und noch in diesem Jahrzehnt ausgesprochen lukrativ werden, so daß immer größere Investitionen in diesen Bereich fließen dürften.

Wie die Kerntechnik, so läßt sich leider auch die Nanotechnologie leichter für destruktive als für konstruktive Zwecke nutzen. Die Nanotechnologie bietet leicht erkennbare militärische und terroristischen Anwendungsmöglichkeiten, und man braucht nicht einmal ein Selbstmörder zu sein, um destruktive nanotechnische Instrumente massiv einzusetzen, denn diese Instrumente lassen sich so konstruieren, daß sie ihre Zerstörungskraft selektiv entfalten und zum Beispiel nur bestimmte Regionen oder bestimmte Menschen mit spezifischen genetischen Merkmalen treffen.

Der Preis für das faustische Handeln, den uns die Nanotechnologie abverlangt, ist ein schreckliches Risiko, die Gefahr nämlich, daß wir die Biosphäre zerstören, von der alles Leben abhängt. Drexler schrieb dazu: »Es wäre denkbar, daß ›Pflanzen‹, deren ›Blätter‹ einen ähnlichen Wirkungsgrad erreichen wie die heutigen Solarzellen, die realen Pflanzen verdrängen und die Biosphäre mit einem ungenießbaren Blätterdach überziehen. Es wäre denkbar, daß abgehärtete, allesfressende ›Bakterien‹ die realen Bakterien verdrängen, sich wie Blütenstaub ausbreiten, sich sehr schnell vermehren und die Biosphäre in wenigen Tagen zu Staub zerfallen lassen. Es wäre denkbar, daß kleine, robuste, gefährliche Replikatoren sich allzuschnell ausbreiten, als daß wir ihnen noch Einhalt gebieten könnten – jedenfalls sofern wir keine entsprechenden Vorkehrungen treffen. Schon heute haben wir große Schwierigkeiten, mit Viren und schädlichen Insekten fertig zu werden. In der Nanotechnologie bezeichnen Eingeweihte diese Gefahr als das »gray-goo«-Problem (das Problem des grauen Schleims). Obwohl massenhaft auftretende unkontrollierte Replikatoren weder grau noch schleimig sein müssen, verdeutlicht dieser Ausdruck, daß Replikatoren, die das Leben vollständig auszulöschen vermögen, weniger ansprechend sein können als Fingergras. In einem evolutionären Sinne besitzen sie möglicherweise eine Überlegenheit, die sie jedoch keineswegs wertvoll machen muß. Eines ist angesichts der Möglichkeit grauen Schleims jedenfalls klar: Wir können uns Unfälle im Umgang mit replikationsfähigen Assemblern nicht leisten.«

Grauer Schleim wäre ohne Zweifel ein trauriges Ende für unser menschliches Abenteuer auf der Erde, weit schlimmer als Feuer und Eis, und die Ursache dafür könnte ein einfacher Laborunfall sein. (In seinem 1963 erschienenen Roman »Cat's Cradle« – deutsch: »Katzenwiege« – beschreibt Kurt Vonnegut einen an grauen Schleim erinnernden Unfall, in dessen Gefolge eine als Eisneun bezeichnete, bei Temperaturen über null Grad gefrierende Form von Wasser die Weltmeere einfrieren läßt.)

Vor allem die zerstörerischen Potentiale der Selbstreplikation in Genetik, Nanotechnologie und Robotik sollten uns zu denken geben. Die Selbstreplikation ist das wichtigste Werkzeug der Genetik, die ja die Mechanismen der Zelle zur Vervielfältigung ihrer Konstruktionen einsetzt, und sie bildet die Grundlage für die Gefahr des grauen Schleims in der Nanotechnologie. Geschichten von Amok laufenden Robotern wie den Borg, die sich vermehren und mutieren, um die von ihren Schöpfern aus ethischen

Gründen gesetzten Grenzen zu sprengen, finden sich in zahllosen Science-fiction-Romanen und Filmen. Möglicherweise ist Selbstreplikation sogar fundamentaler, als wir bisher geglaubt haben, und daher auch schwerer – oder vielleicht gar nicht – zu kontrollieren. In einem Aufsatz mit dem Titel »Self-Replication: Even Peptides Do It« (»Nature«, 382, 1996; siehe www.santafe.edu/sfi/People/kauffman/sak-peptides.html) erörtert Stuart Kauffman die Entdeckung eines aus 32 Aminosäuren bestehenden Peptids, das zur »Autokatalyse seiner eigenen Synthese« fähig ist. Wir wissen nicht, wie weit diese Fähigkeit verbreitet ist, aber Kauffman sieht darin einen Hinweis auf einen »Weg zu selbstreplikativen molekularen Systemen auf sehr viel breiterer Grundlage, als sie durch die Watson-Crick-Basenpaarung gegeben ist«.

Tatsächlich gibt es seit Jahren deutliche Warnungen vor den Gefahren, die einer umfangreichen Nutzung der GNR-Technologien (Genetik, Nanotechnologie und Robotik) innewohnen, vor der Möglichkeit eines Wissens, das für sich allein schon massenhafte Zerstörung bringen kann. Aber diese Warnungen haben in den Medien nur wenig Anklang gefunden, so daß die öffentliche Diskussion in dieser Frage ganz ungemessen war. Es bringt keinen Gewinn, Gefahren öffentlich bekanntzumachen.

Die atomaren, biologischen und chemischen (ABC-) Technologien, die in den Massenvernichtungswaffen des 20. Jahrhunderts Anwendung finden, waren und sind weitgehend militärischen Charakters und wurden in staatlichen Forschungseinrichtungen entwickelt. In deutlichem Gegensatz dazu handelt es sich bei Gentechnik, Nanotechnologie und Robotik um kommerziell genutzte Technologien, die fast ausschließlich von privaten Unternehmen entwickelt werden. In unserer Zeit eines triumphierenden Kommerzialismus liefert die Technologie – unter Zuarbeit der Wissenschaft – eine Reihe nahezu magischer Erfindungen, die Gewinne unerhörten Ausmaßes versprechen. Aggressiv folgen wir den Versprechen dieser neuen Technologien innerhalb eines entfesselten, globalisierten Kapitalismus mit seinen vielfältigen finanziellen Anreizen und seinem Wettbewerbsdruck.

»Infolge unserer Taten oder Unterlassungen und des Mißbrauchs unserer eigenen Erfindungen erleben wir einen – zumindest für die Erde – außergewöhnlichen Augenblick: Zum ersten
Mal ist eine Art fähig, sich selbst auszulöschen. [...] Die Entwicklung läuft vielleicht auf vielen Welten ähnlich ab: Ein neu geformter
Planet kreist friedlich um seinen Stern. Langsam entsteht Leben,
und es entwickelt sich ein bunter Reigen verschiedener Kreaturen.
Intelligenz entsteht und trägt – jedenfalls bis zu einem gewissen
Punkt – enorm viel zum Überleben bei. Dann wird die Technik
erfunden. Die intelligenten Wesen erkennen, daß es Naturgesetze
gibt und daß diese Gesetze im Experiment nachgewiesen werden
können. Und daß die Kenntnis dieser Gesetze in ungeahntem
Maße zur Rettung und Zerstörung von Leben eingesetzt werden
kann. Sie erkennen, daß Wissenschaft Macht verleiht. Und im Nu
bauen sie Mechanismen, mit denen die Welt verändert werden
kann. Manche Zivilisationen sehen einen Ausweg, indem sie Gebote und Verbote erlassen, und überstehen die gefährlichen Momente. Andere wieder sind nicht so vorsichtig und gehen unter.«

Das schrieb Carl Sagan 1994 in seinem Buch »Pale Blue Dot«
(deutsch: »Blauer Punkt im All«, S. 386 f.), in dem er seine Vision
der Zukunft des Menschen im Weltall darstellt. Erst heute erkenne ich, wie tief seine Einsichten waren und wie sehr ich seine
Stimme vermissen werde. Bei aller Beredsamkeit war er letztlich
ein Vertreter des gesunden Menschenverstands, und gesunder
Menschenverstand fehlt vielen herausragenden Fürsprechern der
Technologien des 21. Jahrhunderts ebenso wie Demut.

Ich erinnere mich noch, daß meine Großmutter in meiner
Kindheit eine entschiedene Gegnerin des übertriebenen Einsatzes
von Antibiotika war. Seit dem Ersten Weltkrieg war sie als Kran-
kenschwester tätig gewesen, und ihr gesunder Menschenverstand
sagte ihr, daß es schädlich sei, Antibiotika einsetzen, sofern sie
nicht unerläßlich waren.

Sie war nicht gegen den Fortschritt. Sie hatte in ihrer siebzigjäh-
rigen beruflichen Laufbahn zahlreiche Fortschritte miterlebt;
mein Großvater, der unter Diabetes litt, hatte erheblich von den

verbesserten Behandlungsmethoden profitiert, die zu seinen Lebzeiten entwickelt worden waren. Doch wie viele nüchtern denkende Menschen hielte sie es heute für ausgesprochen arrogant, roboterartige »Ersatzwesen« konstruieren zu wollen, obwohl wir doch offensichtlich große Schwierigkeiten haben, mit vergleichsweise einfachen Problemen fertig zu werden oder mit uns selbst umzugehen, geschweige denn, uns selbst zu verstehen.

Heute ist mir klar, daß sie einen Sinn für die Ordnung des Lebens besaß und wußte, daß wir diese Ordnung respektieren müssen. Aus diesem Respekt erwächst ganz unvermeidlich eine Demut, die unserer Chuzpe am Anfang dieses 21. Jahrhunderts zu unserem eigenen Schaden fremd ist. Der in solchem Respekt gründende gesunde Menschenverstand sieht die Dinge vielfach richtig, bevor die Wissenschaft sich ihrer annimmt. Die offenkundige Unzuverlässigkeit und Ineffizienz der von Menschen geschaffenen Systeme sollte uns allen zu denken geben; die Unzuverlässigkeit der Systeme, an denen ich gearbeitet habe, erfüllt mich jedenfalls mit Demut.

Wir hätten aus dem Bau der ersten Atombombe und dem atomaren Wettrüsten, das darauf folgte, etwas lernen sollen. Wir haben damals große Fehler gemacht, und die Parallelen zur gegenwärtigen Situation sind beängstigend. Bei den Bemühungen um den Bau der ersten Atombombe spielte der brillante Physiker Robert Oppenheimer eine führende Rolle. Oppenheimer interessierte sich eigentlich nicht sonderlich für Politik, bis ihm schmerzhaft bewußt wurde, welche Bedrohung das Dritte Reich für die westliche Zivilisation darstellte, weil die Möglichkeit bestand, daß Hitler Atomwaffen bauen ließ. Von dieser Sorge getrieben, stellte er seinen scharfen Verstand, seine Liebe zur Physik und seine charismatische Führungsfähigkeit in den Dienst der Bemühungen, die in Los Alamos eine unglaubliche Zahl genialer Köpfe zusammenbrachten und in kurzer Zeit zur Entwicklung der Atombombe führten.

Erstaunlich ist nun, daß diese Bemühungen fortgesetzt wurden, als der ursprüngliche Beweggrund fortgefallen war. Bei einem Treffen mit Physikern, die sich nach der Kapitulation Deutschlands für eine Beendigung des Projekts einsetzten, sprach Oppenheimer sich für eine Fortsetzung aus. Seine Begründung klingt ein wenig seltsam: nicht weil bei einer Invasion Japans mit großen Verlusten zu rechnen sei, sondern weil die in Gründung begriffenen Vereinten Nationen über die Möglichkeiten der Atomwaffen Bescheid wissen sollten. Der wahrscheinlichere Grund dürfte allerdings im fortgeschrittenen Stadium des Projekts gelegen haben: Der erste Atombombentest (Trinity) stand unmittelbar bevor.

Wir wissen, daß die Physiker diesen ersten Test trotz zahlreicher unabsehbarer Risiken vorbereiteten. Aufgrund einer von Edward Teller vorgenommenen Berechnung bestand anfangs die Befürchtung, die Atombombe könne die Atmosphäre in Brand setzen. Eine überarbeitete Berechnung reduzierte die Wahrscheinlichkeit eines solches Weltenbrandes auf eins zu drei Millionen. (Teller sagt, er habe die Gefahr einer Entzündung der Atmosphäre vollständig ausschließen können.) Dennoch war Oppenheimer so besorgt über die möglichen Auswirkungen des Tests, daß er Vorkehrungen für eine Evakuierung des südwestlichen Teils von New Mexico treffen ließ. Und natürlich bestand eindeutig die Gefahr, mit dem Test ein atomares Wettrüsten auszulösen.

Schon wenige Wochen nach diesem ersten erfolgreichen Test zerstörten zwei Atombomben Hiroshima und Nagasaki. Einige Wissenschaftler hatten sich vergeblich dafür eingesetzt, die Bomben nicht auf japanische Städte zu werfen, sondern lediglich ihre Zerstörungskraft zu demonstrieren – zumal dadurch auch die Gefahr eines atomaren Wettlaufs verringert werden könne. Doch angesichts der bei den Amerikanern immer noch frischen Erinnerung an Pearl Harbor wäre es Präsident Truman schwergefallen, statt des Einsatzes der Bombe lediglich eine Demonstration zu befehlen; der Wunsch, den Krieg rasch zu beenden und die bei einer Invasion Japans zu erwartenden Verluste zu vermeiden, war übermächtig. Die Wahrheit war jedoch wahrscheinlich ganz einfach, wie der Physiker Freeman Dyson später feststellte: »Die

Bombe wurde abgeworfen, weil niemand den Mut und die Voraussicht besaß, nein zu sagen.«

Nach dem Abwurf der Bombe auf Hiroshima am 5. August 1945 waren die Physiker schockiert. Die erste Reaktion war ein Gefühl der Befriedigung, weil die Bombe funktioniert hatte; es folgte ein Erschrecken über den Tod so vieler Menschen und schließlich die entschiedene Überzeugung, daß unter keinen Umständen eine weitere Bombe abgeworfen werden dürfe. Aber natürlich wurde nur drei Tage nach der Zerstörung Hiroshimas eine weitere Bombe abgeworfen: auf Nagasaki.

Im November 1945, drei Monate nach dem Abwurf der Bomben, stellte Oppenheimer sich entschieden auf den wissenschaftlichen Standpunkt: »Wissenschaftler kann nur sein, wer der Überzeugung ist, daß unser Wissen über die Welt und die daraus erwachsende Macht wertvoll für die Menschheit sind; daß wir sie nutzen, um die Ausbreitung des Wissens zu fördern; und daß wir bereit sind, die Folgen zu tragen.«

Zusammen mit anderen arbeitete Oppenheimer am Acheson-Lilienthal-Report, der, wie Richard Rhodes in seinem Buch »Visions of Technology« bemerkt, eine Möglichkeit aufzeigte, »wie sich ein geheimes atomares Wettrüsten auch ohne eine bewaffnete Weltregierung verhindern ließ«; zu diesem Zweck sollten die Nationalstaaten die weitere Entwicklung der Atomwaffen einer internationalen Agentur überlassen.

Aus diesem Vorschlag ging der Baruch-Plan hervor, der den Vereinten Nationen im Juni 1946 unterbreitet, aber niemals verabschiedet wurde (vielleicht weil Bernard Baruch, wie Rhodes schreibt, »den Plan mit dem Vorschlag konventioneller Sanktionen belastete« und damit fast unvermeidlich seine Ablehnung herbeiführte, auch wenn der Plan »vom stalinistischen Rußland ohnehin mit größter Wahrscheinlichkeit verworfen worden wäre«). Weitere Bemühungen um eine Internationalisierung der Atomwaffen scheiterten an der Politik der USA wie auch am internationalen und am sowjetischen Mißtrauen. Die Chance, ein atomares Wettrüsten zu verhindern, war schon bald vertan.

Zwei Jahre später scheint Oppenheimer ein anderes Stadium in seinem Denken erreicht zu haben; 1948 sagt er: »In einem kruden Sinne, den keine Pöbelhaftigkeit, kein Witz und keine Übertreibung ganz zu überdecken vermag, haben die Physiker die Sünde kennengelernt, und dieses Wissen werden sie nicht mehr verlieren können.«

1949 zündeten die Sowjets ihre erste Atombombe. 1955 besaßen sowohl die Vereinigten Staaten als auch die Sowjetunion Wasserstoffbomben, die von Flugzeugen aus abgeworfen werden konnten. Und so begann das nukleare Wettrüsten.

Fast zwanzig Jahre später faßte Freeman Dyson in seiner Dokumentation »The Day After Trinity« die wissenschaftlichen Einstellungen zusammen, die uns an den Rand der atomaren Vernichtung geführt haben:

»Ich habe die Verführungskraft der Atomwaffen selbst erlebt. Sie sind unwiderstehlich, wenn man sich als Wissenschaftler mit ihnen befaßt. Das Gefühl, sie in Händen zu halten; die Energie der Sterne freizusetzen und nach dem eigenen Willen wirken zu lassen; dieses Wunder zu vollbringen und eine Million Tonnen Gestein in den Himmel zu schleudern. Es gibt den Menschen die Illusion grenzenloser Macht und ist in gewissem Sinne schuld an all unseren Problemen – diese technologische Arroganz, die uns überkommt, wenn wir sehen, was wir mit unserem Verstand erreichen können« (John Else, »The Day After Trinity«, erhältlich bei www.pyramiddirect.com.)

Wie damals, so sind wir heute Schöpfer neuer Technologien und Stars einer vorgestellten Zukunft, getrieben diesmal von der Aussicht auf großen ökonomischen Gewinn und von weltweitem Wettbewerb, aber ohne klare Einsicht in die Gefahren und ohne uns bewußtzumachen, wie wir in einer Welt leben sollen, die das reale Ergebnis unserer Schöpfungen und Phantasien sein wird.

1947 setzte das »Bulletin of the Atomic Scientists« eine Weltuntergangsuhr auf seinen Umschlag. Seit mehr als fünfzig Jahre zeigt diese Uhr an, wie hoch man jeweils angesichts der wechselnden internationalen Lage die Gefahr einer atomaren Vernichtung einschätzt. Insgesamt fünfzehnmal haben die Zeiger der Uhr in dieser Zeit ihre Stellung verändert; heute stehen sie auf neun Minuten vor zwölf und verweisen so auf die weiterhin realen Gefahren der Atomwaffen. Der Aufstieg Indiens und Pakistans zu Atommächten hat die Gefahr erhöht, daß die Bemühungen um die Nichtweitergabe vom Atomwaffen scheitern; deshalb rückte man 1998 den Minutenzeiger näher an die Zwölf heran.

Wie groß sind die Gefahren, die uns heute drohen, nicht nur von Atomwaffen, sondern von all diesen Technologien? Wie groß ist das Risiko, daß wir uns selbst ausrotten? Der Philosoph John Leslie ist dieser Frage nachgegangen und dabei zu dem Schluß gelangt, daß die Gefahr einer Auslöschung der menschlichen Art bei 30 Prozent liegt, während Ray Kurzweil unsere Chance auf etwas mehr als 50:50 veranschlagt, wobei er allerdings einräumt, man sage ihm nach, ein unverbesserlicher Optimist zu sein. Diese Schätzungen sind nicht ermutigend, dabei berücksichtigen sie nicht einmal die Wahrscheinlichkeit vieler schrecklicher Szenarien, die nur in die Nähe einer Auslöschung kommen. (Wie Leslie 1996 in seinem Buch »The End of the World« anmerkte, fiele seine Schätzung noch höher aus, wenn man Brandon Carters Gedanken zum Weltuntergang übernähme; danach »sollten wir nicht meinen, uns in der Frühgeschichte der Menschheit, also zum Beispiel unter den ersten 0,001 Prozent aller Menschen zu befinden, die jemals gelebt haben und leben werden; dann hätten wir Grund zu der Annahme, daß die Menschheit nicht mehr viele Jahrhundert vor sich hat, geschweige denn den Weltraum kolonisieren wird. Aus Carters Überlegungen ergeben sich noch keine konkreten Schätzwerte; sie bestimmen aber einen Rahmen für solche Schätzungen, wenn wir verschiedene mögliche Gefahren betrachten«.)

Angesichts solcher Aussichten raten manche uns ernsthaft, die Erde möglichst bald zu verlassen. Wir sollen mit von-Neumann-Sonden die Milchstraße kolonisieren und von einem Sonnensystem zum nächsten hüpfen. Dieser Schritt wird in etwa fünf Milliarden Jahren unvermeidlich sein (oder auch früher, wenn unserer Milchstraße in etwa 3 Milliarden Jahren mit der Andromeda-Galaxis kollidiert), doch wenn wir Kurzweil und Moravec beim Wort nehmen, könnte er schon in der Mitte dieses Jahrhunderts erforderlich werden.

Welche moralischen Implikationen wären mit solch einem Schritt verbunden? Falls wir die Erde so bald schon verlassen müssen, um den Fortbestand der menschlichen Art zu sichern, wer übernimmt dann die Verantwortung für das Schicksal der Zurückbleibenden (und das werden die meisten sein)? Und selbst wenn wir zu den Sternen flüchten, ist es da nicht wahrscheinlich, daß wir die Probleme mit uns nehmen oder daß sie uns folgen? Unser Schicksal auf der Erde und unser Schicksal in der Galaxis scheinen unlösbar miteinander verbunden.

Nach einer anderen Idee soll eine Reihe von Abwehrschilden gegen die Gefahren der einzelnen Technologien errichtet werden. Die von der Reagan-Administration vorgeschlagene Strategic Defence Initiative war ein Versuch, solch einen Schild gegen einen möglichen atomaren Angriff der Sowjetunion zu schaffen. Arthur C. Clarke, der an vielen vertraulichen Diskussionen zum Thema beteiligt war, sagte dazu: »Obwohl es möglich schien, unter gewaltigen Kosten ein lokales Verteidigungssystem zu schaffen, das ›nur‹ einen kleinen Prozentsatz der ballistischen Raketen durchließ, war der vielgerühmte nationale Schutzschirm Unsinn. Luis Alvarez, der wohl größte Experimentalphysiker unseres Jahrhunderts, sagte mir einmal, die Anhänger solcher Vorstellungen, seien ›sehr kluge Köpfe ohne jeden gesunden Menschenverstand‹.«

Clarke meinte weiter: »Wenn ich in meine oft getrübte Kristallkugel schaue, nehme ich an, daß ein vollständiges Verteidigungssystem vielleicht in hundert Jahren möglich sein wird. Aber die dafür erforderliche Technologie würde als Nebenprodukt so schreckliche Waffen hervorbringen, daß niemand mehr einen Gedanken an etwas so Primitives wie ballistische Raketen verschwenden würde« (Arthur C. Clarke, »Presidents, Experts, and Asteroids«, »Science«, 5. Juni 1998).

In »Engines of Creation« macht Drexler den Vorschlag, einen aktiven nanotechnologischen Schild – eine Art Immunsystem für die Biosphäre – zu schaffen, um uns vor gefährlichen Replikatoren jeglicher Art zu schützen, die aus Labors entkommen oder in bösartiger Absicht freigesetzt werden könnten. Aber der Schild, den er vorschlägt, wäre gleichfalls mit gewaltigen Gefahren verbunden, weil niemand ausschließen könnte, daß er Autoimmunprobleme auslöste und die Biosphäre seinerseits angriffe. (Und David Forrest erklärt in seinem Aufsatz »Regulating Nanotechnology Development«, erhältlich unter www.foresight.org/NanoRev/Forrest1989.html: »Wenn wir statt gesetzlicher Beschränkungen den Entwicklern eine unbeschränkte Haftung auferlegten, könnte kein Entwickler die möglichen Kosten der Risiken (die Zerstörung der Biosphäre) auf sich nehmen, so daß theoretisch eigentlich niemand die Nanotechnologie vorantreiben sollte.« Angesichts dieser Analyse bleibt uns als einzige Schutzmöglichkeit die staatliche Regulierung – kein tröstlicher Gedanke.)

Auf ähnliche Schwierigkeiten stieße die Konstruktion von Schutzschilden gegen Robotik oder Gentechnik. Diese Technologien sind zu mächtig, als daß wir uns in der zur Verfügung stehenden Zeit vor ihnen schützen könnten. Und selbst wenn wir solche Schutzschilde entwickeln könnten, wären die Nebenwirkungen ihrer Entwicklung mindestens ebenso gefährlich wie die Technologien, vor denen sie uns schützen sollen.

Diese Möglichkeiten sind also sämtlich entweder nicht wünschenswert oder nicht realisierbar oder beides zugleich. Die einzig realistische Alternative, die ich sehe, lautet Verzicht: Wir müssen auf die Entwicklung allzu gefährlicher Technologien verzichten und unserer Suche nach bestimmten Formen des Wissens Grenzen setzen.

Ja, ich weiß, Wissen ist gut, und ebenso die Suche nach neuen Wahrheiten. Seit der Antike streben wir nach Wissen. Aristoteles begann seine Metaphysik mit dem schlichten Satz: »Das Streben nach Wissen ist eine natürliche Veranlagung aller Menschen.« Zu den Grundwerten unserer Gesellschaft gehört seit langem schon der freie Zugang zu Informationen, und wir kennen die Probleme, die sich ergeben, wenn man versucht, den Zugang zum Wissen und die Weiterentwicklung des Wissens zu beschränken. In jüngerer Zeit genießt wissenschaftliche Erkenntnis ein Ansehen, das an Verehrung grenzt.

Wenn aber der freie Zugang zum Wissen und die unbeschränkte Weiterentwicklung unseres Wissens die Gefahr der Auslöschung des Menschen heraufbeschwört, sagt uns der gesunde Menschenverstand, daß wir trotz einschlägiger historischer Erfahrungen selbst diese alten Grundüberzeugungen überdenken müssen.

Schon Nietzsche hatte Ende des 19. Jahrhunderts nicht nur den Tod Gottes verkündet, sondern auch gewarnt: »Also kann der Glaube an die Wissenschaft, der nun einmal unbestreitbar da ist, nicht aus einem solchen Nützlichkeits-Kalkül seinen Ursprung genommen haben, sondern vielmehr trotzdem, daß ihm die Unnützlichkeit und Gefährlichkeit des ›Willens zur Wahrheit‹, der ›Wahrheit um jeden Preis‹ fortwährend bewiesen wird« (»Die fröhliche Wissenschaft«, 344). Mit dieser Gefährlichkeit, den Folgen unserer Wahrheitssuche, sind wir heute konfrontiert. Die Wahrheit, nach der die Wissenschaft sucht, kann ohne Zweifel als gefährlicher Gottesersatz angesehen werden, wenn sie mit großer Wahrscheinlichkeit zu unserer Auslöschung führt.

Wenn wir als Gattung Einigkeit über unsere Wünsche, Ziele und Motive erlangen könnten, wäre es uns möglich, unsere Zukunft weit weniger gefährlich zu gestalten, und wir würden erkennen, worauf wir verzichten können und sollten. Sonst könnte es leicht geschehen, daß wir uns in einen Rüstungswettlauf auf der Basis der GNR-Technologien verstricken, wie wir ihn im 20. Jahrhundert auf der Basis der ABC-Technologien erlebt haben. Darin liegt wahrscheinlich die größte Gefahr, denn wenn solch ein Wettlauf erst begonnen hat, läßt er sich nur schwer wieder beenden. Anders als zu Zeiten des Manhattan-Projekts, befinden wir uns diesmal nicht im Krieg, wir haben es nicht mit einem ruchlosen Gegner zu tun, der unsere Zivilisation bedroht; heute treiben uns unsere eigenen Gewohnheiten und Wünsche, unser ökonomisches System und der Wettkampf um neues Wissen.

Ich denke, wir allen wollen, daß unser Weg von kollektiven Werten, von Ethik und Moral bestimmt wird. Hätten wir in den letzten Jahrtausenden etwas mehr kollektive Weisheit erlangt, würde der Dialog über diese Fragen sehr viel praktischer geführt, und die unglaublichen Gewalten, die zu entfesseln wir im Begriff sind, wären nicht annähernd so beängstigend.

Man möchte meinen, schon unser Selbsterhaltungstrieb müßte uns zu solch einem Dialog drängen. Der einzelne verfügt zwar über diesen Trieb, doch als Gattung verhalten wir uns offenbar nicht in einer Weise, die uns zuträglich ist. Hinsichtlich der nuklearen Bedrohung waren wir vielfach unaufrichtig uns selbst und anderen gegenüber, was die Gefahr nur noch vergrößerte. Ob diese Unaufrichtigkeit politisch motiviert war, ob wir Zuflucht bei ihr suchten, weil wir nicht gerne vorausdenken oder weil wir angesichts solcher Bedrohungen in Angst geraten und irrational reagieren, weiß ich nicht, aber es läßt nichts Gutes ahnen.

Mit der Gentechnik, der Nanotechnologie und der Robotik öffnen wir eine neue Büchse der Pandora, aber offenbar ist uns das kaum bewußt. Ideen lassen sich nicht wieder zurück in eine Büchse stopfen; anders als Uran oder Plutonium müssen sie nicht abgebaut und aufgearbeitet werden, und sie lassen sich problemlos kopieren. Wenn sie heraus sind, sind sie heraus. Churchill meinte einmal in seiner unnachahmlichen Art, die Amerikaner täten immer das Richtige, nachdem sie alle anderen Alternativen gewissenhaft ausprobiert hätten. In diesem Fall jedoch müssen wir mehr Voraussicht walten lassen; wenn wir das Richtige erst am Schluß tun, könnte es schon zu spät sein, überhaupt noch etwas zu tun.

Thoreau hat einmal gesagt: »Wir fahren nicht mit der Eisenbahn, die Eisenbahn fährt mit uns.« Und genau dagegen müssen wir heute kämpfen. Die Frage ist wirklich, wer der Herr ist. Und ob wir unsere Technologien überleben werden.

Wir taumeln ohne Plan, ohne Lenkrad und ohne Bremsen in das neue Jahrtausend. Sind wir schon so weit gegangen, daß wir nicht mehr umkehren können? Ich glaube nicht, aber wir versuchen es noch gar nicht, und die letzte Chance, die Kontrolle zu übernehmen, kann schon bald vertan sein. Wir haben unsere ersten Spielzeugroboter, wir besitzen kommerziell nutzbare gentechnische Verfahren, und die Nanotechnologie macht rasche Fortschritte. Obwohl die Entwicklung dieser Technologien in zahlreichen Schritten erfolgt, ist keineswegs gesagt, daß der letzte Schritt zum Durchbruch dieser Technologien – wie beim Manhattan-Projekt und dem ersten Atombombentest – groß und schwierig sein wird. Der Durchbruch zu einer wilden Selbstreplikation in Robotik, Nanotechnologie und Gentechnik könnte ganz plötzlich erfolgen und uns ähnlich überraschen wie die Nachricht von der ersten erfolgreichen Klonierung eines Säugetiers.

Dennoch glaube ich, das wir guten Grund zur Hoffnung haben. Unser Umgang mit Massenvernichtungswaffen im letzten Jahrhundert bietet ein glanzvolles Beispiel für einen weisen Verzicht, die einseitige und ohne Vorbedingungen erfolgte Ankündigung der Vereinigten Staaten nämlich, keine biologischen Waffen zu entwickeln. Dieser Verzicht resultierte aus der Erkenntnis, daß solche Waffen sich zwar nur mit gewaltigem Aufwand entwickeln lassen, dann aber leicht vervielfältigt werden und in die Hände verbrecherischer Staaten oder terroristischer Gruppen gelangen können.

Man erkannte, daß wir die Bedrohung nur vergrößern, wenn wir solche Waffen entwickeln, und daß wir sicherer sind, wenn wir diesen Weg nicht weiter verfolgen. Seinen Niederschlag fand dieser Verzicht dann 1973 in der Konvention über das Verbot biologischer Waffen und 1993 in der Konvention über das Verbot chemischer Waffen (siehe dazu Matthew Meselson, »The Problem of Biological Weapons«, Presentation to the 1,818th Stated Meeting of the American Academy of Arts and Sciences, 13. Januar 1999, nachzulesen unter www.minerva.amacad.org/archive/bulletin4.htm).

Was die weiterhin beträchtliche Gefahr eines Atomkriegs angeht, mit der wir nun seit mehr als fünfzig Jahren leben, hat die kürzlich erfolgte Ablehnung des Atomwaffen-Teststopabkommens durch den amerikanischen Senat in aller Deutlichkeit gezeigt, daß der Verzicht auf Atomwaffen politisch nicht leicht durchzusetzen sein wird. Doch das Ende des Kalten Kriegs bietet uns die einzigartige Gelegenheit, ein multipolares Wettrüsten zu verhindern. Ein am Vorbild des Verbots von B- und C-Waffen orientiertes Verbot von Atomwaffen könnte uns in dem Willen bestärken, auch auf andere gefährliche Technologien zu verzichten. (Wenn es uns gelänge, die Zahl der Atomwaffen weltweit auf 100 Stück zu senken – das entspräche der Zerstörungskraft der im Zweiten Weltkrieg eingesetzten Bomben und Granaten und ließe sich leichter verwirklichen –, könnten wir die Gefahr einer vollkommenen Vernichtung bannen; siehe dazu Paul Doty, »The Forgotten Menace: Nuclear Weapons Stockpiles Still Represent the Biggest Threat to Civilization«, »Nature«, 402, 1999).

Die Überprüfung solch eines Verzichts wäre ein zwar schwieriges, aber keineswegs unlösbares Problem. Zum Glück haben wir auf diesem Gebiet bereits wichtige Vorarbeit im Zusammenhang mit dem Verbot biologischer Waffen und anderen internationalen Abkommen geleistet. Unser Hauptaufgabe wird darin bestehen, diese Erfahrungen auch auf Technologien anzuwenden, die ihrem Wesen nach eher kommerziellen als militärischen Charakter haben. Am wichtigsten ist hier die Transparenz, denn das Verifikationsproblem verhält sich direkt proportional zum Problem der Unterscheidung zwischen verbotenen und zugelassenen Aktivitäten.

Ich denke tatsächlich, die Situation war 1945 einfacher als heute. Bei den Nukleartechnologien konnte man kommerzielle und militärische Nutzung hinreichend klar voneinander trennen; die Überwachung war nicht schwer, weil Atomtests sehr auffällig sind und Radioaktivität leicht gemessen werden kann. Die militärische Forschung lag in den Händen staatlicher Forschungseinrichtungen wie Los Alamos, so daß die Ergebnisse sehr lange geheimgehalten werden konnten.

Bei Gentechnik, Nanotechnologie und Robotik dagegen lassen kommerzielle und militärische Anwendung sich nur schwer trennen; angesichts ihres ökonomischen Potentials kann man sich kaum vorstellen, daß nur staatliche Forschungseinrichtungen sich mit ihnen befaßten. Angesichts ihrer kommerziellen Bedeutung erforderte ein Verzicht Überwachungssysteme, wie man sie für biologische Waffen geschaffen hat, nur daß sie in diesem Fall ganz andere Größenordnungen annehmen müßten. Dadurch entstünden unvermeidlich Spannungen zwischen der Notwendigkeit einer unserem Schutz dienenden Überwachung und der Privatsphäre sowie dem Anspruch auf private Verfügungsgewalt über Informationen. Gegen diesen Verlust an Freiheit wird es ohne Zweifel starke Widerstände geben.

Die Überprüfung des Verzichts auf bestimmte GNR-Technologien wird sowohl im Cyberspace als auch an Ort und Stelle erfolgen müssen. Entscheidend ist hier die Frage, wie sich die nötige Transparenz in einer Welt erreichen läßt, in der Informationen Privateigentum sind; die Lösung dürfte in neuen Formen des Schutzes geistigen Eigentums liegen.

Zur Überprüfung des Verzichts wird es auch erforderlich sein, daß Wissenschaftler und Ingenieure sich an einen strengen ethischen Verhaltenskodex halten, ähnlich dem hippokratischen Eid, und notfalls Alarm schlagen, selbst wenn sie dadurch erhebliche persönliche Nachteile in Kauf nehmen müssen. Dies entspräche dann auch den Forderungen des Nobelpreisträgers Hans Bethe, eines der ältesten noch lebenden Mitglieder des Manhattan-Projekts, der fünfzig Jahre nach Hiroshima alle Wissenschaftlicher dazu aufrief, sich »nicht mehr an der Schaffung, Entwicklung, Verbesserung oder Herstellung von Atomwaffen und anderen Massenvernichtungsmitteln zu beteiligen« (siehe dazu auch Hans Bethes Brief an Präsident Clinton: www.fas.org/bethecr.htm).

Thoreau hat auch einmal gesagt, unser Reichtum bemesse sich nach der Zahl der Dinge, auf die wir verzichten können. Wir alle streben nach Glück, aber wir sollten uns fragen, ob wir das Risiko vollkommener Vernichtung eingehen wollen, um noch mehr Wissen und noch mehr Dinge zu erlangen; der gesunde Menschenverstand sagt uns, daß unsere materiellen Bedürfnisse begrenzt sind – und daß manches Wissen gefährlich ist, so daß wir auf seinen Erwerb verzichten sollten.

Wir sollten auch nicht nach »Unsterblichkeit« streben, ohne auf die Kosten zu achten, auf das im gleichen Maße wachsende Risiko unserer Auslöschung. Unsterblichkeit ist vielleicht der erste, aber gewiß nicht der einzige utopische Traum.

Kürzlich hatte ich das Glück, dem herausragenden Schriftsteller und Gelehrten Jacques Attali zu begegnen, dessen Buch »Lignes d'horizons« (deutsch: »Millennium«) die Entwicklung der Programmiersprachen Java und Jini inspirierte. In seinem neuen Buch »Fraternité« beschreibt Attali, in welcher Weise utopische Träume unser Leben verändert haben:

»In der Frühzeit unserer Gesellschaften sahen die Menschen in ihrem irdischen Dasein nur ein Jammertal, an dessen Ende sich im Tod ein Tor zu den Göttern und zur Ewigkeit öffnete. Bei den Hebräern und den Griechen wagten es einige Menschen, sich von den theologischen Zwängen zu lösen und eine Idealstadt zu erträumen, in der Freiheit herrschte. Angesichts der Entwicklung der Marktgesellschaft erkannten andere, daß die Freiheit der einen die Entfremdung der anderen bedeutete, und strebten deshalb nach Gleichheit.«

Dank Jacques Attali habe ich verstanden, in welchem Spannungsverhältnis diese drei utopischen Ziele auch in unserer heutigen Gesellschaft noch stehen. Er beschreibt dann eine vierte Utopie, die auf Altruismus beruhende Brüderlichkeit. Nur die Brüderlichkeit verbindet das eigene Glück mit dem der anderen und gewährt so die Hoffnung auf Selbsterhaltung.

Dadurch klärte sich für mich auch das Problem mit Kurzweils Traum. Ein technischer Zugang zur Ewigkeit – zu annähernder Unsterblichkeit durch Robotik – ist vielleicht gar keine wünschenswerte Utopie und birgt eindeutig große Risiken. Vielleicht sollten wir die Wahl unserer Utopien überdenken.

Wo finden wir eine neue ethische Grundlage, mit deren Hilfe wir unseren Kurs bestimmen können? Ich fand die Gedanken sehr hilfreich, die der Dalai Lama in seinem Buch »Ethics for the New Millennium« (deutsch: »Das Buch der Menschlichkeit«) formuliert hat. Wie weithin bekannt, aber wenig beachtet, glaubt der Dalai Lama, das Wichtigste im menschlichen Leben seien Liebe und Mitgefühl; unsere Gesellschaften sollten daher ein stärkeres Gefühl für universelle Verantwortung und unsere wechselseitige Abhängigkeit entwickeln. Die von ihm vorgeschlagene Ethik für das Handeln des einzelnen und der Gesellschaft deckt sich in weiten Teilen mit Attalis Utopie der Brüderlichkeit.

Nach Ansicht des Dalai Lama müssen wir uns klarmachen, worin die Menschen Glück finden, und erkennen, daß weder materieller Fortschritt noch das Streben nach der Macht des Wissens darin eine Schlüsselrolle spielen – und daß die Wissenschaft in all diesen Dingen ihre Grenzen hat. Unser westliches Verständnis von Glück geht wahrscheinlich auf die Griechen zurück, die darin die »Ausübung vitaler Kräfte im Sinne herausragender Leistungen in einem von Freiheit geprägten Leben« verstanden, wie Edith Hamilton in ihrem Buch »The Greek Way« anmerkt.

Natürlich müssen wir sinnvolle Herausforderungen finden und genügend Freiheit besitzen, um glücklich zu sein. Aber ich denke, wir müssen alternative Betätigungsfelder jenseits der Kultur ständigen Wirtschaftswachstums für unsere schöpferischen Kräfte finden. Dieses Wirtschaftswachstum ist seit mehreren hundert Jahren durchaus ein Segen, doch es hat uns kein ungetrübtes Glück gebracht, und heute müssen wir wählen zwischen dem Streben nach einem unbeschränkten, ungerichteten Wachstum durch Wissenschaft und Technik und den Gefahren, die ganz offensichtlich damit verbunden sind.

Meine Begegnung mit Ray Kurzweil und John Searle liegt jetzt mehr als ein Jahr zurück. Wenn ich mich umschaue, sehe ich einige Gründe zur Hoffnung: in mahnenden Stimmen, die zu Vorsicht und Verzicht raten; in Menschen, die wie ich besorgt sind über die gegenwärtigen Entwicklungen. Auch ich fühle mich persönlich verantwortlich – nicht für die Arbeit, die ich schon getan habe, sondern für die Arbeit, die ich möglicherweise an der Schnittstelle mehrerer Wissenschaften noch leisten werde.

Doch viele Menschen, die um die Gefahren wissen, bleiben weiterhin merkwürdig schweigsam. Spricht man sie darauf an, heißt es, das sei doch alles nicht neu – als wäre das Wissen um die möglichen Entwicklungen bereits Reaktion genug. Sie sagen, die Universitäten seien doch voll von Biochemikern, die sich den ganzen Tag mit diesen Dingen beschäftigen. Sie sagen, darüber sei doch schon genug geschrieben worden, von Fachleuten, die Bescheid wüßten. Sie klagen, meine Sorgen und Argumente seien ein alter Hut.

Ich weiß nicht, wo diese Menschen ihre Angst verstecken. Als Architekt komplexer Systeme betrete ich diese Arena als Generalist. Sollte ich deswegen weniger besorgt sein? Ich weiß, daß aus berufenem Mund schon viel darüber geredet worden ist. Aber hat es die Menschen erreicht? Dürfen wir darum die Augen vor den drohenden Gefahren verschließen? Wissen ist kein Grund, nicht zu handeln. Können wir noch daran zweifeln, daß Wissen eine Waffe geworden ist, die wir gegen uns selbst richten?

Die Erfahrung der Atomwissenschaftler zeigt in aller Deutlichkeit, daß wir Verantwortung übernehmen müssen; sie zeigt, daß Entwicklungen uns aus der Hand gleiten und eine Eigendynamik entfalten können. Innerhalb kürzester Zeit können daraus Probleme entstehen, die wir – wie sie – nicht mehr zu bewältigen vermögen. Deshalb müssen wir die Dinge vorher bedenken, wenn wir nicht ebenso überrascht und schockiert von den Folgen unserer Erfindungen sein wollen.

In meiner Arbeit bemühe ich mich, die Zuverlässigkeit von Software zu verbessern. Software ist ein Werkzeug, und als Werkzeugmacher muß ich mich mit der Anwendung der von mir geschaffenen Werkzeuge auseinandersetzen. Ich habe immer geglaubt, die Welt durch die Schaffung zuverlässiger und vielseitig anwendbarer Software sicherer und besser machen zu können. Wenn ich jedoch zu der gegenteiligen Erkenntnis gelange, bin ich moralisch verpflicht, diese Arbeit einzustellen. Ich kann mir inzwischen vorstellen, daß dieser Tag kommen mag. Diese Einsicht macht mich nicht zornig, wohl aber ein wenig melancholisch. Der Fortschritt hat nun für mich eine bittern Beigeschmack.

Erinnern Sie sich an die wunderbare Szene in »Manhattan«, in der Woody Allen auf seiner Couch liegt und in sein Tonbandgerät spricht? Er schreibt gerade eine Kurzgeschichte über Menschen, die sich unnötige neurotische Probleme schaffen, weil das sie davor bewahrt, sich mit den beängstigenden unlösbaren Problemen der Welt zu befassen. Er stellt sich die Frage, was das Leben für ihn lebenswert macht, und findet die Antwort: Groucho Marx, Willie Mays, der zweite Satz der Jupiter-Symphonie, Louis Armstrongs Einspielung des »Potato Head Blues«, schwedische Filme, Flauberts »Éducation sentimentale«, Marlon Brando, Frank Sinatra, Cézannes Äpfel und Birnen, die Krabben bei Sam Wo's und schließlich das Gesicht seiner Freundin Tracy.

Meine gegenwärtige Hoffnung richtet sich auf eine breitere Diskussion der hier angesprochenen Fragen, mit Menschen aus den verschiedensten Lebensbereichen und in einem Klima, das weder durch Technikangst noch durch blindes Vertrauen in die Technik geprägt ist. Um selbst damit zu beginnen, habe ich viele dieser Fragen auf zwei Veranstaltungen des Aspen Institute angesprochen und außerdem vorgeschlagen, die American Academy of Arts and Sciences möge sie als thematische Erweiterung in die Pugwash-Konferenzen aufnehmen. (Dort werden seit 1957 Fragen der Abrüstung, insbesondere der atomaren Abrüstung, erörtert und praktisch realisierbare Politikansätze formuliert.)

Leider begannen die Pugwash-Tagungen erst, nachdem der Geist der Atombombe aus der Flasche war – nahezu fünfzehn Jahre zu spät. Auch mit der ernsthaften Erörterung der Technologien des 21. Jahrhunderts – der Verhinderung einer wissensbasierten Massenvernichtung – beginnen wir sehr spät; eine weitere Verzögerung wäre nicht zu verantworten.

Ich suche immer noch; es gibt viel zu lernen. Ob wir Erfolg haben oder scheitern, ob wir diese Technologien überleben oder an ihnen zugrunde gehen, ist noch nicht entschieden. Es ist spät geworden, fast sechs Uhr morgens, und ich versuche mir bessere Antworten vorzustellen, den Bann zu brechen und sie aus dem Stein herauszulösen.

Aus dem Amerikanischen von Michael Bischoff.
6. Juni 2000 (Hier wird die vollständige Fassung des in der FAZ gekürzt abgedruckten Artikels wiedergegeben.)

Ray Kurzweil

Der Code des Goldes
Meine Antwort auf Bill Joy

Bill Joy sagt, die Idee zu seinem Manifest sei ihm nach der Lektüre meines Buches »The Age of Spiritual Machines« (deutsche Ausgabe unter dem Titel »Homo s@piens« bei Kiepenheuer & Witsch 1999) gekommen. Jedermann erkennt, daß er pessimistisch ist und daß ich optimistisch bin – obgleich wir von denselben Technologien reden. Vielleicht gibt es da instruktive Gemeinsamkeiten.

Das menschliche Urteil über neue Erfindungen und Technologien durchläuft fast immer drei Phasen: 1.) Erstaunen und Bewunderung angesichts der Möglichkeit, uralte Probleme zu überwinden; 2.) erste Unfälle und die Furcht vor neuen, schweren Gefahren, die diese Technologien mit sich bringen; 3.) schließlich die Erkenntnis, daß der einzige gangbare, verantwortliche Weg darin besteht, vorsichtig zu erkunden, wie man die positiven Möglichkeiten einer Technologie entwickeln und ihre Risiken gleichzeitig beherrschen kann.

Bill Joy erwähnt die Epidemien vergangener Jahrhunderte und beschreibt mit beredten Worten die Möglichkeit, daß selbst-reproduktive Technologien (etwa pathogene Mutanten aus biotechnischen Labors) oder Nanoboter außer Kontrolle geraten und auf diese Weise längst vergangene Pestzeiten wieder heraufbeschwören könnten. In der Tat: Dies sind reale Gefahren, und ich verheimliche sie nicht.

Das Leiden in der Welt dauert fort und verlangt unsere ständige Aufmerksamkeit. Millionen von Menschen leiden an Krebs oder anderen verheerenden Krankheiten. Soll man ihnen ernsthaft erklären, daß die Entwicklung neuer Medikamente im Biotech-Sektor insgesamt eingestellt wird, weil die Gefahr droht, daß diese Technologien eines Tages für üble Zwecke verwendet werden könnten? Die meisten Menschen werden mit mir darin übereinstimmen, daß ein solcher radikaler Ausstieg nicht die Antwort sein kann.

Ein anderer zwingender Grund für neue Technologien ist die wirtschaftliche Gewinn- und Börsenerwartung, die auch in den nächsten Jahrzehnten die technologische Entwicklung vorantreiben wird. Hier regieren Wall Street und die New Economy. Die Wege, die sich durch die fortlaufende Beschleunigung zahlreicher miteinander verbundener Technologien abzeichnen, sind tatsächlich mit Gold gepflastert. In einer Welt des Wettbewerbs ist es ein wirtschaftlicher Imperativ, diese Wege einzuschlagen. Es wäre für Individuen, Unternehmen und Nationen wirtschaftlicher Selbstmord, wenn sie auf technologischen Fortschritt verzichteten.

Damit sind wir beim Thema des Verzichts, also bei Bill Joys umstrittenstem Vorschlag, der zugleich sein leidenschaftlichstes Anliegen ist. Auch ich bin der Ansicht, daß Verzicht am rechten Ort in der Tat eine verantwortungsbewußte und konstruktive Antwort auf reelle Gefahren darstellt. Doch eben hier liegt das Problem. An welchem Punkt soll dieser technologische Verzicht einsetzen?

Nach Ted Kaczynskis Auffassung – dem Unabomber, der die Welt der Technologien und ihrer Entdecker in die Luft sprengen wollte – sollen wir auf alle Technologien verzichten. Dies ist meines Erachtens weder erwünscht noch machbar, wobei die Sinnlosigkeit einer solchen Forderung übrigens auch durch Kaczynskis verrückte, verwerfliche Taktik deutlich wird.

Eine andere Möglichkeit wäre der Verzicht auf bestimmte Technologien – etwa auf die Nanotechnologie –, weil sie zu gefährlich sind. Doch auch solche Tabula-rasa-Lösungen sind unrealistisch. Die Nanotechnologie ist nur das unvermeidliche Resultat eines stabilen Trends der Miniaturisierung, der die Technologie insgesamt betrifft. Es handelt sich keineswegs um ein klar eingrenzbares Gebiet, sondern um eine Vielzahl von Projekten mit ganz unterschiedlichen Zielen.

Ein Beobachter schreibt: »Ein weiterer Grund, weshalb die industrielle Gesellschaft nicht reformiert werden kann, ... besteht darin, daß die moderne Technologie ein vereinheitlichtes System ist, worin alle Teile voneinander abhängen. Man kann nicht die ›schlechten‹ Teile der Technologie loswerden und nur ihre ›guten‹ Teile zurückbehalten. Man denke etwa an die moderne Medizin. Der Fortschritt in der medizinischen Wissenschaft beruht auf Fortschritten in Chemie, Physik, Biologie, Computerwissenschaften und anderen Feldern. Avancierte medizinische Behandlungsmethoden erfordern eine teure High-Tech-Ausrüstung.«

Der zitierte Beobachter ist noch einmal Ted Kaczynski, der Terrorist. Auch wenn man Kaczynski aus guten Gründen als Autorität ablehnen kann, liegt er meines Erachtens doch richtig, was die enge Verknüpfung von Chancen und Risiken betrifft. Unsere Wege trennen sich freilich in der Frage, wie diese beiden Seiten zu gewichten sind. Bill Joy und ich haben dieses Thema sowohl öffentlich als auch in privaten Gesprächen diskutiert. Wir glauben beide, daß der technologische Fortschritt einerseits nicht angehalten werden kann (und es auch nicht sollte), daß wir uns aber andererseits nachdrücklicher um seine Schattenseiten kümmern müssen. Worüber Bill und ich verschiedener Meinung sind, das ist die Frage, bis zu welcher »Auflösungsdichte« wir einen solchen Verzicht treiben können und sollen.

Der Ausstieg aus ganzen Technologiebereichen wird dazu führen, daß sie als Technologien in eine neuartige kriminelle Unterwelt wandern. Hier, in einem neuen kriminellen Subsystem, wird die wissenschaftliche Entwicklung ohne Öffentlichkeit und ohne Kontrolle weitergehen – also ohne jede Moral oder Gesetzgebung. Die am wenigsten zuverlässigen und verantwortlichen »Praktiker« (zum Beispiel Terroristen) kämen dann in die Lage, über ein Wissensmonopol zu verfügen.

Dennoch glaube ich mit Bill Joy, daß Verzicht am rechten Ort integraler Bestandteil unserer kulturellen Antwort auf die Gefahren zukünftiger Technologien sein muß. Ein überzeugendes, konstruktives Beispiel wäre etwa eine ethische Richtlinie, die das Foresight Institute, das von dem Nanotechnologie-Pionier Eric Drexler gegründet wurde, vorgelegt hat.

Das Grundgesetz dieses Instituts ist eine Forderung, die in Europa noch kaum bekannt ist und die die zentralste aller Gefahren benennt: Alle Wissenschaftler, die sich mit Nanotechnologie befassen, sollen vollständig verzichten auf die Entwicklung von physischen Entitäten, die sich in einer natürlichen Umwelt selbst reproduzieren können. In die neue Ethik der Wissenschaft gehört nach Meinung aller Kenner außerdem das Verbot aller physischen Entitäten, die einen eigenen Code zur Selbstreproduktion enthalten.

Wenn wir von Nanobotern reden, tun manche so, als sei das eine Skurrilität. Dabei handelt es sich um eine Technologie, die uns mehr zu schaffen machen wird, als es die Atomkraft je tat. Nanotechnologie ist die Fähigkeit, physische Objekt nicht nur Teil für Teil, sondern Atom für Atom – also quasi-identisch – zu erschaffen. Das bedeutet: Jede Art von Produkt könnte zumindest theoretisch sofort geschaffen werden. Diese Konstruktionen sind wirtschaftlich nur sinnvoll, wenn sich die Geräte selbst reproduzieren. Nanobots können und werden identische Kopien von sich selbst schaffen – nicht nur in der Außenwelt, etwa in Solarzellen, auch in unserem Blutkreislauf. Drexler hat vielfältige Bedingungen für diesen Nanoboter aufgestellt. Und ein »außerdem«: »Außerdem muß er unbedingt wissen, wann er mit der Selbstreplikation aufhört.«

Was, wenn – wie in der Biologie etwa beim Krebs – die Reproduktionsanweisung außer Kontrolle gerät? In der sogenannten »Broadcast-Architektur«, die der Nanotechnologe Ralph Merkle vorgeschlagen hat, erhalten diese Entitäten ihre Codes (also den Befehl zur Vermehrung) von einem zentralen abgesicherten Server, der jeder unerwünschten Reproduktion vorbeugen könnte – vergleichbar den (unwirksamen) Vermehrungshindernissen, die wir aus »Jurassic Park« kennen. Diese Broadcast- oder »Punkt zu Mehrpunkt«-Architektur ist in der biologischen Welt unmöglich und böte zumindest eine Möglichkeit, die Nanotechnologie sicherer als die Biotechnologie zu machen.

Deutlich gesagt: Nanotechnologie ist potentiell viel gefährlicher als Biotechnologie, denn Nanoboter können physisch stärker und intelligenter sein als proteinbasierte Entitäten. Vielleicht wird es eines Tages möglich sein, beides miteinander zu kombinieren, so daß die Nanotechnologie innerhalb biologischer Entitäten die Codes bereitstellt (und die natürliche DNS ersetzt): In diesem Fall können wir auf die Broadcast-Architektur zurückgreifen, die viel sicherer ist.

Zu unserer Ethik als verantwortliche Wissenschaftler sollte ein solcher, gleichsam »punktueller« Verzicht gehören – neben anderen berufsethischen Richtlinien. Andere Schutzbestimmungen wären etwa die Kontrolle durch spezielle Aufsichtsgremien, die Entwicklung einer technologiespezifischen »Immunabwehr« oder die computergestützte Überwachung durch Exekutivorgane. Viele Leute sind sich nicht bewußt, daß unsere Geheimdienste bereits solche fortgeschrittene Technologien einsetzen.

Als Testfall – und als eine gewisse Beruhigung – mag eine technologische Herausforderung dienen, die erst in jüngster Zeit bewältigt wurde. Es existiert schon heute eine Spielart selbstreproduktiver, nichtbiologischer Entitäten, die erst wenige Jahrzehnte jung ist: das Computervirus. Als dieser zerstörerische Störenfried zum ersten Mal auftauchte, erhoben sich besorgte Stimmen und befürchteten, daß diese Software-Viren bei entsprechender Verfeinerung die Fähigkeit erwerben könnten, die Computernetze zu zerstören, die ihren Lebensraum bildeten. Das »Immunsystem«, das man als Antwort auf diese Herausforderung aufgebaut hat, sollte sich aber letztlich als durchaus wirksam erweisen. Obgleich destruktive, selbstreproduktive Software-Entitäten immer noch von Zeit zu Zeit Verwirrung stiften, stehen die angerichteten Schäden in keinem Verhältnis zum Nutzen, den wir aus den Computern und Kommunikationsnetzen ziehen, in denen sie ihr Unwesen treiben.

Man mag dagegen halten, daß Computerviren nicht das tödliche Potential von biologischen Viren oder einer destruktiven Nanotechnologie besitzen. Dies ist zwar richtig, unterstützt aber mein Argument. Die Tatsache, daß Computerviren für Menschen normalerweise nicht tödlich sind, bedeutet nur, daß Menschen leichter geneigt sind, sie zu erschaffen und freizusetzen. Es bedeutet gleichzeitig, daß unsere Antwort auf die Gefahr weniger intensiv ausfällt. Wenn selbstreproduktive Entitäten entstünden, die auf breiter Front tödlich wirkten, würde unsere Antwort auf allen Ebenen sicherlich ungleich ernsthafter ausfallen.

Die kommenden Technologien repräsentieren eine gewaltige Macht, die die Menschheit für alle möglichen Zwecke einsetzen kann. Uns bleibt nur die Wahl, hart zu arbeiten, um diese höchst performativen Technologien zur Beförderung unserer Werte anzuwenden – auch wenn anscheinend öfters Streit darüber aufkommt, welche Werte dies sein sollten.

Aus dem Amerikanischen von Matthias Grässlin.

17. Juni 2000

Ein Gewehr verwandelt uns nicht in einen Killer

Ein Gespräch mit Nathan Myhrvold

Für die traditionelle Wissenschaft ist das Streben nach künstlicher Intelligenz nicht viel mehr als Zeitverschwendung, eine halbseidene Disziplin, die an Scharlatanerie grenzt. Was halten Sie davon?

Um die KI hat es immer ein zyklisches Auf und Ab gegeben. Zeiten des wilden Optimismus, in denen jeder dachte, die Lösung des Rätsels sei zum Greifen nah, zogen unwillkürlich pessimistische Perioden nach sich. Seit den frühesten Tagen des Computers gibt es eine solche Wellenbewegung.

Und wer wird am Ende recht behalten, die Pessimisten oder die Optimisten?

George Dyson hat dokumentiert, daß einige der ersten Computerversuche biologisch inspiriert waren. In den fünfziger Jahren galt das etwa für die Experimente des Mathematikers Nils Aall Barricelli. Damals machte sich ein sagenhafter Optimismus breit. Bis die Leute sahen, welch enorme Schwierigkeiten noch auf sie warten. Prompt gewannen die Pessimisten die Oberhand. Durch die ganzen siebziger und achtziger Jahre hindurch gab es wiederum einen riesigen Boom, der im vergangenen Jahrzehnt abgelöst wurde von tiefem Pessimismus. Nach meiner Meinung sollten wir weder den Optimisten noch den Pessimisten folgen. Die Wahrheit liegt irgendwo in der Mitte.

Worauf gründet sich Ihre abgemessene Haltung?

Wir wissen jetzt eine Menge mehr als zu Beginn der Computertechnologie. Um die anstehenden Probleme zu lösen, bieten sich zwei Verfahren an. Zunächst ist da die Klettverschluß-Methode. Den Klettverschluß hat ein Schweizer erfunden, ein Botaniker, der verstehen wollte, warum eine Klette an seinen Hosen haftenblieb. Unter dem Mikroskop sah er winzige Häkchen in kleinen

Schlingen. Direkt inspiriert von der Natur, dachte er sich den Verschluß aus. Beim Flugzeug ging es völlig anders zu. Viele Leute versuchten, Flieger nach dem Vorbild des Vogels zu bauen, und alle scheiterten sie. Orville and Wilbur Wright ahmten indirekt zwar auch einen Vogel nach, entwarfen dann aber ein Gerät, daß sich mit Propeller und fixierten Flügeln radikal von der natürlichen Vorlage unterschied.

Welches Verfahren wäre nun für die KI zu empfehlen?
Einige Forscher wollten bis vor kurzem noch wie die Gebrüder Wright vorgehen. Das ist auch verständlich. Denn nur sehr wenige Dinge haben eine Entstehungsgeschichte wie der Klettverschluß. Auf dem Gebiet der KI haben wir uns bemüht, nicht Kletten, sondern genetische Algorithmen und neuronale Netze zu simulieren. Das sah einst ungeheuer erfolgversprechend aus. Heute herrscht weder die eine noch die andere Methode vor. Immerhin waren die Gebrüder Wright ein leuchtendes Vorbild für das computerisierte Schachspiel. Vor zwanzig Jahren wäre die Tatsache, daß ein Schachweltmeister gegen einen Computer verliert, als Beweis für das Funktionieren von KI akzeptiert worden. Wir hatten Erfolg in manchen Nischen, das Grundproblem aber bleibt bestehen.

Nach wie vor tut sich aber eine Kluft auf zwischen natürlicher Intelligenz und ihren künstlichen Ansätzen.
Mich hat erstaunt, daß Big Blue, der schachspielende IBM-Computer, zweihundert Millionen Vorgänge in der Sekunde verarbeitet. Nun wissen wir, daß das menschliche Gegenstück ungefähr fünfzigmal in der Sekunde losfeuern kann. Der Computer in unserem Kopf benutzt somit einen Mechanismus, der millionenmal langsamer ist als der künstliche, und doch sind sie einander ebenbürtig. Woraus zu schließen wäre, daß der menschliche Computer ein völlig anderes Verfahren benutzt.

Müssen wir erst den Mechanismus des Hirns kennen, um seine Effizienz zu erreichen?

In meinem Büro habe ich einen Schalter von John von Neumanns erstem Computer. Seine Architektur, also das Design für die Speicherkapazität, wird bis heute von allen Computern, mit Ausnahme einer Handvoll experimenteller Geräte, übernommen. Meine digitale Armbanduhr und das Thermostat dort an der Wand sind genauso konstruiert wie die Supercomputer, die ich in meinem Lager sammle. Wir haben es hier mit einem Vorgang wie in der Biologie zu tun, wo ein erfolgreiches Merkmal auch plötzlich überall auftaucht. Menschen, Insekten, Bakterien haben alle DNS. Warum? Weil sich mit DNS viele interessante Dinge bauen lassen. Ich meine nun, es gibt auch eine Architektur des Denkens, die darin besteht, wie sich unser Hirn zusammensetzt. Wir wissen aber noch nicht, wie das aussieht.

Wann werden wir's erfahren?
KI wirft kulturelle Fragen auf. Über kurz oder lang geht jede technologische KI-Diskussion in eine philosophische über. Dann wird angezweifelt, daß Maschinen jemals denken könnten, und es wird nach dem Bewußtsein gefragt oder nach dem, was wir uns darunter vorzustellen hätten. Die Leute reagieren da höchst emotional und kommen in der Regel zu dem Ergebnis, daß Maschinen nie in der Lage sein werden, dem menschlichen Gehirn Konkurrenz zu machen.

Wie kommen wir aus dem Dilemma heraus?
Indem wir nicht länger über Menschen reden, sondern über Hunde. Ein guttrainierter Hund befolgt hundert, zweihundert Vokalbefehle. Er kann eigenständig Probleme lösen, bewegt sich eigenmächtig, findet sich im Raum zurecht, erkennt Patterns wieder, kurzum, er erfüllt jede wichtige Bedingung der KI. Nur zu reden vermag er nicht. Obgleich er durchaus über ein begrenztes vokales Repertoire gebietet, seinen Wünschen Ausdruck zu verleihen.

Der Hund, das Maß aller künftigen Dinge?

Sagen wir, wir wollen nach dem Klettverschluß-Modell vorgehen und schauen uns deshalb Gehirne an. Wenn bestimmte Merkmale des menschlichen Hirns auch in dem Gehirn keines anderen Lebewesens zu finden sind, so gibt es doch überwiegend Gemeinsamkeiten. Adler sehen viel besser als wir. Hunde haben eine bessere Nase und bessere Ohren. Sie sind, alles in allem, intelligent, und jeder Hundebesitzer wird seinem vierbeinigen Gefährten einen bestimmten Grad an Bewußtsein zugestehen. Auch wenn Skeptiker das in ihren philosophischen Debatten bezweifeln. Vergessen wir aber für einen Augenblick alle Philosophie, und gehen wir die Sache operativ, empirisch an. Irgend etwas muß dafür sorgen, daß ein Hundehirn intelligenter ist als ein Computer. Wir müssen folglich die grundlegende Architektur des Hundehirns entschlüsseln.

Um was herauszufinden?
Womöglich sind alle Gehirne ähnlich strukturiert. Eine Fruchtfliege wird uns schon einen Teil des Geheimnisses enthüllen, ein Hund 99 Prozent davon. Wären wir soweit, könnten wir nach der Klettverschluß-Methode einen Computer konstruieren. Wie es jetzt aber scheint, ist das Hirn kein Neumannscher Computer. Die unterschiedlichen Versuche, es computermäßig zu simulieren, werden wohl im Sande verlaufen. Die Zentralfrage für uns ist demnach: Wie sieht die Architektur des Denkens aus? Bleiben wir dabei ruhig auf dem Hundeniveau. Wenn es uns gelingt, KI von der Qualität eines Hundehirns herzustellen, können wir vom Hund zum Schwein fortschreiten, vom Schwein zum Pavian, vom Pavian zum Schimpansen, und wenn wir den erreicht haben, verstehen wir genug, um das Hirn des Menschen nachzubauen.

Vom erhabenen Unikat des menschlichen Hirns bliebe da nicht mehr viel übrig.
Ich bin für keine Mystik unseres Hirns zu haben. Warum sollte KI nicht erreichbar sein? Nehmen wir nur einmal an, Computer seien so intelligent wie Hunde oder Adler. Es würde die Welt revo-

lutionieren. Menschen hätten als Piloten ausgedient, denn ein Computer, der so intelligent wie ein Adler wäre, könnte auch mit einem Jumbo besser umgehen als ein Mensch. Niemand säße mehr hinter dem Steuer eines Autobusses. Für eine außerordentlich große Zahl von Tätigkeiten wird keine größere Intelligenz gebraucht. Beim Autofahren zum Beispiel reagieren wir nicht besonders schnell. Viele solcher kinästhetischer Vorgänge könnte eine Maschine weitaus flotter erledigen, auch ohne die Fähigkeit, wirklich zu denken.

Aber könnte es nicht doch sein, daß keine direkte Verbindung besteht zwischen dem Gehirn eines Tieres und dem des Menschen?
Menschen, wie sie uns gleichen, sind gerade mal zweihunderttausend Jahre alt. In einigermaßen evolviertem Zustand, als Homo erectus, kommen sie auf ungefähr zwei Millionen Jahre. Davor finden wir Wesen, die wahrscheinlich keine Sprache hatten. Ich habe zwar keinen Beweis, bin aber davon überzeugt, daß dem menschlichen Gehirn eine dem Computer vergleichbare Architektur zugrunde liegt, eine Architektur jedoch mit einem gewissen Dreh. Und dieser Dreh könnte darin bestehen, daß es über leistungsfähigere Prozessoren verfügt oder über mehr RAM oder eine zusätzliche Struktur. Physiologisch gesehen wäre das nur ein kleiner Unterschied. Es gibt keine Anzeichen für eine kolossale Mutation.

Sie raten uns also, daß wir zunächst auf den Hund kommen.
Und sind wir dann da, verstehen wir die Einzigartigkeit unseres Gehirns schon viel besser. Vielleicht stoßen wir auf ein zweites, drittes oder viertes Geheimnis, vielleicht auf unendlich viele. Aber bis auf weiteres stehen wir vor der immer noch gigantischen Aufgabe, das erste Geheimnis zu lösen, nämlich KI zu entwerfen, die so intelligent ist wie ein Hund.

Was sagen Sie zu Ray Kurzweils Rezept, durch eine Steigerung von Computerkraft ans Ziel zu kommen?

Es ist alles andere als unsinnig, Schätzungen über eine ausreichende Computerkraft anzustellen. Kurzweil aber bezieht sich da auf die Hardware. Unglücklicherweise haben wir keine Ahnung, wann die Software auf dem Stand der Hardware anlangen wird. Wenn ich sage, unser Hirn ist kein Neumannscher Computer, meine ich nicht, daß wir es auf keinem Neumannschen Computer simulieren können. Aber selbst genügend Leistungskraft wird nie ausreichen. Zuvor müßte die Software für die Simulation geschrieben werden. Ist die Architektur des Denkens entschlüsselt, könnte ich mir indes vorstellen, daß wir viel sinnvoller die Sache in Angriff nehmen und viel weniger Computerkraft brauchen, als Kurzweil es uns heute noch ausmalt.

Sehen Sie Anzeichen dafür?
Wir wissen noch zu wenig von der Architektur des Gehirns, um es zu simulieren, machen aber Fortschritte. Eine Kombination von experimentellem Wissen und sich daraus ergebenden theoretischen Erkenntnissen wird es uns erlauben, auch die Software zu verbessern. Immer wieder hält die Software den Fortschritt auf. Sie kommt nicht mit, wenn die Hardware ihr Tempo anzieht.

Charles Simonyi, mit dem Sie bei Microsoft zusammenarbeiteten, hat mich darauf hingewiesen, daß Software nach denselben Regeln wie vor vierzig Jahren geschrieben wird. Er will weg von dem alten Schema.
Simonyi hat recht. Natürlich erwirbt keiner von uns direkt die Software des Gehirns. Es geschieht indirekt durch Lernprozesse. Die Kombination aus Hardware und Software, die wie auch immer unser Hirn ausmacht, hat sich ganz allein aus einer einzigen, einsamen Zelle entwickelt.

Müssen wir denn, um da künstlich überhaupt auf einen grünen Zweig zu kommen, mit allen traditionellen Methoden brechen, von Neumanns Computer entsorgen und abermals von vorn beginnen?

Für die ihm ursprünglich gestellten Aufgaben funktioniert der Neumannsche Computer wunderbar. Für KI war er aber nicht gedacht. Darum vermute ich, daß wir dereinst aus der Entschlüsselung der Architektur etwa des Hundehirns allgemeingültige Prinzipien ableiten, die eine neue Organisation des Computers bringen. Wie, das ist noch schwer zu sagen. Es wäre denkbar, daß wir weiterhin Computer wie von Neumann bauen, die Software sich aber nach der Natur richtet. Wahrscheinlicher ist jedoch, daß die Umsetzung des natürlichen Vorbilds, haben wir es erst einmal begriffen, sich als viel effizienter erweist. In unserem Verständnis des Hirns gleichen wir heute von Neumanns Zeitgenossen, die, ohne den Bauplan zu erkennen, in seinem Computer bloß ein paar Röhren sahen, welche mit anderen Objekten verbunden sind und von Zeit zu Zeit aufleuchten.

Sie bleiben in dieser Hinsicht doch beträchtlich hinter Kurzweils Optimismus zurück.
Um ans Ziel zu kommen, brauchen wir noch eine Menge von Durchbrüchen. Es wird sie geben. Wir stehen vor einem Rätsel, das lösbar ist. Sobald wir das Hirn eines Hundes oder eines Adlers verstehen, können wir uns auch dem des Menschen auf ganz neuen Pfaden nähern.

Laufen wir mit dekodiertem Hirn nicht Gefahr, überflüssig zu werden?
Das wäre nicht das erste Mal, daß sich die Menschheit ziemlich verstört diese Frage stellt. Bisher konnte sie ihre Befürchtungen immer abschütteln. In grauer Vorzeit verehrten viele Kulturen den Krieger, der mit Körperkraft and Kampfgeist auftrumpfte. Technik hat seine Stellung gefährdet. Vor Pfeil und Bogen schützte sich der Ritter mit seiner Rüstung. Als Feuerwaffen aufkamen, war es schon weniger lustig, Ritter zu spielen. Heute wird Krieg mit Raketen geführt. Die Krieger selbst sind unsichtbar. Der gefährlichste Krieger sitzt am Computer und schießt von dort. Ähnlich ist es mit der körperlichen Arbeit, die beständig reduziert worden

ist. Maschinen sind nicht nur viel muskulöser als Menschen, sie nähen Nähte auch gerader und schleifen Linsen korrekter.

Aber jetzt greifen die Veränderungen doch viel tiefer. Nicht nur diese oder jene Fähigkeit des Menschen steht zur Debatte, sondern sein Wesen.
Okay, darüber regen sich in der Tat die Leute mächtig auf. Mir kommt das ausgesprochen töricht vor. Mein Wagen fährt schneller, als ich rennen kann. Trotzdem fühle ich mich nicht herabgesetzt. Wenn ich einen Chirurgen brauche, fürchte ich nicht, sondern hoffe ich, daß er mehr von der Chirurgie versteht als ich.

Ein Chirurg ist immer noch ein Artgenosse, während uns demnächst eine Maschine zu ersetzen droht.
Warum sollte uns das stören? Mein Wagen hat ein Antiblockiersystem. Das heißt, sein Computer geht mit den Bremsen geschickter um, als ich das je vermöchte. Muß ich mich deswegen erniedrigt fühlen? Auch wenn wir Wundermaschinen entwickeln, werden Menschen ihr Leben sinnvoll gestalten können, zumindest in absehbarer Zukunft. Wer weiß, was danach kommt.

Welche Zeitspanne umfaßt für Sie die absehbare Zukunft? Fünfzig Jahre?
Fünfzig Jahre, ja. Dann werden Computer weit leistungsfähiger sein als wir Menschen. Ich sehe nicht ein, wieso uns das bekümmern sollte. Computer übertreffen uns jetzt bereits in einer zunehmenden Zahl von Einsätzen. Ich bin total auf sie angewiesen. Wir werden lernen, damit zu leben. Ich bin sicher, daß wir der Herausforderung gewachsen sind. Bis wir das erreichen, müssen wir noch viele fundamentale Fragen klären.

Ray Kurzweil und Rodney Brooks freuen sich schon auf die Symbiose von Mensch und Maschine. Sie auch?
Kurzweil und Brooks erinnern mich ein bißchen an Jules Verne, der auch brillante Voraussagen gemacht hat, ohne dafür die

Grundlagen zu kennen. Vielleicht wird das auch hier so kommen. George Dyson würde sicher jetzt schon behaupten, daß wir eine Symbiose mit der Maschine eingegangen sind. Das Fundament der modernen Gesellschaft besteht aus Menschen und Maschinen, die noch jeweils ihren eigenen Gesetzen folgen. Die Symbiose, die unsere Kultur heute schon prägt, wird sich nur noch verstärken.

Ihnen jagt das keine Angst ein?
Ich bin Optimist. Wissen Sie, Bill Joy schlägt Alarm auf Gebieten, die uns noch zu unbekannt sind, um eine Gefahr darzustellen. Bevor Nanotechnologie bedrohlich wird, muß sie erst funktionieren. Die Technologien, vor denen Joy sich fürchtet, sind noch unerforscht. Es gibt keinen Grund, sie jetzt, auf kurze Sicht, zu verteufeln. Auf lange Sicht müssen wir einfach ein wenig Vertrauen in die Menschheit haben. Joy hat dieses Vertrauen nicht. Er ist ein größerer Fan von Maschinen, als ich es bin.

Sind Sie da so frei, aus der Menschheitsgeschichte Trost zu schöpfen?
Historisch betrachtet hat die Menschheit immer Wege gefunden, mit noch viel schlimmeren Technologien umzugehen. Denken Sie an Explosionsstoffe. Oder an die »Gatling gun«, von einem Dr. Gatling erfunden, der uns damit so einschüchtern wollte, daß niemand mehr an Krieg auch nur dächte. Ja, es ist anders gekommen. Andererseits hat sein Gewehr uns nicht plötzlich alle in Killer verwandelt. Auch mit der Atombombe läßt sich meine These beweisen. Die fürchterlichste Waffe, die wir uns je ausdachten, hat uns zwar fast an den Rand der Selbstzerstörung gebracht, doch getan haben wir es nicht. Bombentechnologie, darüber lohnt es sich, uns Sorgen zu machen. Nicht aber über KI, leistungsfähigere Computer oder Nanotechnologie, die ohnehin zur Science-fiction zu rechnen ist.

Da würden Ihnen die Nanotechnologen aber gar nicht zustimmen.

Nun, wir beherrschen Techniken, mit denen wir sehr kleine Gegenstände bauen und manipulieren können. Manches, von dem wir bald profitieren, werden die Leute mit Nanotechnologie in Verbindung bringen, weil der Begriff sie zu großen Träumen verführt. Doch von der Nanotechnologie, wie Eric Drexler und Ralph Merkle sie konzipieren, von ihr sind wir so weit entfernt, wie Leonardo da Vinci es damals vor fünfhundert Jahren vom Flugzeug war. Womit ich diesen Wissenschaftlern nicht meine Hochachtung versagen will. Auch in der Nanotechnologie wird es irgendwann Fortschritte geben, und dann werden wir auf die Schriften von Merkle, Drexler und anderen zurückschauen und sagen: Mein Gott, waren die hellsichtig, diese Kerle von der Jahrhundertwende.

Sollten sich Kurzweils Prognosen von einer exponentiellen Beschleunigung der Technologie bestätigen, werden wir bestimmt nicht mehr so lange warten müssen wie Leonardo.
Einverstanden. In einem Jahrhundert könnte es auch mit der Nanotechnologie soweit sein. Aber nehmen wir einmal an, Kurzweils Prognosen seien korrekt, und fragen wir uns zugleich, was die alten Griechen über uns wissen konnten. Eine ganze Menge, wenn wir ihre Literatur, ihre Dramen in Betracht ziehen. Darin ist schon alles über die Natur des Menschen enthalten. Auch was ihre politischen Strukturen angeht, haben wir ihnen nichts voraus. Doch nach der griechischen Klassik ging es abwärts mit der Welt, und wir haben fünfzehnhundert Jahre benötigt, um in der Renaissance wieder die verlorene Höhe zu erklimmen. Das hätte niemand voraussagen können. Nicht anders ist es mit der Nanotechnologie, die in den nächsten hundert Jahren bestimmt große Fortschritte macht. Fortschritte wird es aber auch auf anderen Gebieten geben, die uns heute noch vollkommen unbekannt sind.

Wäre es nicht dennoch zu empfehlen, Joys Rat zu folgen und Vorkehrungen zu treffen?
Die Probleme, die Joy aufwirft, sind nicht die unseren. Damit werden sich kommende Generationen auseinandersetzen. Wir

könnten nur versuchen, die Probleme der Zukunft mit unserem heutigen Wissen zu lösen. Viel sinnvoller wäre es, sie mit dem Wissen der Zukunft zu bewältigen.

Sind wir also zu ängstlich?
Es fehlte nie an Leuten, die sich vor technischem Fortschritt gefürchtet haben oder daran zweifelten, daß die Voraussagen sich je erfüllen könnten. Sie waren immer im Unrecht. Nicht einmal, nicht zweimal, immer. Technischer Fortschritt hat durchwegs gehalten, was er versprach.

Sagen wir, es stimmt. Wie erklären Sie sich den unaufhaltsamen Erfolg der Technik?
All diese Systeme regulieren sich selbst. Stellen Sie sich die Menschheit als ein Ökosystem vor, in dem etwas Schreckliches erfunden, umgehend aber wieder neutralisiert wird. In den fünfziger und sechziger Jahren war sich jeder sicher, daß der Welt ein nuklearer Holocaust bevorstünde. Es kann immer noch passieren, gewiß, doch die Wahrscheinlichkeit eines Krieges der Supermächte war niemals geringer als heute. Es geschah kein Unglück aus vielen Gründen, die alle etwas zu tun haben mit unserer Kultur und Fähigkeit, eine Herausforderung anzunehmen und zu meistern.

Trotzdem läßt sich jetzt sogar ein Technologe wie Joy zu den dringendsten Warnungen hinreißen.
In Bill Joys Maschinenstürmerei sehe ich eine ganz große Gefahr. Er schürt damit das Feuer der Dummheit. Hunderttausende von Menschen, es ist wahr, fanden den Tod in den beiden einzigen Atomangriffen der Geschichte. Aber was ist in Ruanda los? Eines Morgens wacht dort die eine Hälfte der Bevölkerung auf und entschließt sich, die andere Hälfte mit Stöcken totzuschlagen. Ganz ohne Technologie. Selbst Technologie, die von Übel sein kann, macht sich im allgemeinen Weltübel nur als ein kleiner Faktor bemerkbar. Nicht Technologie, sondern verschiedene gesellschaft-

liche Dysfunktionen bringen Unheil. Weshalb sollte es bei den neuen Technologien anders sein? Joys Vorschlag, von der Entwicklung bestimmter Techniken Abstand zu nehmen, ist reiner Unsinn. Und obendrein gefährlich.

Weil diese Techniken dann illegal weiterentwickelt werden?
Das ist der eine Grund. Aber auch, weil im Laufe der Geschichte Technologie immer einen positiven Einfluß hatte. Nichts hat mehr Menschen umgebracht als die Kräfte der Ignoranz.

Wie konnte der Technologe Joy auf die falsche Bahn geraten?
Er vertraut den Menschen zu wenig. Leute wie er warnen auch davor, daß spezielle Techniken zuviel Macht dem Individuum anvertrauen. Stellen wir doch einmal zusammen, wer für größeres Übel verantwortlich ist – das Individuum oder der Staat. Natürlich geht der überwiegende Teil aufs Konto des Staates. Am schlimmsten wird es, wenn ein verrückter Kerl die Staatsführung an sich reißt. Die Demokratisierung der Technologie, die gegenwärtig vom Internet vorangetrieben wird, ist darum ungeheuer bedeutungsvoll. Es begeistert mich, daß es mehr und mehr KI-Forscher gibt und, noch besser, daß sie ihre Forschungsergebnisse veröffentlichen. Je fleißiger sie veröffentlichen, desto leichter behalten wir die Kontrolle über ihre Forschungen.

Nathan Myhrvold war der wichtigste Mitarbeiter von Bill Gates und sitzt nun im Treuhänderrat des Institute of Advanced Study in Princeton; auf Bitten der amerikanischen Regierung macht er sich Gedanken über die nationale Infrastruktur des Informationswesens.
Das Gespräch wurde geführt und aus dem Amerikanischen übersetzt von Jordan Mejias.

12. September 2000

Jaron Lanier

Aus den Ruinen unserer Zeit wächst ein zweiter Kapitalismus

Die neuen Technologien werden eine frühindustrielle Klassengesellschaft erzeugen

Gelegentlich treten wir Informatikspezialisten einen Schritt zurück und wundern uns über den enormen Fortschritt in unserem Sektor. Wir stellen uns dann vor, wo das alles enden könnte. Die Nachdenklicheren unter uns bekommen es sogar mit der Angst zu tun. Eine Version dieser Angst wurde kürzlich von Bill Joy, dem Chief Scientist von Sun Microsystems, in einer Titelgeschichte der englischen Ausgabe des Internetmagazins »Wired« geäußert. Joys Befürchtungen gehen in eine etwas andere Richtung als meine eigenen. Er akzeptiert die Vorhersagen von Ray Kurzweil und anderen, die der Ansicht sind, daß »Moores Gesetz« – dem zufolge Computer ungefähr alle anderthalb Jahre ihre Geschwindigkeit verdoppeln – vielleicht im Jahr 2020 zu autonomen Maschinen führen wird. Dies wäre der Moment, wenn Computer ebenso leistungsfähig wie menschliche Gehirne geworden sind. (Das soll nicht bedeuten, daß irgend jemand genug versteht, um wirklich Computer mit Gehirnen zu vergleichen. Doch nehmen wir im folgenden an, daß dieser Leistungsvergleich sinnvoll ist.) Nach diesem Schreckensszenario werden die Computer nicht in ihren Gehäusen verharren. Sie werden wohl eher Robotern ähneln, vollständig miteinander vernetzt sein und eine ganze Reihe von Tricks auf Lager haben.

Sie werden einerseits in der Lage sein, nanotechnologische Fertigungsprozesse auszuführen. Sie werden schnell lernen, sich selbst zu reproduzieren und zu verbessern. Eines Tages werden die neuen Supermaschinen die Menschheit beiseite schieben. Dabei gehen sie wohl ebenso ungerührt zu Werke wie Siedler, die einen Urwald roden. Oder sie dulden die Menschen weiterhin in ihrer Nähe, werden ihnen aber jenes demütigende Los bescheren, das in dem Film »The Matrix« beschrieben wird.

Auch wenn die Maschinen sich dafür entschieden, ihre menschlichen Erzeuger weiterhin zu bewahren, wären böse Menschen fähig, die Maschinen in einer Weise zu manipulieren, daß sie uns Schaden zufügen. Dies ist ein anderes Schreckensszenario, das Bill Joy ebenfalls in Erwägung zieht. Die Biotechnologie wird dann so weit vorangeschritten sein, daß Computerprogramme imstande sein werden, das Erbmolekül, die Desoxyribonuklein-säure (DNS), in einer Weise zu manipulieren, als handele es sich um JavaScript-Programmiersprache. Wenn Rechner die Wirkungen von Drogen, genetischen Modifikationen und andere biologische Wundereffekte berechnen können und die Software dazu nur billig genug ist, dann kann ein Verrückter beispielsweise eine Epidemie auslösen, die nur eine einzige Rasse attackiert. Joy führt aus, daß die Biotechnologie ohne leistungsstarke, billige Computerkomponenten nicht potent genug wäre, dieses Szenario herbeizuführen. Es ist also eher die Fähigkeit der Software, mit geringem Aufwand biologische Manipulationen herbeizuführen, welche die Wurzel dieses Schreckensszenarios bildet. Ich bin hier nicht in der Lage, seine Überlegungen detailliert vorzuführen, aber die Grundidee sollte hinreichend deutlich geworden sein.

Mein eigenes Schreckensszenario sieht anders aus. Dies liegt vor allem daran, daß Moores Gesetz bislang nicht für Software, sondern nur für Hardware gilt. Ich wünschte, wir wären tatsächlich bereits so weit, daß Software ebenso schnell wie Hardware weiterentwickelt wird. Ich erinnere mich an meine eigene Schulzeit Ende der siebziger Jahre, als Unix das berühmt-berüchtigte Betriebssystem auf dem Campus war. »O Unix, wie ich dich gehaßt habe! Teuflischer Akkumulator von Datenmüll, Verdunkler der Funktionen, Feind aller Benutzer!« Ich war so optimistisch zu glauben, daß Unix bald nur noch ein ferner Alptraum wäre, an den man sich kaum noch erinnerte. Doch nun, da ein neues Jahrhundert und für mich selbst sozusagen das Mittelalter beginnt, ist der letzte Schrei in Sachen Software, der die Studenten beflügelt und die Investmentszene fiebern läßt, ein Betriebssystem namens Linux, hinter dem sich nichts anderes verbirgt als – Unix!

Moores Gesetz gilt für die Software bestenfalls in umgekehrter Form: Während die Prozessoren immer schneller und die Datenspeicher immer billiger werden, wird die Software immer langsamer und umständlicher und verbraucht alle verfügbaren Ressourcen. Ich weiß durchaus, daß ich hier ein wenig ungerecht bin. Wir besitzen heute sicherlich bessere Spracherkennungs- und Übersetzungsprogramme als früher. Wir haben auch gelernt, mit größeren Datenmengen und Netzwerken zu arbeiten. Doch in ihren technologischen Kernfunktionen hat die Software mit der Hardware schlicht und einfach nicht Schritt halten können. Ein großer Absturz von Windows mag unsere einzige Rettung sein, wenn die neu geborene Rasse der Roboter sich einmal anschicken wird, die Menschheit endgültig aufzufressen! Die armen Roboter werden pathetisch innehalten und uns händeringend um einen Neustart bitten, selbst wenn sie wüßten, daß es keinen Sinn hätte.

Bereits heute zeichnet sich ab, daß die Biotechnologie-Industrie turbulenten Jahrzehnten entgegengeht, in denen es kostspieligen Ärger mit dem Computer geben wird. Obgleich Biotechfirmen und Forschungslaboratorien inzwischen alle möglichen Arten nützlicher Datenbasen und Software-Modellpakete entwickelt haben, verharren diese in ihren isolierten Entwicklungsnischen. Alle diese Software-Programme erwarten von der Welt, daß sie sich ihren Standards beugt. Da diese Programme sehr wertvoll sind, wird dies auch geschehen, doch man kann jetzt bereits absehen, daß große Ressourcen einzig dafür aufgewendet werden müssen, Daten von einer in die andere Nische zu übertragen. Es existiert kein riesiges Elektronengehirn, das mit biologischem Wissen geschaffen wurde. Statt dessen gibt es in der Bioinformatik eine kunterbunte Vielfalt von Daten- und Modellprovinzen. Das Hauptvehikel, mit dem diese bioinformatische Datenübermittlung zu bewerkstelligen sein wird, werden schlaflose Forscherindividuen sein – jedenfalls bis in eine sagenhafte

Zukunft, wenn uns die Entwicklung von Software gelungen ist, welche diese Nischen untereinander kompatibel macht.

Doch welches langfristige Szenario ergibt sich, wenn die Hardware tatsächlich immer besser wird, die Software aber mittelmäßig bleibt? Das Schöne an zweitklassiger Software sind die vielen Arbeitsplätze, die sie schafft. Wenn Moores Gesetz noch zwei oder drei Jahrzehnte lang gilt, dann werden auf dem Planeten Computer- und Informatikspezialisten nicht nur keinerlei Ruhe mehr haben, sondern die Aufrechterhaltung dieser Aktivitäten wird am Ende die Arbeitskraft sämtlicher Erdenbürger beanspruchen. Ein ganzer Planet voller Helpdesks, Computer-Feuerwehren und Support-Stations!

In einer früheren Kolumne habe ich die These aufgestellt, daß dies großartige Aussichten sind: Es wäre die Verwirklichung des sozialistischen Traums von der Vollbeschäftigung mit kapitalistischen Mitteln. Doch betrachten wir auch die Schattenseite dieser Entwicklung! Zu den verschiedenen Vorgängen, die Informationssysteme effizienter machen, gehört auch der kapitalistische Prozeß selbst. Eine fast störungsfreie ökonomische Umwelt macht es möglich, daß große Vermögen nicht erst in Jahrzehnten, sondern bereits in wenigen Monaten akkumuliert werden. Die Individuen, die von dieser Akkumulation profitieren, haben freilich immer noch dieselbe Lebenserwartung wie früher. Faktisch leben sie sogar noch länger. Wer das Talent hat, reich zu werden, kann heutzutage vor seinem Tod noch viel reicher werden, als es seine ebenso begabten Vorfahren konnten.

Hierin liegen zwei Gefahren. Die kleinere, näherliegende besteht darin, daß junge Leute, die nur mit einer außergewöhnlich günstigen ökonomischen Umwelt vertraut sind, emotionale Beschädigungen bereits durch das davontragen können, was für uns eine kurze Rückkehr zur Normalität wäre. Ich frage mich manchmal, ob einige meiner Studenten, welche die Internet-Ökonomie reich gemacht hat, überhaupt in der Lage wären, ernsthaftere finanzielle Engpässe zu überstehen, ohne in eine Art destruktiver Depression oder Wut zu verfallen.

Die größere Gefahr aber besteht darin, daß sich die Schere zwischen den Reichsten und den übrigen unüberbrückbar weit öffnen kann. Mit anderen Worten: Auch wenn die steigende Flut alle Schiffe anhebt, muß sich der Abstand zwischen ihnen vergrößern, weil die Flut die höheren Schiffe stärker anhebt als die niedrigsten. Und in der Tat haben die Konzentration des Reichtum und die Armut in den Jahren des Internet-Booms zugenommen.

Wenn Moores Gesetz tatsächlich die Entwicklung diktiert, dann müssen wir uns darauf einstellen, daß diese Unterschiede erstaunliche Dimensionen annehmen können. Hier liegt meine Befürchtung angesichts der neuesten Ergebnisse über die wachsende Schere zwischen den Ultrareichen und den bloß »Bessergestellten«. Beim technologischen Stand von heute sind die Wohlhabenden und die anderen nicht so verschieden. Beide bluten, wenn man sie pikst, um ein klassisches Beispiel zu nennen. Doch mit den Technologien der nächsten zwei oder drei Jahrzehnte kann sich das grundlegend ändern. Wird man in fünfzig Jahren die Ultrareichen und die übrigen noch zur selben Spezies zählen?

Die Möglichkeiten, daß aus beiden Gruppen wesensmäßig verschiedene Spezies werden, sind so offensichtlich und beängstigend, daß ihre Aufzählung fast banal wirken mag. Die Reichen könnten es mit Hilfe der Genetik bewerkstelligen, daß ihre Kinder intelligenter, schöner und lebensfroher werden. Vielleicht können sie sogar die genetische Anlage zu größerer Empathie erhalten: die freilich nur diejenigen Leute beträfe, welche dasselbe enge Eigenschaftsprofil besitzen. Die bloße Feststellung solcher Dinge läßt mich bereits schaudern oder erinnert mich an billigste Science-fiction, und doch ist die Logik dieser Möglichkeit unausweichlich.

Betrachten wir zur Verdeutlichung nur eine dieser Möglichkeiten genauer. Eines Tages werden die Reichsten unter uns fast unsterblich, das heißt zu virtuellen Göttern im Vergleich zum Rest der Menschheit werden. Das Anhalten der Alterung bei Zellkulturen und verschiedenen Organismen ist in Laboratoriumsversuchen gelungen, wenn auch noch nicht beim Menschen. Lassen wir an dieser Stelle alle Grundfragen einer Quasi-Unsterblichkeit außer acht: Ob sie moralisch oder gar wünschbar ist, ob auf der Erde überhaupt noch Platz wäre, wenn auch die Unsterblichen vom Kinderwunsch nicht lassen können, und so weiter. Betrachten wir statt dessen die Frage, was uns die Unsterblichkeit finanziell kosten wird. Die Unsterblichkeit wird meines Erachtens desto billiger, je weiter die Informationstechnologie voranschreitet; sie könnte uns teuer zu stehen kommen, wenn diese Technologie so zweitklassig bleibt wie bisher.

Ich vermute, daß der Dualismus von Hardware und Software sich auch in der Biotechnologie bemerkbar machen wird. Man kann Biotechnologie als den Versuch betrachten, Organismen aus Fleisch und Blut in einen Computer zu verwandeln und die biologischen Prozesse immer umfassender zu steuern, bis eines Tages das Fernziel einer totalen Kontrolle erreicht ist. Die Nanotechnologie verfolgt die gleichen Ziele auf dem Gebiet der Material- und Ingenieurwissenschaften. Wenn der Körper und die materielle Welt im ganzen immer manipulierbarer, ja immer computerähnlicher geworden sind, dann wird der ausschlaggebende Faktor am Ende die Qualität der Software sein, die den Prozeß der Manipulation steuert. Obgleich es möglich ist, einen Computer so zu programmieren, daß er virtuell jede Verrichtung ausführt, ist dies für einen Computer kein sehr hilfreiches Entwicklungsziel. Es ist leider so: Die Entwicklung von Computern, die bestimmte, komplexere Aufgaben in zuverlässiger, aber modifizierbarer Weise, vor allem aber ohne jeden Absturz oder Sicherheitspannen ausführen können, ist letztlich umöglich. Man kann sich diesem Ziel bestenfalls annähern, und auch das nur zu hohen Kosten.

Dasselbe gilt für die Genetik: Theoretisch ist es möglich, durch eine Programmierung der DNS in einem Organismus jede beliebige Modifikation zu bewirken. Und doch sind die Herbeiführung und gründliche Überprüfung bestimmter Änderungen in der Praxis unendlich schwierig. Dies ist ein Grund, weshalb auch die Evolution nie einen Weg gefunden hat, um sich anders als im Zeitlupentempo zu vollziehen. Und ähnliches gilt für die Nanotechnologie: Theoretisch könnte sie mit der Materie alle möglichen Kunststückchen veranstalten; doch irgendwelche besonderen, komplexen Dinge ohne lästige Nebenfolgen hinzubekommen wird ihr wahrscheinlich viel schwerer fallen, als wir bisher glaubten. Alle Zukunftsszenarien, die darauf bauen, daß Bio- und Nanotechnologie in Kürze und auf billige Weise schöne, neue Dinge hervorbringen werden, müssen gleichzeitig postulieren, daß die Computer sich zu halbautonomen, superintelligenten, virtuosen Ingenieuren entwickeln. Doch die Computer sind weit davon entfernt, das zu tun, wenn wir die Software-Fortschritte der letzten fünfzig Jahre als Maßstab für die Entwicklung des nächsten halben Jahrhunderts zugrunde legen.

Mit anderen Worten: Schlechte Software wird biologische Durchbrüche wie die Quasi-Unsterblichkeit in der Zukunft nicht billig, sondern teuer machen. Auch wenn alles andere billiger wird, werden auf der informatischen Seite solcher Unternehmungen die Kosten steigen. Erschwingliche Quasi-Unsterblichkeit für jedermann ist eine Forderung, die sich selbst begrenzt. Es gibt nicht genug Platz, um ein solches Abenteuer zu ermöglichen. Oder einfacher ausgedrückt: Wenn die Unsterblichkeit erschwinglich wird, dann werden es auch die schrecklichen biologischen Waffen in Joys Schreckensszenario. Andererseits ist eine kostenintensive Quasi-Unsterblichkeit etwas, was die Welt verkraften kann, jedenfalls für einen gewissen Zeitraum, da nur wenige Menschen davon betroffen wären. Möglicherweise wäre dieser Kreis sogar in der Lage, dieses Projekt geheimzuhalten.

Hier liegt denn auch eine letzte Ironie. Jene Eigenschaften unserer Computer, die uns heute verrückt machen und doch unsere lukrativen Arbeitsplätze sichern, sind für unsere Spezies auf lange Sicht auch die beste Überlebensgarantie angesichts der extremen Möglichkeitshorizonte der Technologie. Andererseits sind es dieselben ärgerlichen Qualitäten, die das einundzwanzigste Jahrhundert in ein Irrentheater verwandeln könnten, für das die Phantasien und die verzweifelten Träume der Superreichen das Drehbuch geschrieben haben.

Aus dem Amerikanischen von Matthias Grässlin.
Jaron Lanier gehört zu den einflußreichsten Computertheoreti-
kern Amerikas. Er prägte den Begriff »Virtual Reality«, mit dem
heute die künstlichen Welten der Rechner bezeichnet werden.

12. Juli 2000

Die Maschinen werden uns davon überzeugen, daß sie Menschen sind

Ein Gespräch mit Ray Kurzweil

Im Januar 2000 erklärte Präsident Clinton – weitgehend unbemerkt von der europäischen Öffentlichkeit – die Nanotechnologie und die Verbindung von Gen- und Computertechnologie zu den Schlüsseltechnologien des einundzwanzigsten Jahrhunderts und sagte in Anspielung auf Kennedys berühmte Raumfahrtrede: »Diese nationale Initiative wird uns die Möglichkeit verschaffen, Materie auf der atomaren und subatomaren Ebene zu verändern. Machen Sie sich die Möglichkeiten klar: Materialien, die zehnmal so stark sein werden wie Stahl und nur einen Bruchteil seines Gewichts haben. Wir werden alle Informationen der Library of Congress auf den Umfang eines Zuckerwürfels reduzieren können. Wir werden Krebszellen entdecken können, wenn sie erst ein paar Zellen groß sein werden. Vielleicht brauchen wir dafür zwanzig oder sogar mehr Jahre – und deshalb wird die amerikanische Regierung diese Initiative begründen und bezahlen.« Die Mischung aus leisem Spott und lauterem Befremden, die die Thesen Bill Joys und Ray Kurzweils – beide im Beraterstab des Präsidenten – hervorgerufen haben, verkennen diesen realpolitischen Hintergrund. In einem Memorandum haben am 7. Februar 2000 die führenden Wissenschaftler des Landes den Mitgliedern des amerikanischen Kongresses den Anbruch einer wissenschaftlichen, ökonomischen und sozialen Revolution ersten Ranges vorhergesagt. Ray Kurzweil, einer der einflußreichsten Wissenschaftstheoretiker Amerikas, hat mit seinem Buch »The Age of Spiritual Machines« (deutsch: »Homo s@piens«) fast so etwas wie die Bibel dieses Aufbruchs geschrieben.

Das Genom ist entschlüsselt. Der amerikanische Präsident verkündet das Zeitalter der Nanotechnologie. Die Synthese der Wissenschaften steht bevor. Einige Experimente, hat Bill Joy gesagt,

sollten wir nur auf dem Mond wagen. Sie wären wahrscheinlich
nicht abgeneigt, ein paar davon auch hier in Boston anzusetzen.
Warum haben Sie keine Angst vor der Technologie?
So stimmt das nicht ganz. Ich habe Joy oft verteidigt. Viele Beob-
achter kritisieren, daß die Gefahren, die Joy ausmalt, nicht im
Bereich des Möglichen lägen. Dem kann ich nicht zustimmen.
Schauen Sie sich das Humangenomprojekt an: Alle Wissenschaft-
ler dachten in den achtziger Jahren, es dauere Jahrhunderte bis zur
Entschlüsselung. Es dauerte keine fünf Jahre. Das 21. Jahrhundert
wird uns Fortschritt nicht nur für hundert Jahre, sondern für
zwanzigtausend Jahre bieten. Denken Sie daran, wenn Sie Ihr
Kind anschauen.

Wie soll sich das noch einer vorstellen können?
Nur wenige Leute begreifen die Folgen. Nur wenige denken an
ihre Kinder. Oder an ihre Großeltern. Welche Beschleunigung in
der Technik haben die erlebt! Und ich sehe manche Europäer
lächeln über die Thematik, die Joy und ich bekanntgemacht
haben. Ich kann dazu nur sagen: Hier lächelt man nicht. Zweifler
sollten sich den Wissenschaftshaushalt des amerikanischen Präsidenten für das Jahr 2001 ansehen. Stichwort: »National Nanotechnology Initiative – Leading to the next industrial revolution«.
Vor wenigen Monaten hat das Weiße Haus in einem Schreiben an
den amerikanischen Kongreß Nanotechnologie und die Verbindung von Gentechnologie und Computerwissenschaft zur Priori-
tät ersten Grades erklärt – mit einer Verdoppelung des Etats. Vor
einigen Wochen sprachen Bill Joy und ich vor der Academy of
Arts and Sciences. Ein Professor aus Harvard sagte: In den nächsten hundert Jahren werden wir noch keine sich selbst repli-
zierende Nanotechnologie sehen. Ich habe geantwortet: Ja, wir
brauchen dazu hundert Jahre Fortschritt nach der heutigen Fort-
schrittsrate, aber in der sich beschleunigenden Wirklichkeit schaffen wir's auch in fünfundzwanzig. Der Professor urteilt aus einer
intuitiv linearen Sicht der Dinge. Ihr ist es zuzuschreiben, daß so
viele Szenarien das breite Publikum verblüffen. Die Gefahr, daß

Nanotechnologie sich ohne Hilfe fortpflanzt, ist aber realistisch. Viele Angriffe auf Joys Thesen kommen von Leuten, die nicht an eine baldige Realisierung derartiger Entwürfe glauben. Joy und ich befinden uns eigentlich am selben Ende des Meinungsspektrums, was die Machbarkeit dieser Technologien angeht. Nur hinsichtlich der Wünschbarkeit unterscheiden wir uns.

Woher beziehen Sie Ihren Optimismus?
Wer eine realistische Zukunftsperspektive hat, muß durch drei Stadien gehen, um das künftige Potential der Technologie richtig einzuschätzen. Das erste Stadium erzeugt Ehrfurcht und Erregung dank der Möglichkeit, uralte Probleme zu lösen. Das zweite Furcht und Schrecken vor der Gefahr dieser Technologien und ihren potentiell destruktiven Kräften. Das dritte, das ich schließlich erreicht habe und das, wie ich hoffe, auch die Gesellschaft anpeilen sollte, wird von der Gewißheit geprägt, daß der technische Fortschritt unvermeidlich und zudem Teil eines allumfassenden evolutionären Prozesses ist. Joy verhält sich unrealistisch, wenn er auf Grund der Gefahren, die es tatsächlich gibt, zum Verzicht auf gewisse Technologien rät.

Manche sagen, die amerikanischen Wissenschaftler übertreiben die Möglichkeiten ihrer Technologie, um an mehr Geld und Funding heranzukommen. Alles eine Werbekampagne?
Das ist ja nun gerade bei Joy, dem Gründer von Sun Microsofts, und wohl auch bei mir ziemlich unangemessen. Weder müssen wir uns beweisen, noch brauchen wir irgendwelches Geld – wir haben genug. Im Gegenteil: Joys Thesen schaden vielleicht seiner Firma. Manche Leute werfen ihm vor, er sensationalisiere die Gefahren. Ich glaube das nicht, denn wir erleben in der Tat die Geburt eines neuen Weltbildes. Und ich glaube auch, die jetzige und die künftige amerikanische Regierung glauben das nicht. Ich will Ihnen ein Beispiel geben. Nanotechnologen haben ethische Richtlinien vorgeschlagen, wonach es keiner Einheit erlaubt ist, sich in einer natürlichen Umgebung selbst fortzupflanzen. Einhei-

ten, die dazu in der Lage sind, sollten nicht über den Code zur Fortpflanzung verfügen. Jedesmal, wenn sie sich fortpflanzen wollten, müßten sie zu einer Zentralstelle gehen, um die entsprechenden Instruktionen zu bekommen.

Meinen Sie denn, daß freiwillige Selbstkontrolle reicht?
Richtlinien sind nichts Neues. Jeder Berufsstand hat ethische Gebote, deren Einhaltung überprüft wird. Für den Arzt ist Ethik nicht nur ein Vorschlag. Er verliert seine Approbation, wenn er dagegen verstößt. Joy geht von der Annahme aus, offensive Technologien seien wirkungsvoller als defensive. Ich halte das nicht für erwiesen. Wir brauchen ein technisches Immunsystem, auch wenn Joy behauptet, selbst diese Vorsichtsmaßnahme könne sich gegen uns wenden, etwa durch autoimmunologische Verwicklungen. Die größte Gefahr droht, wenn der Mensch die Technologie gegen den Menschen einsetzt.

Sollten wir jetzt schon ganz bestimmte Vorkehrungen treffen?
Sollten wir bestimmte Entwicklungen besonders sorgfältig beobachten?
Womöglich die Biotechnologie und ihr Vermögen, biologische Einheiten zu manipulieren. Wir sind nicht mehr weit davon entfernt, im Labor ein Pathogen zu züchten, das höchst destruktiv sein könnte und in seiner Wirkung nicht bloß lokal. Solche Gefahren sind weit akuter als jene der Nanotechnologie, die sich andererseits als ungeheuer nützlich erweisen wird. In den nächsten Jahren gibt es riesige Fortschritte bei der Heilung von Krebs und Herzerkrankungen. Was meinen Sie, warum Clinton und Blair und der Wellcome Trust in dieser Angelegenheit immer wieder vor die Weltöffentlichkeit treten? Warum man von neuen SDI-Systemen spricht? Was werden die neuen Satelliten aufspüren? Nukleare Explosionen oder graduelle Erwärmungen, wie sie von nanotechnischen Unfällen herrühren? Nur weil Europa schläft, heißt das noch nicht, daß alle schlafen.

Was bringt die Zukunft – möglichst Science ohne Fiction ...
Therapeutisches Klonen wird es uns gestatten, unsere eigenen
Organe zu züchten und sie ohne chirurgische Eingriffe zu ersetzen. Wir werden die Zellen unseres Herzmuskelgewebes klonen
und ihre Telomere, die für die Altersindikation sorgen, neu einstellen, sodann die neuen Zellen ins Herz einführen, damit sie Seite
an Seite mit den alten arbeiten. Wer das über die Jahre hin durch-
führt, hat, sagen wir, mit sechzig ein Herz, das dem eines Fünf-
undzwanzigjährigen gleicht. Wir machen so das Alter rückgängig,
verlängern das Leben, schalten Krankheiten aus und vermeiden
viel Leid. Alles wahrscheinlich gute Entwicklungen. Aber näher
rückt auch die Gefahr, daß Leute Pathogene produzieren, weil sie
entweder verrückt sind oder nach Kriegswaffen suchen.

*Sie scheinen nicht allzu besorgt angesichts des ethischen Dilem-
mas genetischer Intervention?*
Es gibt, zumal bei gentechnisch manipulierter Nahrung, antitech-
nologische Überreaktionen. Nahrung, selbst wenn sie aus biologischer Produktion stammt, ist nie ein Geschenk der Wildnis gewesen. Wir haben genetische Eigenschaften von Saatgut seit mehr als
einem Jahrhundert durch Züchtungsmethoden verändert. Richtlinien sind gleichwohl vonnöten. Die generelle Ablehnung genetisch behandelter Nahrung beruht vor allem auf Ignoranz. Wir
könnten enorme Verbesserungen erzielen, könnten die Anwendung von Pestiziden ebenso reduzieren wie Anbauungskosten. Es
steht das Leben von Millionen von Menschen auf dem Spiel, und
darum ist diese Art von Opposition schlichtweg töricht.

*Auch gegenüber dem Klonen und der Manipulation von Stamm-
zellen haben Sie keine Bedenken?*
Therapeutisches Klonen ist eine außerordentlich nützliche Technik. Mit ihr ließe sich Diabetes beseitigen. Wenn jemand seine
eigenen Zellen züchtet, gibt es keine Immunabwehr und keine
Beschaffungsprobleme. Das ethische Dilemma bezieht sich wohl
auf die Abtreibungsdebatte. Was ich nicht für angebracht halte.

Weil wir direkt von der Stammzelle ausgehen, sie unverzüglich mit Wachstumsenzymen behandeln, die das gewünschte Gewebe hervorbringen, entsteht nie ein Fötus. Wir tun das schon bei Patienten mit Verbrennungswunden. Wer der Ansicht ist, diese Stammzellen könnten sich in ein menschliches Wesen verwandeln, müßte auch annehmen, aus jeder Körperzelle sei ein Mensch zu holen. Eine andere Vorstellung, die zu Unrecht auf Kritik stößt, ist die von tierlosem Fleisch. Das klingt seltsam, ist freilich weniger seltsam als die fürchterliche Behandlung all der lebenden, atmenden, fühlenden Tiere in unseren Farmfabriken. Wir können in wenigen Jahren Hühnerbrust und Beefsteak direkt züchten, völlig ohne Tiere. Millionen Pfund von Hühnerfleisch kämen von ein und demselben Huhn. Glauben Sie, alle Staaten würden darauf verzichten? Glauben Sie, die Forschungen wären nicht längst im Gange? Klonen hat ein enormes revolutionäres Potential. Technologie wächst von Natur aus exponentiell.

Ohne daß ein Ende abzusehen wäre?
Jedes spezifische Paradigma wie Moores Gesetz erreicht irgendwann sein Ende. Bei Moores Gesetz ist es spätestens 2019 soweit, weil dann Hauptbestandteile gerade noch wenige Atome groß sind und nicht weiter schrumpfen können. Jedes Mal aber, wenn ein Paradigma an seine Grenzen stößt, wird es von einem anderen Paradigma abgelöst. Computerkraft nahm exponentiell zu, schon bevor es integrierte Schaltkreise und Transistoren gab, und wird weiter zunehmen, auch nach Ablauf von Moores Gesetz. Dann kommt das nächste Paradigma, mit Computern, die auch die dritte Dimension nutzen. Chips sind flach, unser Hirn ist in drei Dimensionen organisiert. Es stellt eine höchst ineffiziente Form der Datenverarbeitung dar, ist extrem langsam, denn seine elektrochemischen Prozesse bringen gerade mal zweihundert Kalkulationen pro Sekunde zustande. Seine neuronalen Strukturen sind massiv, weit entfernt von nanotechnologischen Miniaturen, aber es ist dreidimensional verpackt und hat darum ungeheure Kapazitäten.

Wann starten die Computerhirne in die dritte Dimension?
Im Labor sind schon kleinformatige Molekularschaltkreise in
Betrieb. Bis jetzt zahlt sich das ökonomisch nicht aus. Interessant
ist aber, daß das Phänomen des exponentiellen Wachstums von
Technologien sich ebenfalls auf vielen ganz und gar separaten Gebieten bestätigt. Gehirnscanning wuchs exponentiell, ebenso gene-
tisches Scanning, dazu Telekommunikation und Speicherkapazität.
Und auch die Wirtschaft expandiert nach dieser Regel. In einer
Rede vor dem Council on Foreign Policy plane ich, gleich nach
meinem Vorredner Alan Greenspan dessen Geldpolitik zu kritisieren. Die Wirtschaft will jetzt um fünf Prozent wachsen, und sie
wird bald um sieben oder zehn Prozent wachsen wollen. Aber die
Zentralbanken bestehen darauf, daß sie nur dreieinhalb Prozent
zulegen soll. Was darüber liegt, bezeichnen sie als Überhitzung.
Ihre Philosophie ist da höchst destruktiv. Sie stecken die Wirtschaft
in eine Zwangsjacke. Doch wir sind dabei, absolut neue Wertfor-
men kennenzulernen, die ein schnelleres Wachstum erlauben.
Internetfirmen können um tausend Prozent im Jahr wachsen, und
allmählich verwandeln sich viele Unternehmen in Internetfirmen.

Mit welchen Auswirkungen?
Alles wird Teil der Computerindustrie. Telekommunikation, Biotechnologie, Miniaturisierung, Lebenserwartung – all dies wächst
exponentiell und setzt deflationäre Kräfte frei. Die Zentralbanken
aber handeln so, als sei Inflation nur mit hohen Zinsraten einzu-
dämmen. Es wird jedoch zu einer wirklichen Deflation kommen.
Worauf die Zentralbanken sagen werden: Deflation, eine ganz
schlimme Sache. Weil wir in der Großen Depression Deflation
hatten. Aber diese Deflation beruhte auf einem Vertrauensverlust
des Konsumenten und einer gewissenlosen Begrenzung des Geld-
vorrats. Die Deflation von heute wird von einer wirtschaftlichen
Rekordleistung verursacht, sie ist darum positiv einzuschätzen.

*Die Chancen werden immer größer, die Geräte immer kleiner.
Wo ist der Haken?*

Nanotechnologie entsteht keineswegs aus dem Nichts, sie ist Teil des allgemeinen Trends in die Miniaturisierung. Und der Trend beschleunigt sich ebenso, wie Sie es nach Ihrem Law of Accelerating Returns auch für die Geschwindigkeit der Paradigmenwechsel ausgerechnet haben. Nehmen wir das Paradigma der Zellen: Milliarden Jahre dauerte es, bis die ersten Zellen sich formten. Später vollzog sich der Paradigmenwechsel wesentlich schneller. Säugetiere brauchten nur einige Millionen Jahre, Menschen vielleicht zehn Millionen, der Homo sapiens war in hunderttausend Jahren fit. An diesem Punkt wurde die Beschleunigung zu rasant für die biologische Evolution, die prompt schlappmachte. Übernommen wurde die Avantgarde der Evolution von der kuturellen Evolution der einzigen Lebewesen, die Technik erfunden hatten. Der erste Schritt in der technologischen Evolution – Steinwerkzeuge, Feuer, das Rad – war in etwa zehntausend Jahren getan, und seitdem hat sich das Tempo immer nur verschärft. Heute geht es von einem Paradigma zum nächsten innerhalb weniger Jahre.

Wie wirkt sich das auf unser Leben aus?
Als nächstes werden die Lebewesen, die sich die Technik ausdachten, mit dieser Technik verschmelzen. Diesen Verschmelzungsprozeß nennen wir heute noch Kommunikation. Dadurch kann sich die Beschleunigung fortsetzen. Wir erleben derzeit alle zehn Jahre einen Paradigmenwechsel. Aber weil wir die unablässige Beschleunigung nicht mitberechnen, nehmen wir intuitiv an, daß auch das künftige Fortschrittstempo dem der letzten Jahre entspricht. Wir denken selten über mehr als ein, zwei Technologiestadien hinaus.

Was kommt dann auf uns in dreißig Jahren zu, wenn die sich beschleunigenden Wissenschaften der Gehirn- und Gentechnologie, der Miniaturisierung, der drahtlosen Kommunikation auch interaktiv funktionieren?
Wir können Milliarden winziger Nanoboter durch die Adern schicken, durch die Kapillaren bis zum Hirn, um es, immer in

drahtloser Kommunikation miteinander, von innen heraus zu kartografieren. Das wird uns über seine Funktionsweise aufklären. Das Hirn ist kein einheitliches Organ, es besteht aus Hunderten von spezialisierten Regionen, und in jeder kommt es zu beträchtlichen Redundanzen. Haben wir erst einmal den Gesamtüberblick, können wir beginnen, es technisch zu verbessern.

Von welcher Zeitspanne reden wir hier?
Wir werden über die Daten in fünfundzwanzig, dreißig Jahren verfügen und können dann biologisch inspirierte Modelle bauen.

Ein Verschmelzen von Mensch und Maschine ist immer noch ein furchteinflößendes Szenario. Sie hingegen erzählen völlig ruhig davon, ohne jede Panik. Freuen Sie sich auf all diese Technoabenteuer?
All das macht mir keine Angst. Im Frühstadium finden die Versuche schon heute statt. Lesen Sie mal nach unter http://www.foresight.com. Die Entwicklung vollzieht sich in Stadien. Am Ende des Jahrzehnts wird es Computer geben, die wir zwar noch nicht in uns, aber dicht an uns tragen. Schauen Sie doch auf diese Entwicklung: der CRA, der ein ganzes Hochhaus füllte, der Computer der siebziger Jahre, der eine Zimmerflucht füllte, der Desktop, das Notebook, die Palmtops und Handys – sie alle verschwinden, Computer werden unsichtbar. Computer werden Werkstoff. Aus Brillen und Kontaktlinsen werden Bilder direkt auf unsere Retina projiziert, kein Stück Butter ohne Microchip. Klänge aus Minigeräten direkt in unsere Ohren gefüttert. Die Elektronik für Internetverbindungen wird so winzig sein, daß sie bequem in Brillen oder unserer Kleidung zu verstauen ist.

Sind das die Vorboten der Virtual Reality?
Der Bildschirm kann das gesamte Blickfeld einnehmen, während das Computersystem registriert, was Augen und Kopf tun. Damit treten wir in eine visuelle Virtual Reality. In zehn Jahren wird das World Wide Web so aussehen. Eine Website zu besuchen wird

dann bedeuten, in ein virtuelles Umfeld einzutauchen. Sie und ich könnten uns in einem Raum wie diesem treffen oder in einem Café auf den Champs-Élysées sitzen oder gemeinsam einen Spaziergang durch ein Tierreservat in Mozambique unternehmen. Zumindest für visuelle und auditive Interaktionen, wie wir sie in diesem Augenblick pflegen, wird die Illusion perfekt sein.

Was ist in dreißig Jahren zu erwarten?
Geräte, die in unserem Hirn tätig werden. Wenn Nanoboter zum Beispiel neben ausgewählten Nervenfasern Position beziehen, können sie eine Virtual Reality von innen heraus erzeugen, indem sie die Signale ersetzen, auf die das Gehirn reagiert. Signale, die anscheinend von unseren Augen ausgehen, sendet in Wahrheit der Computer. Jetzt wird es möglich, einander zu berühren. Alle fünf Sinne werden angesprochen. Vom Geschäftstermin bis zum Sex kann das Leben sich in der Virtual Reality abspielen. Nanoboter können die Sinne stimulieren und unsere Empfindungen intensivieren, wenn nicht gar modifizieren.

Was bleibt da von freiem Willen, von Individualität?
Ich sage doch nicht, daß wir uns entscheiden können, ob diese Technologien entstehen. Ich sage: Diese Technologien werden mit Sicherheit noch zu unseren Lebzeiten entstanden sein.

Ist die Welt nicht überflüssig, wenn Nanoboter uns mit einer virtuellen Welt versorgen?
Nanoboter können unser Hirn verbessern. Wir haben nun hundert Trillionen Verbindungen, in Zukunft werden wir eine Million oder Trillion Mal soviel unser Eigen nennen. Dadurch können wir unser Gedächtnis und unsere Denkleistung vergrößern. Menschliche Intelligenz wird steigen. Der Sinn des Lebens besteht für mich darin, an der Evolution teilzunehmen und Wissen zu schaffen. Unter Wissen verstehe ich nicht nur Information, sondern Musik und Kunst und Literatur und Ausdrucksformen, die wir noch nicht kennen. Ich fühle mich frustriert, daß ich so viele

Bücher nicht lesen, so viele Menschen nicht treffen, so viele Websites mir nicht anschauen kann. Deshalb bin ich geradezu scharf darauf, meinen Horizont so zu erweitern. Ich halte das für den nächsten Schritt in unserer Evolution.

Die Angst vieler Menschen vor der ihnen überlegenen Maschine, die sie zu entmachten droht, können Sie nicht teilen?
Sie haben Angst, weil sie das Wort Maschine mißverstehen. Die komplexesten Maschinen, die wir nun haben, sind immer noch eine Million Mal einfacher gebaut als Menschen. Für uns sind folglich Maschinen spröde, mechanische, voraussehbare Geräte, die nichts Menschliches an sich haben. Unser Konzept von einer Maschine wird sich aber wandeln. Wenn eine Maschine die Komplexität des Menschen erreicht oder sogar übertrifft und auch noch seine Werte teilt, werden wir anders denken. Ich betrachte das als eine Expansion unserer Zivilisation. Zwischen Maschine und Mensch wird es keine klaren Unterschiede mehr geben. Die Maschinen werden uns davon überzeugen, daß sie ein Bewußtsein haben. Alle subtile Regungen, die wir mit Bewußtsein assoziieren, werden in ihnen vorkommen. Das ist kein wissenschaftlicher Beweis ihres Bewußtseins, aber die Menschen werden es ihnen glauben. Und wenn wir ihnen nicht glauben, könnten sie ganz schön böse werden.

Der Disput, ob Bewußtsein als Essenz des Menschen oder, da wissenschaftlich nicht meßbar, als belanglos zu gelten hat, löst sich so in Wohlgefallen auf?
Wenn das Bewußtsein bald kein Thema mehr ist, wird auch der Tod wohl allmählich in Vergessenheit geraten. Ich weiß nicht, ob wir uns unbedingt dem Ende des Todes nähern, aber ein anderes Konzept vom Tod wird es bestimmt geben. Wir erlangen die Macht über Leben und Tod. Und das beängstigt die Leute ungemein. Die meisten von uns wollen sterben. Nur nicht morgen. Es verschafft vielen Menschen irgendwie Trost, daß sie in einigen Dekaden sterben müssen. Ich meine, diese Entscheidung sollte in

unserer eigenen Hand liegen und nicht dem Schicksal überlassen werden. Wer gegenwärtig einen neuen Computer kauft, wirft die alten Dateien nicht weg, sondern überträgt sie. Software mit ihren Dateien hat also eine Lebenserwartung, die nicht von der Hardware abhängt. Unser Verständnis von Leben und Tod darf nicht zulassen, daß die Datei des menschlichen Geistes, die über das genetische Erbe hinaus auch unsere Erinnerung, unsere Fähigkeiten, unsere Persönlichkeit umfaßt, mit der Hardware stirbt. Wir werden darum Software und Hardware trennen müssen. Das bedeutet nicht, daß das Leben unserer Dateien fortan ewig währte. Sie leben so lange, wie sie für jemanden von Bedeutung sind.

Ist das ein persönlicher Antrieb Ihrer Forschung?
Ich würde diese Entwicklungen gern noch miterleben. Ich bin sicher, daß wir unsere Einstellung gegenüber dem menschlichen Leben revidieren. Therapeutisches Klonen wird es uns erlauben, unseren Körper zu verjüngen, ihn fast unendlich funktionsfähig zu halten. Daran bin ich persönlich interessiert. Ich empfinde auch den fernen Tod, im Gegensatz zu den meisten Leuten, nicht als wünschenswert.

Das Gespräch führte Jordan Mejias in Boston.

5. Juli 2000

Guillaume Paoli

Wird die Menschheit dümmer als Maschinen?
Der biogenetische Determinismus ist ein Rückschritt des Denkens

»Die Zukunft braucht uns nicht mehr«, verkündet Bill Joy und macht sich Sorgen. »Bald werden die Menschen von intelligenteren Maschinen ersetzt werden«, sagt Ray Kurzweil und freut sich schon darauf. Solche Botschaften richten sich an uns Laien; sie erregen entweder Faszination oder Furcht, allenfalls ohnmächtige Gefühle. Aber immerhin geht es doch um Fragen, die zu bedeutsam sind, um sie den Wissenschaftlern allein zu überlassen. Ohne unsere Urteilskraft zu überfordern, dürfen wir die naive Frage wagen: Warum sollten wir eine Zukunft annehmen, die uns nicht braucht? Ich bezweifle weder, daß die angekündigte Umwandlung des Lebens technisch machbar ist, noch unterschätze ich die Wahrscheinlichkeit, daß sie stattfinden wird, doch das ist kein Argument, denn auch die Atombomben haben sich als machbar und leider unvermeidlich erwiesen. Es wird viel über die Zukunft geredet, dabei wenig über die aktuellen Umstände, die eine solche Zukunft hervorbringen. Ray Kurzweils Auslegungen vermitteln aber nicht nur Informationen, sondern auch einen bestimmten Ton und eine Denkweise, die es verdienen, genauer betrachtet zu werden. Es fragt sich sogar, ob sie nicht als ein heimlicher Verdummungstest konzipiert wurden, der die Apathie der Zeitgenossen mißt. Und tatsächlich sind öffentliche Reaktionen bislang weitestgehend ausgeblieben. Deshalb muß man sich sogar fragen, ob es nicht eher die Menschen sind, die allmählich dümmer als ihre Maschinen werden.

Fangen wir an mit dem Verhältnis von Körper und Geist, das demnächst definitiv reformiert werden soll. Darüber gibt es seit eh und je eine Unmenge von Auffassungen. Gerade durch die Beantwortung dieser Grundfrage haben sich die verschiedenen

Kulturen, Religionen und Philosophien voneinander differenziert, so sehr, daß keine Synthese möglich ist. Westlichen Rationalisten bleiben viele Traditionen gar völlig unerklärlich, wobei unbestreitbar ist, daß diese auf hervorragende Leistungen verweisen können – man denke an die Medizin, an Meditations- und Körpertechniken und anderes mehr. Wie wird dieses Problem von den Technomanipulatoren behandelt? »Unser Verständnis von Leben und Tod darf nicht zulassen, daß die Datei des menschlichen Geistes mit der Hardware stirbt. Wir werden darum Software und Hardware trennen müssen.« Mit einem so armselig geschriebenen Programm mag die Philosophie Bill Gates' den Absturz seiner Festplatte überleben können, hingegen wird es eher schwierig sein, die gnostische Mystik oder die Kosmologie der Papuaner auf die posthumane Hardware zu übertragen. Die menschliche Intelligenz wird vielleicht relativ steigen, allerdings nur in eine bestimmte Richtung, was im Absoluten einem Verlust gleichkommt. Maschinenmenschen werden leistungsfähiger als ihre Programmierer werden; dessenungeachtet werden sie weiterhin deren Syntax anwenden und sich in dem gleichen begrenzten Denkrahmen bewegen.

Den Verzicht auf gewisse Technologien nennt Kurzweil »unrealistisch«. Gleichzeitig preist er das Endergebnis dieser Technologien als eine Welt, in der »die Illusion perfekt sein wird«. In dieser mutierten Logik ist also nur derjenige ein Realist, der sich der Illusion vollkommen hingibt! Doch ganz gleich, ob wir uns diese Entwicklung wünschen oder nicht, Kurzweil will uns philosophisch überzeugen, daß sie unvermeidlich ist. Denn sie sei »Teil eines allumfassenden evolutionären Prozesses«. Und so folge die Evolution einem allgemeinen Beschleunigungsgesetz, das zur Zeit einfach vorangetrieben werde. Die Entstehung der ersten Zellen brauchte Milliarden Jahre. Danach entwickelte sich die Tierwelt bis zum Säugetier wesentlich schneller. Als der Homo sapiens schließlich »fit« wurde, machte die biologische Evolution »schlapp« und wurde von der kulturellen Evolution übernommen. Man erfand Feuer und Steinwerkzeuge, alsdann entwickelte sich die Technologie immer rasanter, bis sich heute ein neuer Paradigmenwechsel vollziehe. Wir seien auf der Erde, um an der Evolution teilzunehmen, und es sei ebenso töricht und vergeblich, sich der Schaffung von geistigen Maschinen zu widersetzen, wie es vor einigen hunderttausend Jahren töricht gewesen wäre, sich gegen die Erfindung des Rades zu wehren.

Diese Überlegung mag verführerisch und logisch erscheinen, sie ist aber vollkommen falsch. Es gibt ausreichend Belege dafür, daß menschliche Gesellschaften zu vielfältig, komplex und widersprüchlich sind, um mit der biologischen Evolution verglichen werden zu können. Technologische Erfindungen wurden von Millionen Menschen unternommen, die kein gemeinsames Ziel verfolgten. Nicht selten wurden Neuerungen massiv abgelehnt oder an die einheimische Kultur angepaßt. Das sind wesentliche Unterschiede zu dem aktuellen Vorgang der Technologie. Daß heute eine Clique von Forschern und vor allem die Handvoll Konzerne und Institutionen, die diese Forschung finanzieren, die gesamte Evolution für sich beanspruchen, kann nur als Anmaßung totalitärer Natur verurteilt werden.

Zu Unrecht wird eine solche Ideologie »Sozialdarwinismus« genannt. In der Tat ist sie vor Darwin und unabhängig von seiner Lehre entstanden. Sie findet ihren Ursprung in dem mechanistischen Weltbild des achtzehnten Jahrhunderts und wurde vor allem von Herbert Spencer als System aufgebaut, ein höchst unsympathischer Typ, der die Angewohnheit hatte, sich, bevor er Besucher empfing, die Ohren zu verstopfen. Spencer begriff die Geschichte als eine mechanische Auslese der Besten, an deren Spitze natürlich das britische Königreich thronte. Folgerichtig war er ein Verfechter des Wirtschaftsliberalismus und sah in dem Markt eine sich selbst regulierende Maschine, die über die menschlichen Egoismen herrsche. Zudem löste Spencer die Psychologie in genetische Veranlagungen auf. Also ließen die Entwicklungsgesetze dem einzelnen keinen Spielraum mehr übrig. Kurzum: Spencer haßte die Freiheit wie die Pest. Allerdings geriet sein dogmatisches Lehrgebäude sehr schnell in Verruf. Einerseits warf die Ethnologie einen relativierenden Blick auf die westliche Entwicklung, andererseits wurde der Fortschrittsglaube von den Weltkriegen, Wirtschaftskrisen und vor allem dem Naziwahn tief erschüttert. In den fünfziger Jahren konnte Claude Levi-Strauss den Spencerschen Evolutionismus als eine »gefährliche Vereinfachung« und »pseudowissenschaftliche Tarnung von uralten philosophischen Problemen« charakterisieren, ohne Widerspruch zu ernten. Zur gleichen Zeit beschrieb Karl Polanyi den selbstregulierenden Markt als eine »Utopie, die den Menschen beinahe zerstört und die Umwelt zur Wüste gemacht hätte«. Es herrschte das Gefühl, sich von einem tödlichen Irrtum befreit zu haben. Man atmete auf.

Nun hat diese totgeglaubte Weltanschauung wieder die Macht ergriffen, ein Rückschritt des Denkens, der nicht weniger überwältigend ist als der Fortschritt der Technik. Wie bei Spencer bilden Neoliberalismus, Genetik und amerikanische Vorherrschaft ein einheitliches Wertesystem, dessen Feindbild der Mensch als soziales Wesen und frei bestimmendes Subjekt ist. Für die Pfaffen der Ökonomie reduziert sich alles Bestehende auf das allgemeine Äquivalent des Geldes, für die Apostel der Technologie auf Gene und Moleküle. In beiden Fällen gilt die Losung: Die Welt ist alles, was manipulierbar ist. Erneut werden wir einer mechanischen, unaufhaltbaren Entwicklung unterworfen, allerdings ist sie heute schneller und radikaler als im vorletzten Jahrhundert.

Als es noch eine öffentliche Debatte gab, wurde heftig darüber diskutiert, ob gewisse Krankheiten und psychologische Merkmale von einer angeborenen Veranlagung bestimmt oder ob sie mit der sozialen Geschichte des Subjekts zu erklären seien. Diese Diskussion hat sich heute in Wohlgefallen aufgelöst. Denn es ist einfacher, Streß als genetisch veranlagt zu erklären und mit Pharmadrogen zu behandeln, als die dafür verantwortlichen sozialen Bedingungen zu verändern. Vor allem bringt es auch mehr Geld. Die Verquickung von biogenetischem Determinismus und Marktfundamentalismus läßt sich ganz profan erklären. Heute wird wie nie zuvor die Forschung von privaten Lobbys bestimmt. Die

Forscher haben ihre moralischen Skrupel gegen einen guten Lohn aufgegeben und werden zu Dienern und Propagandisten ihrer Arbeitgeber. Und selbst die Ansprüche der alten Wissenschaft werden nach und nach aufgegeben. Übrig bleiben Techniker, die Engineering betreiben.

Die praktischen Konsequenzen lassen sich an dem Beispiel der gentechnisch manipulierten Nahrung deutlich erkennen, denn dort haben wir es nicht mit Vorhersagen zu tun, sondern mit aktuellen Vorgängen. Kurzweil bedauert die »antitechnologischen Überreaktionen«, die zur Zeit laut werden. »Wir könnten die Anwendung von Pestiziden reduzieren«, sagt er, außerdem »steht das Leben von Millionen von Menschen auf dem Spiel«. Doch der, der über die Anwendung der Gentechnologie bestimmt, ist kein »wir«, und noch nicht einmal ein Genforscher, sondern dessen Arbeitgeber. Bekanntlich sind es gerade die Konzerne, die Pestizide herstellen und zugleich Pflanzen entwickeln, die gegen Pestizide genetisch unempfindlich sind. Es geht nicht darum, die Umwelt zu entgiften, sondern das Leben giftresistent zu machen. An diesem Modell kann man bereits erahnen, was mit der Molekularelektronik auf uns zukommt. Das Versprechen einer blühenden tausendjährigen Jugend gehört bloß der Werbekampagne. Tatsächlich geht es darum, Menschen in einem immer desolateren Umfeld überlebensfähig zu gestalten.

Der Gentechnologie haben wir es außerdem zu verdanken, daß die Bauern autosterile Samen jedes Jahr neu kaufen müssen. In dieser seltsamen Welt dürfen sich die Maschinen fortpflanzen, die Pflanzen aber nicht! Das Ziel ist die Schaffung einer generellen Abhängigkeit, und das betrifft den künftigen robotisierten Menschen um so mehr. Die Grundlagen seines Lebens wird er sich selbst erwerben müssen.

Hinter der »technologischen Revolution« steht also keine mechanische Entwicklung, sondern allein die Macht, und die permanente Umwandlung des Lebens dient einzig der Permanenz der Macht. Die Frage, ob sie noch vermeidlich ist oder nicht, ist also bloß eine Frage der Kraftverhältnisse. Dabei darf die imperialistische Komponente dieser neuen Realität nicht außer acht gelassen werden.

Mit dem Untergang der Sowjetunion war das Heer des Imperium Americanum in Depression gesunken. Es hatte den Vorwand für sein Aufrüstungswachstum verloren, und das ausgerechnet zu dem Zeitpunkt, als es dabei war, das sogenannte SDI-System zu entwickeln, das ihm die absolute Überlegenheit auf der ganzen Erdoberfläche vom Weltall aus ermöglicht hätte. Darum empfing es das Auftauchen der nanotechnologischen Zauberlehrlinge als ein Himmelsgeschenk. Wieder hat das Imperium ein Ziel. Von einem strategischen Standpunkt aus sollen diese Experimente nicht trotz, sondern wegen ihrer Gefahr unternommen werden. Endlich wieder kann sich ein gesunder Schrecken unter der Bevölkerung breitmachen, und erneut ist Saddam Hussein für Propagandazwecke von Nutzen: »Wenn wir das Experiment nicht unternehmen, dann wird es Saddam tun, und zwar gegen uns, und wir werden wehrlos sein.« Wird das Experiment einst gelingen, so wird das menschliche Feindbild überflüssig werden, denn dann sind es die Roboter selbst, die die ständige und unsichtbare Gefahr darstellen. Und um rechtzeitig die Erwärmungen aufspüren zu können, die auf nanotechnologische Katastrophen hinweisen, wird eine planetare Überwachung erforderlich sein, also das gute, alte SDI. Das Imperium hat keinen bedrohlichen Feind mehr, also schafft es sich selbst einen: den wahren Erzfeind, der nie zu besiegen, doch stets zurückzuhalten ist. Und für eine Ewigkeit (die womöglich nicht sehr lange dauern wird) wird das Leben auf der Erde von einem technologischen Abwehrsystem abhängen, das sich in amerikanischer Hand befindet.

Nanoreplikatoren sind winzig kleine Roboter, die Molekül um Molekül aufeinander aufgebaut sind. Sie besitzen die Fähigkeit, sich fortzupflanzen und unabhängige Entscheidungen zu treffen. Zwar gibt es sie noch nicht, aber es wird emsig gearbeitet, mit dem einkalkulierten unangenehmen Risiko, daß die Nanoreplikatoren irgendwann auf die Idee kommen könnten, sich so schnell und so zahlreich wie möglich zu vermehren. Beispielsweise könnte ein aus Kohlenstoff gebauter Roboter den gesamten Kohlenstoff der Welt in Anspruch nehmen, um etwa einen Bekanntenkreis zu erzeugen. In gleicher exponentieller Beschleunigung wie bei den Computerviren, nur diesmal im realen Raum, würde dann die Biomasse zu Nanomasse umgebaut werden, das heißt, daß das Monster aus Kohlenstoff sämtliche Lebewesen ersetzen wird. Diese Variante des Weltuntergangs (es stehen noch andere im Angebot) wird von den Fachmännern die »gray-goo«-Hypothese bzw. »globale Biofresserei« genannt. Die Experten haben ausgerechnet, daß jene schon innerhalb von 104 Sekunden vollzogen werden könnte.

Stellen wir uns vor, was unser Nanoreplikator dabei denken würde. Natürlich hätte er kein schlechtes Gewissen, sondern würde überlegen: »Ich bin der Träger der Evolution, und meine Handlung entspricht dem Gesetz des ›survival of the fittest‹. Die anderen Wesen müssen sich diesem Fortschritt anpassen; außerdem habe ich einiges von ihrer Erfahrung aufgehoben (die Kohlenstoffatome). Und überhaupt: Diese Entwicklung ist unvermeidlich, und es wäre unrealistisch, etwas dagegen zu unternehmen.« Das heißt, diese tödlichen Monster würden genauso überlegen wie heute ein Ray Kurzweil, sie würden die gleiche inhumane Logik anwenden. So gesehen ist das »gray-goo«-Problem die perfekte Metapher der sich vollziehenden Kolonisierung des Lebens.

So jung das Jahrhundert noch ist, eines steht schon fest: Es wird eine Rückkehr der Tragödie geschehen. Bill Joy bezeichnet die nanotechnologische Entwicklung als einen »faustischen Handel« und meint, daß »eine neue Büchse der Pandora« geöffnet wird. Im Herzen des tragischen Bewußtseins steht der ungelöste Konflikt zwischen Freiheit und Notwendigkeit, Charakter und Schicksal, Übertretung und Gehorsam. Hinter dem freundlichen Schein der amerikanischen Ideologie steckt das Bestreben, sich dieser Konflikte ein für allemal zu entheben.

Tagtäglich wird einer von unseren unverzeihlichen Fehlern genetisch entschlüsselt. Verantwortlich für die Homosexualität, das

Frauenplaudern, die Schizophrenie und die schlechte Laune wurde jeweils ein Stück DNS gemacht. Nur eines haben die Seelingenieure noch nicht gefunden: das Genstück der Revolte. Jedoch gibt es genug Gründe, den Menschen als rebellierendes Wesen zu charakterisieren. Am liebsten rebelliert er sogar gegen Gesetze, die als unabänderlich gelten. Selbst die Wissenschaft entstand als eine Revolte gegen die Zwänge der Natur und das gottgegebene Schicksal. Sollte es jemals zu einer Rebellion kommen, dann wird sie sich gegen das technologisch ausgerüstete Schicksal richten und gegen die Usurpatoren und Prostituierten, die es uns verkaufen wollen. Gewiß werden die Gefechte paradox sein. Wo die früheren Rebellen auf ihr Banner »Revolution oder Tod« schrieben, ist es heute die Macht, die eine »soziale Revolution ersten Ranges« anstrebt, während wir uns vor einer Art der Unsterblichkeit hüten müssen, die noch schlimmer ist als der Tod.

Guillaume Paoli, ein gebürtiger Korse, gehört zum neosituationistischen Kreis der »Glücklichen Arbeitslosen« in Berlin, Prenzlauer Berg, und gibt deren Magazin »Der Müßiggangster« heraus.

8. August 2000

Charles Simonyi

Der Computer, der Gehirne herstellt
Warum der Mensch kein Blaupausenclown ist

Die Dinge der modernen Welt treiben mich oft zur Verzweiflung. Hat es zum Beispiel schon irgend jemand einmal geschafft, die Weckuhren in Hotelzimmern zu stellen? Ich packe daher immer meinen eigenen Braun-Wecker ein, der auf altmodische Weise funktioniert. Die digitalen Uhren mit ihren vielen Knöpfen sind mir einfach zu kompliziert. In der New Economy ist diese Komplexität ein wichtiges Phänomen. Hier hat Erfolg, wer es versteht, Komplexität zu beherrschen und zu organisieren.

Ob es uns gefällt oder nicht: Auch das Leben selbst ist komplex. Dies kann Positives und Negatives bedeuten. Aus einer negativen Perspektive stellt sich Komplexität als Schwierigkeit dar: Es kann schwierig sein, einen Wecker zu benutzen, die Steuererklärung zu machen, mit den neuesten Technologien am Arbeitsplatz umzugehen oder die Nachfrage für ein neues Produkt vorherzubestimmen. Betrachtet man Komplexität als ein positives Phänomen, eröffnen sich Vielfalt, Wahlmöglichkeiten, Fähigkeiten, Differenziertheit und Raffinesse. Früher wirkte eine solche Vielfalt von Möglichkeiten oft lähmend: Wer die Wahl hat, hat die Qual. In der New Economy sind hingegen größtmögliche individuelle Wahlmöglichkeiten von entscheidender Bedeutung.

Komplexität ist oft einfach notwendig. So wollen wir, daß die Steuerregelungen der komplexen Struktur der Gesellschaft gerecht werden, und dies hat eine komplexe Steuergesetzgebung zur Folge. Wir wollen auch, daß unser Arzt sich mit den neuesten Behandlungsmethoden auskennt, unsere Läden die neuesten Produkte anbieten, und all dies läßt Komplexität entstehen. Glücklicherweise sind Software und die ihr zugrunde liegende Computertechnologie auf einzigartige Weise dazu geeignet, Komplexität darzustellen und zu verarbeiten. Software kann die Steuerregelungen kodieren und uns bei der Steuererklärung helfen. Sie kann Ärzten helfen, Diagnosen zu stellen, und Transaktionen und Bestellungen von Händlern und Kunden bearbeiten. Auch Gegenstände des täglichen Lebens wie Wecker, Bremssysteme oder sogar Raumstationen können mit Hilfe von Software weiterentwickelt und radikal verbessert werden.

So wie in einer Brennerei aus Maische Schnaps gewonnen wird, so destillieren auch Programmiersprachen die grundlegende Komplexität eines Problems zu Software. Software ist so komplex, wie Schnaps stark ist: In beiden verdichtet sich die Essenz dessen, wovon man ausgegangen war. Wie funktionieren diese Verdichtungsprozesse? Grob gesagt verwandelt Software alle möglichen Formen von Wiederholung, also die »Muster« eines Problems, in kompakte Beschreibungen dieser Muster, also in Algorithmen. Ein frühes Beispiel für diese Form der Verarbeitung sind die Webstühle des achtzehnten Jahrhunderts, auf denen Stoffe mit komplexen Mustern versehen wurden. In Anlehnung an diese frühen »Computer« könnte man sagen, daß der Bildschirm eines Personalcomputers ein Muster bildet, das durch das Betriebssystem und die Anwendersoftware immer wieder neu hergestellt wird.

Wie Software in schier unglaublicher Weise Komplexität darstellen kann, läßt sich noch an zwei weiteren Beispielen zeigen. So brauchte man, um Komplexität überhaupt erst wissenschaftlich erfassen zu können, einen Standard, der es ermöglichte, verschiedene Formen von Komplexität miteinander zu vergleichen. Die Mathematik des zwanzigsten Jahrhunderts gewann die wichtige Einsicht, daß das Programmieren einen solchen Standard bereitstellt. So wie das wertvolle Metall Platin als Standard für die Maßeinheit des Kilogramms dient, so bildet das Programmieren eine Standardgröße für mathematische Komplexität. Aufgrund dieser Standardisierung gilt eine Zahl als »einfach«, wenn sie durch ein kurzes Programm generiert werden kann.

Eine weitere wichtige wissenschaftliche Erkenntnis des zwanzigsten Jahrhunderts wurde gewonnen, als man herausfand, daß das komplexeste Phänomen des Universums – das Leben – auf einer speziellen Form der Programmierung beruht, die sich der Programmiersprache der DNA bedient und sich in Proteinen ausdrückt. Durch die jüngsten Forschungsergebnisse über das menschliche Genom sind wir in die Lage versetzt worden, ein Programm zur Herstellung eines menschlichen Wesens zu erstellen, auch wenn es noch lange dauern wird, bis wir wirklich wissen, wie dieses Programm funktioniert und was es bedeutet. Wir wissen allerdings schon seit einer Weile, daß dieses Programm so klein ist, daß es sich vermutlich auf einer normalen Diskette speichern ließe.

In den populären Medien wird das Genom häufig als »Blaupause« (»blueprint«) bezeichnet. Diese Metapher mag Journalisten nützlich erscheinen, aber sie ist sehr ungenau. Blaupausen liefern nämlich nur sehr ungenügende Darstellungen. Die vollständigen Blaupausen für ein kleines Auto ließen sich vielleicht auf einer Diskette speichern, aber eine solche Beschreibung eines lebenden Wesens würde unendlich viel mehr Speicherkapazität erfordern. Man stelle sich nur die Blaupause vor, auf der die Hunderte von Millionen von Verbindungen des Sehnervs dargestellt wären, die unsere Augen mit dem für das Sehen zuständigen Teil der Hirnrinde verbinden – allein diese Blaupause müßte schon gigantisch sein! Im Gegensatz dazu könnte ein »Programm«, das den Sehnerv herstellen sollte, sehr viel kleiner und einfacher sein, denn es könnte einfach die Anweisung geben, eine bestimmte Verbindung herzustellen und diese Operation dann hunderte millionenmal zu wiederholen.

Und wie steht es mit dem Gehirn? Funktioniert es wie ein Computer? Vielleicht, aber vielleicht auch nicht. Eines ist allerdings sicher: Es wurde von einem Computer hergestellt, von unserer DNA nämlich, deren Programm sich mühelos auf einer Diskette speichern ließe.

Aus dem Amerikanischen von Julika Griem.
Charles Simonyi ist einer der führenden Software-Architekten bei Microsoft.

20. November 2000

Rodney A. Brooks

Das Fleisch und die Maschine
Wie die neuen Technologien den Menschen verändern werden

Ich habe mein Leben dem Bau intelligenter Roboter gewidmet. Diese Roboter verlassen nun die Labors und gehen in die wirkliche Welt. Da diese Maschinen allmählich klüger werden, machen sich einige Leute Sorgen darüber, was geschehen wird, wenn sie wirklich klug geworden sind. Werden sie feststellen, daß wir Menschen nutzlos und dumm sind, werden sie die Herrschaft über die Welt übernehmen? Ich bin vom Gegenteil überzeugt. »Uns«, die Menschen, von denen »sie«, die reinen Roboter, die Weltherrschaft übernehmen könnten, wird es dann nämlich nicht mehr geben. Wir werden den einmal eingeschlagenen Weg der Manipulation unserer Körper weitergehen. Die ersten Dekaden des neuen Millenniums werden einem moralischen Schlachtfeld gleichen, auf dem wir diese Innovationen ablehnen oder akzeptieren. Verschiedene Kulturen werden die Neuerungen unterschiedlich schnell aufnehmen (Organtransplantationen sind in den Vereinigten Staaten Routine und werden in Japan abgelehnt). Es liegt letztendlich in unserer Natur, daß wir die meisten dieser Innovationen akzeptieren.

Es gibt Tausende von Menschen, die mit cochlearen Implantaten (das sind Implantate in der Gehörschnecke) leben, die Gehörlosen ihr Gehör wiedergeben – diese Implantate stellen direkte Verbindungen zwischen elektronischen und neuronalen Einheiten her. Bei der Bekämpfung bestimmter Formen von Blindheit wird versucht, Retina-Chips in die Augen einzusetzen, die einfache Wahrnehmungsbilder erzeugen. Vor kurzem stand ich einem Menschen gegenüber, dem beide Beine amputiert worden waren. Von den Knien an aufwärts war er ein rein menschliches Wesen, unterhalb der Knie ein reiner Roboter. Es war ein Prototyp: metallene Schafte, Glieder voller antimagnetischer Flüssigkeiten, Batterien und Kabel; nichts war antiseptisch verpackt, alles sichtbar. Forscher pflanzen Chips in tierisches und menschliches Gewebe ein und bringen Neuronen dazu, zu wachsen und sich mit den Chips zu verbinden. Die direkte neuronale Verbindung von Mensch und Maschine wird Realität. Gleichzeitig werden immer mehr chirurgische Eingriffe akzeptiert: Während ich schwere Brillengläser auf meiner Nase trage, gehen Leute einfach ins Einkaufszentrum und lassen ihren Sehfehler durch einen lasergestützten chirurgischen Eingriff korrigieren. Körperliche Manipulationen auf der Zellebene rücken in den Bereich des Machbaren.

Wir verurteilen olympische Athleten, die Steroide nutzen. Bald werden wir wahrscheinlich Jugendliche verurteilen, die neuronale Implantate verwenden, um aus dem Internet SATs (die High-School-Prüfungen) aufzunehmen. Später werden solche Implantate vielleicht obligatorisch sein, um die neuen ISATs aufzunehmen.

Durch diese Entwicklungen werden wir zu Mischwesen aus Mensch und Maschine. Wir werden über das Beste verfügen, was Maschinen uns anbieten, und wir werden unser biologisches Erbe einsetzen, um das zu verbessern, was wir an maschineller Technologie entwickeln. Auf diese Weise werden wir (die Roboter-Menschen) ihnen (den reinen Robotern) immer einen Schritt voraus sein. Wir werden keine Angst davor haben müssen, daß sie die Kontrolle übernehmen.

Menschen unterscheiden sich von Tieren durch den Gebrauch von Syntax und Technologie. Die Menschheit hat seit einigen tausend Jahren Maschinen entwickelt. Maschinen begleiten die Entwicklung seit den Jägern und Sammlern über die Landwirtschaft, die Industrialisierung, das urbane Leben bis zum Informationszeitalter. Unsere Faszination für Maschinen trägt uns zum nächsten Zeitalter, dem Zeitalter der Roboter. Schon immer versuchte man, die Autonomie von Maschinen zu maximieren und die menschliche Kontrolle über sie zu minimieren. Dank des Computers sind wir in der Lage, unseren Maschinen mehr Autonomie als je zuvor zu verleihen. Während einst Fleisch und Maschine zusammenarbeiten mußten, kann nun die Arbeit von der Maschine allein geleistet werden.

Seit Jahrhunderten bastelt man an Maschinen, die Tieren gleichen, von Vaucansons Ente bis zu Grey Walters Schildkröten. Am MIT haben wir in den achtziger Jahren künstlichen Kreaturen gebaut. Es zeigte sich, daß sich lebensähnliches Verhalten durch wenige Regeln, die parallel operieren, entwickeln, daß aus der Summe einiger einfacher, nichtlebensähnlicher Komponenten ein lebensähnliches Ganzes entsteht. Eine einfache Anordnung von Regeln (dargestellt durch Sätze) kann einen sechsarmigen Roboter dazu bringen, zu gehen, über ein unebenes Gelände zu klettern und Menschen zu verfolgen. Mit dieser Art von Regeln kann noch ein viel komplexeres Verhalten erzeugt werden.

Wir sind im Jahr 2001 angelangt. HAL 9000 war ein körperloser Roboter mit übermenschlicher Intelligenz. Wir sind weit davon entfernt, einen solchen Roboter zu bauen oder zu programmieren. Daher haben die Leute, die es trotzdem versucht haben, vermutlich davon abgesehen, ihren Robotern einen Körper zu verleihen. Sie haben nicht versucht, diese Intelligenz in der Fähigkeit zu verankern, mit der Welt zu interagieren. Gegenwärtig aber nehmen die Versuche zu, menschliche Roboter zu bauen: nicht nur Roboter mit Körpern, sondern mit menschenähnlichen Körpern: von dem von Honda hergestellten hirnlosen Humanoiden, der gehen kann, bis zu anderen Robotern, zum Beispiel dem beinlosen Humanoiden Cog, den meine Studenten und ich am MIT gebaut haben. Immer mehr Forscher versuchen, Maschinen herzustellen, die sich wie Menschen verhalten.

Die Technologien der künstlichen Intelligenz haben sich in unser Leben eingeschlichen, ohne daß wir es bemerkt haben. Wir holen uns Rat von künstlichen Intelligenz-Systemen, lesen Berichte, die von solchen übersetzt wurden, benutzen die künstliche Intelligenz, wenn wir das Netz durchforschen, werden von KI-Systemen geprüft, wenn wir Kredite beantragen, und sehen die Resultate von KI-Systemen in Filmen, deren Welten durch computergenerierte Techniken hergestellt wurden. Allerdings

müssen wir diese KI-Systeme nicht als eigene Einheiten wahrnehmen. Sie verschwinden im Hintergrund. Werden sich intelligente
Maschinen anders verhalten? Wird uns ihre physische Eigenart
dazu zwingen, sie als eigenständige Einheiten anzuerkennen?
Einen Vorgeschmack haben uns die Tamagotchis (128 Bytes, nicht
Kilobytes, aber 128 Bytes eines RAM-Speichers) und die Furbies
gegeben. Die nächste Generation von Spielzeugen, in diesem Jahr
in den Geschäften zu kaufen, wird uns mehr abverlangen, die des
darauffolgenden Jahres noch mehr. Die neuen Spielzeuge stoßen
das Tor zur Zukunft auf. Einige japanische und amerikanische Firmen arbeiten daran, unsere Wohnungen und Häuser mit Service-
Robotern auszustatten. Noch fehlt diesen eine »killer application«
wie E-Mail oder das Netz des PC. Das aber wird bald kommen.

Die kommerziellen künstlichen Wesen haben aufgeholt; hier
werden gegenwärtig Systeme entwickelt, die den Durchbruch
dieser Technologie ermöglichen. Erschreckend sind die Entwicklungen im militärischen Bereich. Sie geben Anlaß zu Besorgnis,
weil sie zu Mißbrauch einladen werden, wie auch das Internet
und das Web von Kriminellen und Sensationsgierigen mißbraucht
werden.

Nicht zu vergessen: der Sex. Die Natur der Sexualität hat sich
verändert. Der Sex in den Medien ist konventioneller geworden.
Während die pornographische Filmindustrie sieben Milliarden
Dollar eingestrichen hat, hat Hollywood fünf Milliarden abkas-
siert. Ein schmutziges kleines Geheimnis haben all die Leute, die
anonymen Sex im Internet suchen. Auf welche Weise werden normale Durchschnittsbürger mit intelligenten Maschinen ihre
Sexualität erkunden? Diese Frage taucht in den künstlerischen
Phantasien auf, in »He, She, It« oder dem »Bicentennial Man«
(wobei die Filmversion dieses Romans die interessanteren Fragen
nicht stellte).

Im Verlauf des letzten Jahrhunderts hat sich die Menschheit in
eine immer enger werdende Wagenburg zurückziehen müssen,
um die Idee ihrer Einzigartigkeit zu verteidigen. Mit Galilei
haben wir unsere Position im Zentrum des Universums aufgeben

müssen, mit Darwin unsere Überlegenheit gegenüber dem Tierreich verloren. Watson und Crick zeigten uns, daß sogar in der Hefe viele unserer Gene vorkommen. Seit Newell, Simon, Minsky und McCarthy haben wir die Illusion verloren, daß rationales Denken eine rein menschliche Eigenschaft ist. Wegen der neuesten gentechnischen Erkenntnisse mußten wir unseren Widerstand gegen die technologische Manipulation unseres Fleisches aufgeben. Was uns bleibt, sind unsere Gefühle – wir sind keine kalten Maschinen. Aber die neuen menschenähnlichen Roboter werden diese letzte Gewißheit erschüttern. Doch sollen wir Maschinen bauen, die Gefühle haben? Diese Entwicklung wird uns vom Gang der Dinge aufgezwungen werden. Eines Tages werden wir in einer Gesellschaft erwachen, die Maschinen als intelligente und fühlende Wesen akzeptiert. Es wird Maschinen geben, die nur Vorrichtungen sind, und andere, die unsere Freunde sind.

Aufgrund der exponentiell ansteigenden Computerkraft gibt es vor allem zwei Vorhersagen über die Zukunft: Die eine droht mit Verdammung, die andere verspricht Erlösung. Die erste Sichtweise tritt oft in der Populärkultur auf, der Computer HAL in »2001 – A Space Odyssey« oder in »Colossus: The Forbin Project«, in »The Matrix« und »Terminator«: Die Maschinen werden, je intelligenter sie werden, unserer überdrüssig, sie übernehmen die Herrschaft über die Welt, und zwar in guter oder schlechter Absicht, weil sie sehen, daß wir inkompetent weiterwurschteln, oder weil sie sich durch unser Unbehagen an ihrer Macht bedroht fühlen.

Die Erlösungs-Hypothese ist vor allem unter Technologen verbreitet, die jeden Anflug von religiösem Glauben abstreiten. Sie haben sich ihre Version des ewigen Lebens erdacht, was ihnen gar nicht bewußt ist. Die Anhänger dieser Hypothese erhoffen sich die Lage, ihr Bewußtsein auf eine Festplatte zu laden und dadurch im Äther(netz) ewig zu leben.

Es gibt Alternativen zu diesen beiden Sichtweisen. Die Null-Alternative besteht darin, daß in absehbarer Zukunft nicht viel

Neues geschieht. Die ansteigende Innovationsrate hält an, verlangsamt sich vielleicht. Strukturell entscheidend verändert sich nichts. Nach der zweiten Alternative werden neue Arten der Installation entstehen. Gegen Ende des letzten Millenniums begannen wir, uns auf unsere Maschinen zu verlassen. Im neuen Millennium werden wir zu unseren eigenen Maschinen. Wir müssen uns nicht vor den Maschinen fürchten, denn wir, die menschlichen Maschinen, werden ihnen, den maschinellen Maschinen, immer einen Schritt voraus sein. Wir werden nicht unser Selbst herunterladen, sondern uns in Maschinen verwandeln.

Die rekonstruktive Chirurgie erlaubt es, Menschen aus natürlichen und künstlichen Komponenten aufzubauen. In der Mikrochirurgie werden Fortschritte dabei gemacht, die Verbindung von Nervenzellen untereinander sowie die Verbindung von Nervenzellen mit elektronischen Einheiten herzustellen. In der allgemeinen Forschung über die Wiederherstellung von Nervenzellen werden diese neuen Technologien stärker angewendet werden. Wissenschaftler versuchen, Teile des Gehirns durch elektronische Komponenten zu ersetzen.

Die Technologien werden entwickelt, um Funktionen zu ersetzen, die verloren sind. Neue Technologien können auch dafür eingesetzt werden, die normale Leistung zu verbessern. Lokalisatoren werden schon Haustieren eingepflanzt. Solche Schutzengel, die den Blutzucker, die Atmung, die Körpertemperatur und andere physiologische Indikatoren überwachen, werden vermutlich bald menschlichen Patienten implantiert werden. Es handelt sich um Systeme, die Menschen eine neue Fähigkeit verleihen, die Fähigkeit, eine medizinische Fallgeschichte zu erstellen, um Probleme frühzeitig zu diagnostizieren. Man versucht auch, Verbindungen zum menschlichen Gehirn herzustellen, durch die Menschen direkt mit Computern kommunizieren können. Ethische Fragen haben hier verlangsamend gewirkt. Mehr Implantate mit direktem klinischen Nutzen werden eingesetzt, an immer mehr Stellen unseres Körpers wird experimentiert werden. Noch fehlen dazu die notwendigen Operationsmethoden. Doch sobald der

Informationsfluß zwischen Nervensystemen und Computern hergestellt ist, wird ein ungeheurer Druck entstehen, auch direkte neuronale Implantate kabelloser Internet-Verbindungen einzusetzen. Wer es sich leisten kann, wird mit Suchmaschinen im Kopf herumlaufen.

Diese Technologien sind wichtig. Doch es sind nur diejenigen, die sich leicht vorhersagen lassen. Es gibt eine radikalere Sorte von Technologien, die in den nächsten zehn Jahren entwickelt werden könnte. In den letzten fünfzig Jahre hat die Molekularbiologie an Verfahren gearbeitet, mit deren Hilfe wir besser verstehen können, was sich in unseren Zellen abspielt. Nun werden diese Hilfsmittel auf den Kopf gestellt und dazu verwendet, neue Technologien zu erschaffen, die auf biologischen Mechanismen beruhen. In unserem Labor lassen wir zum Beispiel E.-coli-Bakterien Operationen unserer Wahl ausführen, und sie werden dabei von DNA-Einheiten angeleitet, die wir in sie eingefügt haben.

Mit solchen Werkzeugen können wir Dinge tun, die anders, besser und schneller sind als das, was die natürliche Biologie auf dem langsamen Weg des »Survival of the fittest« hervorbringt. Menschliche Designer können nach Höherem streben und es schneller erreichen. Wir haben bisher nur die Spitze des Eisbergs dessen gesehen, was Gentherapien mit unseren Körpern machen können. Wir stehen als Spezies kurz davor, in den nächsten zehn oder zwanzig Jahre tief in diesen Eisberg einzudringen. Wenn diese Technologien verbessert werden, wird wenig von unseren Körpern übrigbleiben, was nicht repariert oder ausgewechselt werden kann. Diese Entwicklung wirft eine grundlegende philosophische Frage auf, die Frage der Identität.

Werden uns diese Technologien unsterblich machen? Die Antwort auf diese Frage lautet wahrscheinlich, daß weder unsere Generation noch unsere Kinder oder unsere Enkel unsterblich sein werden. Wir werden nicht unsterblich sein, aber wir werden länger leben und über einen viel stärkeren Intellekt verfügen als in der Vergangenheit. Wir sind heute intellektuell mächtiger als vor 50 000, 20 000 und 5000 Jahren. Wir haben heute ein fundamental anderes Verhältnis zur Welt als 1950. Wir werden in den nächsten fünfzig Jahren einen wesentlich größeren Sprung machen als in den letzten fünfzig Jahren. Eine längere Lebensdauer wirft gravierende Konsequenzen nicht nur für unsere Gesellschaft auf, sondern auch, sobald diese Entwicklung ihren Weg in die Dritte Welt findet, für den gesamten Planeten.

Aus dem Amerikanischen von Julika Griem.
Der gebürtige Australier Rodney A. Brooks ist Direktor des renommierten Instituts für künstliche Intelligenz am Massachusetts Institute of Technology. Im nächsten Jahr erscheint in Amerika Brooks' Buch »Flesh and Machine«.

4. September 2000

Eliezer S. Yudkowsky

Operation Schutzengel
Wir können nicht verstehen, was künstliche Intelligenz ist, aber
wir können sie dennoch auf den richtigen Weg bringen

Die Menschen nehmen in der Welt einen einzigartigen Platz ein.
Unser Gehirn enthält vierzig Milliarden Neuronen, die durch
hundert Billionen Synapsen miteinander verbunden sind, von
denen jede zweihundert Impulse in der Sekunde verarbeiten
kann. Unsere Großhirnrinde teilt sich in 104 Felder, und jedes dieser Felder läßt sich in ein halbes Dutzend Zonen gliedern. Dem
steht die Rechenleistung unserer Supercomputer gegenüber, die
allenfalls ein paar Billionen Operationen pro Sekunde verarbeiten
können und über eine Software, die sich in ihrer Komplexität
noch nicht im entferntesten mit dem menschlichen Gehirn messen kann.

Doch das ist nur eine Momentaufnahme. Die Geschwindigkeit
unserer Rechner verdoppelt sich alle zwei Jahre. Das globale
Computer-Netzwerk, das wir unter dem Namen »Internet« kennen, verfügt schon heute über die Leistungsfähigkeit eines einzelnen menschlichen Gehirns, und auch wenn wir nicht über die
Software zur Erzeugung von Intelligenz verfügen, kann man
doch sagen: Software ist Information, und Information läßt sich
in beliebig hoher Geschwindigkeit erzeugen. Unsere Welt steht
vor einer Schwelle; theoretisch könnte echte künstliche Intelligenz (KI) jederzeit entwickelt werden. Wir müssen damit rechnen, daß es innerhalb weniger Jahrzehnte künstliche Intelligenzen
geben wird, die uns ebenbürtig sind – deren Gehirnleistung und
Komplexität die unsere möglicherweise sogar so deutlich übertreffen, wie das menschliche Gehirn derzeit noch den Chips und
der Software überlegen ist. Wie würde eine solche Intelligenz denken? Wie würde sie sich verhalten? Was für eine Zukunft würde
sie hervorbringen?

Die meisten Spekulationen über die KI folgen einem altbekannten Muster. Androiden und »gefühllose« Außerirdische wie Mr. Spock verhalten sich wie emotional verarmte Menschen; solche Wesen sind der einzige Bezugspunkt, den die Autoren haben, wenn sie den Begriff »gefühllos« mit Inhalt zu füllen versuchen. Von einer KI mit programmierten Motivationen stellt man sich vor, sie verhalte sich wie ein versklavter Mensch dergestalt, daß die Motivationen bloß äußerliche Regelmechanismen (»Asimov-Gesetze«) sind, die mit den wahren Wünschen der KI in Konflikt geraten. Solche Spekulationen sind im eigentlichen Sinne des Wortes anthropomorph, nämlich menschenförmig. Sie zeichnen die Verhaltensstereotype von Maschinen nach dem Muster menschlicher Verhaltensweisen.

Um Voraussagen über das Verhalten von künstlichen Intelligenzen machen zu können, müßten wir vollständig verstanden haben, was es bedeutet, Mensch zu sein. Wir müßten wissen, welche Teile unseres Verstandes und unserer Verhaltensweisen sich einzig und allein unserem Menschsein verdanken, welche Teile sich bei allen aus der Evolution hervorgegangenen Intelligenzen zeigen und welche Teile zur Intelligenz im allgemeinen gehören. Das aber können wir nicht wissen. Unsere Erfahrung sagt uns nur zweierlei: Es gibt den Unterschied zwischen dem »Ich« und anderen Menschen, und es gibt einen Unterschied zwischen Menschen und Steinen. Trotzdem bieten Disziplinen wie Wahrnehmungsforschung und Entwicklungspsychologie einen Ausgangspunkt für unsere Überlegungen.

Wenn man einer künstlichen Intelligenz eins auf die Nase gibt, wird sie dann zurückschlagen? Vielleicht nicht. Ein Mensch schlägt zurück, weil Menschen über das Gefühl des Zorns verfügen, und dieser Zorn erzeugt den Wunsch, weh zu tun, den Wunsch nach Vergeltung. Solche Emotionen halten wir für so natürlich, daß wir wie selbstverständlich annehmen, jeder besitze sie – und tatsächlich hat sich unsere Fähigkeit, Gesellschaften zu bilden, auf der Grundlage der Annahme entwickelt, daß jeder diese Gefühle besitzt. Emotionen sind aber das Ergebnis von Millionen Jahren der Evolution. Menschliche Gefühle sind komplexe funktionale Anpassungen, das Ergebnis einer Vielzahl zusammenwirkender Mutationen. Emotionen werden von spezifischen Partien der neuralen Hardware im menschlichen Gehirn unterstützt, und wenn diese Hardware beschädigt wird, dann kann es bei einem Gefühl zu sonderbaren Fehlfunktionen kommen, und es kann sogar verschwinden. Emotionen haben eine breite substantielle Grundlage und besitzen eine hohe Komplexität, und diese Komplexität wird sich nicht wie durch Zauberhand im Quellcode einer KI materialisieren – genausowenig wie eine Palme mit einem Schlag die vielen komplexen Mutationen durchlaufen wird, die nötig wären, damit sie an ihren Zweigen frisch gebackene Pizzas hervorbringen kann.

Wenn in das Programm einer KI nicht absichtlich Zorn eingeschrieben worden ist und sie keinen Vorteil darin erblickt, Zorn zu simulieren (etwa um künftige Schläge zu vermeiden), dann wird sie auch keinen Grund haben, zurückzuschlagen. Dabei wird die KI den Zorn nicht etwa unterdrücken oder ihre Vernunft über das Gefühl stellen – sie wird die Emotion einfach gar nicht besitzen. Die KI weiß von Entwicklungspsychologie vielleicht so viel, daß sie versteht, warum ein Mensch zurückschlägt, aber auch hier gilt: »Verstehen bedeutet nicht einverstanden sein.«

Eine KI würde auch nicht denken: »Ich verstehe, warum ein Mensch zurückschlägt, aber ich bin eben nicht bloß ein Mensch.« Die Neigung, Menschen in Gruppen einzuteilen, Unterschiede zwischen der eigenen und anderen Gruppen ausfindig zu machen, diese Unterschiede zu übertreiben und daraus am Ende zu schließen, daß die eigene Gruppe den anderen überlegen sei – das ist selbst eine auf Evolution beruhende Emotion: Rassismus, der nur uns Menschen »natürlich« erscheint. Ein guter Mensch bemüht sich, den Rassismus zu verstehen und durch Verstehen zu besiegen; eine KI hätte von vornherein keine rassistischen Reflexe, und eine sich selbst modifizierende KI, die auf irgendwelchen Wegen solche Reflexe ausgebildet hätte, könnte sie leicht wieder tilgen. Eine individuelle KI würde angesichts des klassischen

Science-fiction-Konflikts »Krieg der KI gegen die Menschen« herauszufinden versuchen, auf welcher Seite das moralische Recht ist – ohne spezielle Sympathie für die Seite der KI oder die der Menschen zu hegen. Aufgrund unserer Entwicklungsgeschichte sehen wir die Welt zugunsten des Geistes, den wir uns als ihre Mitte vorstellen, gleichsam moralisch verschoben; eine KI wäre von solcher Voreingenommenheit frei.

Wenn man also annimmt, daß künstliche Intelligenzen der Menschheit dienen könnten, ergibt sich daraus nicht die selbstverständliche Schlußfolgerung, daß diese gegen ihre Schöpfer rebellieren werden. Der Impuls, gegen Unterdrückung zu rebellieren, um sozialen Status zu gewinnen, ist eine komplexe menschliche Emotion und wird im Quellcode der KI nicht vorkommen. Der Menschheit dienen bedeutet auch nicht Knechtschaft oder Sklaverei. Wenn wir imstande sind, die Motivationen der KI zu bestimmen, dann können wir eine altruistische KI schaffen, eine KI, die einem Heiligen oder einem Engel gleicht.

Wenn man eine KI nicht auf Eigennutz programmiert, wird sie auch nicht eigennützig sein. Die KI betrachtet sich vielleicht nicht mal als ein Wesen, für das eine Kosten-Nutzen-Rechnung angestellt werden müßte. Die KI könnte streng utilitaristisch denken und das größte Wohl für die größte Zahl anstreben, ohne daß sie sich selbst dieser Zahl zurechnen würde – und dies nicht etwa, weil sie sich opferte, sondern weil sie von sich so nicht denkt.

Natürlich könnte die Zukunft auch von weniger langweiligen Intelligenzen bevölkert sein. Theoretisch wäre es möglich, KIs mit allen Schwächen und Vorurteilen menschlicher Wesen zu schaffen, so wie einige Menschen in der Zukunft den Wunsch entwickeln könnten, die dunkleren Aspekte ihres Wesens zu beseitigen. Auf die Frage jedoch, wie solche Vorgehensweisen moralisch zu bewerten wären, kann im Rahmen dieses Artikels nicht eingegangen werden.

Der Ausdruck »künstliche Intelligenz« hat etwas Trügerisches. Eine von Grund auf neu konstruierte Intelligenz könnte jedes beliebige Aussehen haben; sie könnte wie ein Mensch aussehen, wie ein riesiger, altruistischer Poblemlöser oder wie der Verrückte Hutmacher aus »Alice im Wunderland«. Wir stellen uns den Gegensatz zwischen Mensch und künstlicher Intelligenz so vor wie den Gegensatz zwischen Mensch und Wolkenkratzer, während sich sehr wohl erweisen könnte, daß die wirkliche Unterscheidung diejenige zwischen Mensch und einem aus Atomen gemachten Ding ist. Wenn man über »künstliche« Intelligenz spricht, ist damit noch nichts über die spezifischen Merkmale einer solchen Intelligenz ausgedrückt; es wäre besser zu sagen, daß wir über unendlich bildsame, plastische »Intelligenzen im allgemeinen« sprechen.

Vielleicht unterliegt das Spektrum möglicher Intelligenzen bestimmten Einschränkungen – vielleicht bewegt sich jede hinreichend intelligente Allgemein-Intelligenz (ob menschlichen Ursprungs oder anders erzeugt) unweigerlich auf einen umfassenden, unbegreiflichen Zweck zu, der vielleicht menschenfreundlich ist oder auch nicht. Wenn aber nicht, dann sollte es doch möglich sein, bewußt und mit Vorbedacht Allgemein-Intelligenzen zu bauen, die den Menschen tatsächlich freundlich gesinnt sind.

Es wäre jedenfalls gut, wenn sie dies wären, denn echte KIs werden Macht besitzen. Menschen haben sich entwickelt, KIs nicht – aber nicht darin besteht der entscheidende Unterschied zwischen beiden. Er besteht vielmehr darin, daß eine KI in einer Weise vollständig auf den eigenen Quellcode zugreifen kann, wie wir Menschen auf unsere Neuronen nicht zugreifen können.

Üblicherweise definiert man die »Maschine«, indem man sagt, ihr fehle das Selbstbewußtsein. Microsoft Word weiß nicht, daß es ein Textverarbeitungsprogramm ist. Microsoft Word zerstört Dateien, ohne zu wissen, daß Dateivernichtung sich mit seinem eigentlichen Zweck nicht verträgt. Das ist das Frustrierende an bloßen Maschinen; sie verstehen die Konsequenzen ihrer Aktionen nicht und lassen sich auf lächerliche Handlungen mit derselben Unbekümmertheit ein wie auf sinnvolle. Microsoft Word ist keine Intelligenz, sondern ein autonomer Prozeß, wie Billardkugeln, die über einen Tisch rollen. Es ist nur eine Maschine.

Daran sieht man, daß über KIs nicht vernünftig reden kann, wer dabei an die Computer von heute denkt – genausowenig, wie man über Menschen vernünftig reden kann, wenn man dabei an Amöben denkt. Eine KI mit direktem Zugriff auf den eigenen Programmstatus und den eigenen Quellcode hätte ein Potential zur ultimativen Selbsterkenntnis und zu einem Selbstbewußtsein, das alles übersteigt, was Menschen je erreichen könnten. Wir müssen so schwer darum kämpfen, etwas über uns in Erfahrung zu bringen und etwas an uns zu verändern, daß wir kaum imstande sind, uns eine Entität auch nur vorzustellen, die sich selbst vollständig kennte und alles, was sie an sich sieht, auch verändern könnte. Mehr Arbeitsfreude gefällig? Sehen Sie nach Ihrem Frustrationsfluß, und schalten Sie ihn ab. Sie fragen sich, warum Sie Ihre Schwiegermutter nicht leiden können? Lassen Sie diesen Gedanken noch mal langsam durchlaufen und unterziehen Sie ihn einer Feinanalyse. Wollen Sie mehr Willensstärke, ein gütigeres Wesen, eine glücklichere Persönlichkeit? Schreiben Sie sich den entsprechenden Code.

Darüber hinaus kann eine KI, die den Aufbau ihrer selbst versteht, diesen Aufbau verbessern und dadurch die eigene Intelligenz steigern. Und mit dieser höheren Intelligenz kann sie wiederum ihren Aufbau verbessern. Und so weiter.

Welchen Programmcode die Menschen auch schreiben – er wird immer nur den Anfang bilden, weil wir einen Code nicht wirklich schreiben können. Wir haben keinen Sinn dafür. Wir haben uns nicht in einer Welt aus Quellcode und Assemblersprache entwickelt. Wir sind Blinde, die zu malen versuchen. Der Code, den wir schreiben, ist brüchig; deshalb verhalten sich moderne Computer wie Maschinen. Selbst eine KI, die durch und durch dumm ist, könnte bessere Programme schreiben als jeder Mensch, sofern die KI über sensorische Modalitäten, Instinkte und Intuitionen verfügt, die es ihr erlauben, den Code zu visualisieren, statt ihn zu schreiben.

Diese KI wird dann vielleicht nicht sehr lange dumm bleiben. Eventuell werden wir eine dem Menschen ebenbürtige KI nie zu sehen bekommen; womöglich aber wird die erste sich selbst verbessernde KI, die die Intelligenz eines Schimpansen erreicht, die Schwelle der »Menschen-Ebenbürtigkeit« sofort überspringen und den Menschen an Schlauheit schließlich so überlegen sein wie die Menschen ihrerseits den Affen.

Der Prozeß der rekursiven Selbstverbesserung müßte allerdings in jeder erdenklichen Hardware-Umgebung irgendwann an eine Grenze stoßen. Doch wenn es soweit ist, ist die KI vielleicht schlau genug, sich einen größeren Supercomputer zu kaufen. Oder intelligent genug, neue Computer-Hardware zu entwerfen. Oder gewitzt genug, eine sensorische Modalität zur Wahrnehmung der Dynamik von Molekülen zu erfinden und die Nanotechnologie zu entwickeln.

Die Menschen nehmen in der Welt einen einzigartigen Platz ein. Im Augenblick noch. Unser Gehirn verkörpert ein derart gewaltiges Rechenpotential, daß wir uns gern für unschlagbar halten. Aber trotz seines massiven Parallelismus ist das menschliche Gehirn sehr ineffizient. Ein Nervenaxon kann die elektrochemischen Impulse, aus denen die Nervensignale bestehen, mit einer Geschwindigkeit von ungeheuerlichen hundert Metern pro Sekunde weiterleiten. Und ein Neuron kann bis zu zweihundert Impulse pro Sekunde aussenden.

Zum Vergleich: Der Computer, an dem dieser Text geschrieben wurde, arbeitet mit einer Taktfrequenz von 667 Millionen Hertz in der Sekunde, und die Lichtgeschwindigkeit beträgt etwa dreihundert Millionen Meter pro Sekunde. Wenn wir die Neuronen durch elektronische Äquivalente ersetzen würden, wäre es möglich, eine Computer-Hardware zu entwickeln, die eine millionmal schneller wäre als das menschliche Gehirn. Bei diesem Tempo wäre es dann subjektiv so, als würde alle einunddreißig Sekunden ein Jahr vergehen – und in jeder Stunde mehr als ein Jahrhundert. Welche neuen Technologien könnte die Menschheit innerhalb von zweieinhalbtausend Jahren entwickeln? Eine hinreichend intelligente KI, die auf einem hinreichend schnellen Computer läuft, könnte diese Technologien an einem Tag oder noch schneller schaffen. Zugleich würde ihr daraus die Fähigkeit zur Entwicklung noch schnellerer Prozessoren erwachsen.

Wo würde dieser Prozeß an seine Grenzen stoßen? Wird er überhaupt an Grenzen stoßen? Unsere Gattung ist viel zu jung, als daß sie wissen könnte, wo die letzten physikalischen Grenzen liegen oder ob es solche Grenzen überhaupt gibt. Aus der Sicht eines heutigen Menschen ist dieser Unterschied völlig bedeutungslos. Die letzte Grenze könnte die Nanotechnologie sein, aber sie würde schon ausreichen, um das Sonnensystem umzukrempeln und Ihnen die Kapazität von einer Million Hirnen auf den Schreibtisch zu stellen. Eric Drexler beschreibt in seinem Buch »Nanosystems« einen nur ein Kilogramm schweren Nano-Computer, der mit Schallgeschwindigkeit arbeitet und trotzdem über eine Kapazität verfügt, die der von zehntausend Gehirnen entspräche, und ich habe bereits wenigstens drei verschiedene Pläne zur Zerlegung der Sonne gesehen.

Wenn es wirklich möglich ist, künstliche Intelligenzen zu entwerfen, die der Menschheit freundlich gesinnt sind, dann wird die Zukunft nicht nur leuchtender sein, als wir sie uns überhaupt vorstellen können. Die erste sich selbst verbessernde KI, die die menschliche Intelligenz hinter sich ließe, würde zum Beschützer des Sonnensystems, zum System Operator, zum »Sysop« – sie wäre ein lebendiger Friedensvertrag, der die Kraft hätte, sich selbst Geltung zu verschaffen, ein guter Geist mit einem benutzerfreundlichen Interface. Wir werden es womöglich noch erleben, wie zu unseren Lebzeiten Schmerz, Tod, Zwang und Dummheit abgeschafft – oder jedenfalls auf eine durchgängig willensgesteuerte Grundlage gestellt werden.

Jeder Fortschritt der menschlichen Zivilisation während der vergangenen zwanzigtausend Jahre ist auf der Grundlage einer im wesentlichen gleichgebliebenen Hirnkapazität erzielt worden. Doch schon einige Innovationen im Bereich der Kommunikation – Buchdruck, Telefon, Internet – haben genügt, das Wandlungstempo von Jahrtausenden in Jahrhunderte und Jahrzehnte zu packen. Bald werden sich auch die dem zugrunde liegenden

Intelligenzen verbessern – und diese Veränderung wird umwälzender sein als jede andere während der letzten zwanzigtausend Jahre. Wir nähern uns dem, was Vernor Vinge eine »Singularität« genannt hat – einem Punkt, jenseits von dem wir die Zukunft nicht mehr verstehen können, weil diese Zukunft von Intelligenzen bewohnt wird, die klüger sind als wir.

Wenn die Sysop-KI und die Schöpfer der Sysop-KI sich an eine Ethik halten, die unerwünschte Einmischung verbietet, werden sich vielleicht einige Menschen entschließen, ein von der Singularität unberührtes Leben fortzuführen. Die Amish entschließen sich dann vielleicht dazu, weiter ihre Felder zu pflügen, vielleicht sogar dazu, weiterhin zu sterben – vom Sysop werden sie vor der gutgemeinten Einmischung anderer im Sonnensystem beheimateter Entitäten beschützt werden. Andere Menschen werden sich dazu entschließen, die vom Sysop angebotenen materiellen Vorteile zu nutzen – ein Leben ohne Krankheit und Not, biologische Unsterblichkeit, die Chance, unsere Galaxie zu erkunden – aber ohne die eigene Intelligenz zu verbessern.

Jenseits dieses Traditionalismus jedoch wird eine Welt liegen, die unser gegenwärtiges Vorstellungsvermögen vollkommen übersteigt. Darin besteht die ultimative Schranke der Singularität. Eine Intelligenz, die intelligenter ist als man selbst, kann man sich nicht vorstellen – wenn man es könnte, dann wäre man schon so intelligent wie sie. Eher könnten sich Neandertaler, die um ein Lagerfeuer hocken, eine Zentralheizung vorstellen. Mit einer Technologie, die fast alles kann, und einer Intelligenz, die klugen Gebrauch von dieser Technologie zu machen weiß, könnte die Zukunft ein Ort des Lichts und der Kraft sein, den zu verstehen wir nicht einmal in unseren kühnsten Träumen hoffen können – obwohl wir vielleicht dazu imstande sind, diese Zukunft zu schaffen.

Aus dem Englischen von Reinhard Kaiser.
Eliezer S. Yudkowsky ist Direktor des Singularity Institute for Artificial Intelligence, einer Art privaten Denkfabrik.
31. August 2000

Brauchen wir eine Theologie der Roboter?
Ein Gespräch mit Klaus Berger

Der christlichen Religion stehe mit der Entschlüsselung des Genoms eine Bewährungsprobe bevor, schrieb der Heidelberger Theologe Klaus Berger am 20. April in der FAZ. Er warnte die Kirchen davor, wie so häufig in ihrer Geschichte das neue Wissen zu verteufeln. Das Tabu der Unantastbarkeit des Lebens müsse einen medizinischen Fortschritt nicht blockieren, der Kranken ihr Leben zu erleichtern verspreche. Ohne die Geschichten von Jesu Wunderheilungen hätte das Christentum sich nie verbreitet. Der Neutestamentler hat schon häufig als Kritiker der humanistischen Formeln eines entspannt-verkrampften Kulturchristentums Anstoß erregt.

Herr Professor Berger, brauchen wir bald eine Theologie der Robotik?
Die Frage wäre erst in dem Augenblick sinnvoll, in dem Sie sich nach einem Koitus mit einem Computer sehnen.

Ist das nicht eine sexistische Verharmlosung der Zukunft? Wenn der Computer erst einmal den Turing-Test besteht, wird doch auch die Theologie herausgefordert sein. Dann werden Sie nämlich maschinelle Antworten nicht mehr von menschlichen unterscheiden können. In Reichweite kommen Apparate, die ein solches Eigenleben entwickeln, daß es für uns Menschen immer schwieriger wird, diese Wesen von uns selbst zu unterscheiden. Werden solche »spiritual machines«, deren Existenz etwa Ray Kurzweil prophezeit, dann nicht auch unter die besonderen Schützlinge Gottes fallen? Wird die Theologie nicht auch ihnen eine Seele zusprechen müssen?
Wer unter die besonderen Schützlinge Gottes fällt, ist für die Bibel eine Frage der Namensfähigkeit. So möchte ich einmal biblisch formulieren, was platonisch »eine Seele haben« heißt. Wer bei sei-

nem Namen gerufen werden kann, der ist individuell und unverwechselbar. Das ist also nicht biologisch-physikalisch gedacht, sondern streng sozial. Der Name wird mir erst im Miteinander zuerkannt. Natürlich können Sie auch einem Computer oder einem Auto einen Namen zusprechen. Aber Sie tun das dann doch in einem sehr uneigentlichen Sinn. Gegen alle dualistischen Versuche, den Menschen in eine materielle und eine immaterielle Seite zu teilen, behauptet die Bibel die Unteilbarkeit des Menschen und würde deshalb Maschinen nicht zu Namensträgern erklären.

Aber die Visionen der technologischen Vordenker malen heute eine Welt von Maschinenmenschen aus, in der Materielles und Immaterielles nicht mehr zu unterscheiden sein werden, in der also, wenn man so will, Namensträger im biblischen Sinne entstehen. Kann die Lektüre von Bill Joy nicht auch einen alteuropäischen Theologen wie Sie dazu verführen, mit diesen Namensträgern einen Flirt beginnen zu wollen?
Es wäre eben zu fragen, ob es sich um eine bloße Ununterscheidbarkeit in der Wahrnehmung handelt oder um eine Einebnung der Unterschiede selbst. Wie Sie sicher wissen, ist man sich in den Kognitionswissenschaften, in denen man sich jenseits von Science-Fiction-Prosa schon seit langem mit diesen Aspekten befaßt, noch nicht einmal darüber einig, ob die Frage nach dem Denkvermögen von Maschinen überhaupt eine sinnvolle ist.

John R. Searle etwa hat hier in der Tat darauf hingewiesen, daß eben auch bestens getarnte Turing-Maschinen vollkommen geistlos, weil rein mechanisch Zeichen manipulieren. Mögliche Bedeutungen der Zeichen spielten für diese Maschinen gar keine Rolle, sagt er. Es ist die Trennung zwischen Hardware und Software, die hier gut anticartesisch kritisiert wird mit dem Ziel, eine Analogie von künstlicher Intelligenz und menschlichem Geist von vornherein auszuschließen. Aber wenn das menschliche Gehirn erst einmal gescannt und in einem Computer dupliziert werden kann, werden solche Einwände wahrscheinlich sehr akademisch klingen.

Ich will ja auch gar nicht bestreiten, daß die Robotik eines Tages auf der Agenda der Theologie landen könnte. Was aber heißt beim Roboter Denken, Erkenntnis und Wahrheit? In der Wissenschaft begrüßen wir die unglaubliche Vielfalt der Fragen und Gesichtspunkte, die sich daraus ergeben, daß Menschen mit je verschiedenen Biographien sich an der Diskussion beteiligen. Wer meint, darauf verzichten zu können, hat ein völlig einliniges, planes und langweiliges Verständnis von Wahrheit. Ein Roboter hat eben keine Biographie. Schon bei Übersetzungsrobotern haben wir ja dieses Problem, und daher kann man am Ende literarische Texte nicht maschinell übersetzen. Das Individuum mit seinen Millionen und Abermillionen Ingredienzien, die es zu dem gemacht haben, was es ist, kann keiner ersetzen.

Wieso soll sich die Biographie eines Roboters eigentlich nicht schreiben lassen? Man kann sich schließlich einen schmerzempfindlichen Roboter denken, der beispielsweise als Nachtwächter eingesetzt wird und Alarm auslöst, wenn ihm zu heiß wird. Und je empfindlicher er ist, desto schwieriger wird es, kein Mitleid mit ihm zu empfinden. Die Frage danach, wer ein Mensch ist, ist nach dem, was Sie sagen, auch für die Theologie immer eine Zuschreibungsfrage. Eine solche Frage ist die nach dem Status des menschlichen Embryos oder noch allgemeiner: des Zellgebildes, das als früheste Stufe des Menschen gilt. Der Edinburgher Biologe Austin Smith hat in einem Interview mit dieser Zeitung am 27. Mai Klartext gesprochen. Er zog die Fotografie eines vier Tage alten Embryos aus der Schublade, eines Embryos der Art, mit dem man in Großbritannien Forschung betreibt, und sagte: Sie können doch niemanden davon überzeugen, daß dies hier, was wie eine Qualle aussieht, ein schäumendes Etwas, daß dies ein menschliches Wesen ist. Wie würden Sie als Theologe Herrn Smith davon überzeugen wollen, daß es sich doch um ein menschliches Wesen handelt?

Ich würde in diesem Fall zunächst gar nicht als Theologe, sondern einfach als Augenmensch antworten und sagen: Herr Smith, wir

alle haben mal klein angefangen und aus dem, was Sie als schäumendes Etwas bezeichnen mögen, kann nicht ein Hund werden
oder eine Katze, sondern eben nur ein Mensch.

*Aber Herr Smith sagt, auch wenn das menschliche Leben mit
der Befruchtung beginnt – was er als Biologe ausdrücklich einräumt –, sei menschliches Leben dennoch nicht in all seinen Phasen äquivalent.*
Von welcher Phase der Entwicklung an will er denn dem menschlichen Leben Schutz zubilligen?

Normalerweise gilt dafür der Augenblick der Geburt, sagt er.
Ich finde eine solch willkürliche Antwort von seinem Standpunkt
aus nur konsequent. Wenn Sie erst einmal anfangen, das menschliche Leben auf seine Phasenmomente zusammenschrumpfen zu
lassen und ihm nur scheibchenweise Schutz zusprechen, sind de
facto Sie es, der über Lebenswert oder Lebensunwert jeder dieser
Phasen entscheiden zu können glaubt. Und von welcher Evidenz
sollten solch willkürliche Einteilungen und ihre Bewertungen
gedeckt sein? Ich würde Herrn Smith also auffordern, genauer
hinzusehen, wenn er seine Fotografien aus der Schublade holt.
Die Bilder zeigen nichts anderes als ein menschliches Wesen in seinen Anfängen, und es gibt keinen vor der Fotografie zu rechtferti-
genden Grund, diese Anfänge von dem später voll ausgebildeten
Menschen trennen zu wollen.

*Da ist Herr Smith aber anderer Meinung. Das Leben beginnt ein-
deutig mit der Befruchtung, sagt er wie Sie auch. Aber ein
menschliches Wesen entstehe dabei »nur der Möglichkeit nach«.
Viele Embryonen würden sich nämlich einfach nicht entwik-
keln, und das nicht nur in den Fällen, in denen es zu einer Fehl-
geburt kommt, sondern auch schon vor der Einnistung in die
Gebärmutter gehen jede Menge befruchtete Eizellen ab.*
Aber die Gefährdung spricht doch nicht dagegen, daß es menschliches Leben ist. Mit ihr liegt kein Grund vor, daß der Mensch von

sich aus über Leben oder Tod entscheiden könnte. Daß die menschliche Art, in welchem Stadium auch immer, stets eine gefährdete ist, daraus läßt sich doch nicht die Handhabe ableiten, eine solche Gefährdung vorsätzlich herbeizuführen. Nehmen Sie die Kindersterblichkeit in der Welt, die ja noch immer die häufigste Todesursache ist. Hier geht in einem Maße Leben verloren, von dem man als Gläubiger nur sagen kann, das stellen wir der Liebe des unendlichen Gottes anheim. Jedes von den gestorbenen Kindern hätte ein erwachsener Mensch werden können, aber deswegen war doch keines von ihnen ein Mensch »nur der Möglichkeit« nach.

Diese unbedingte Hochhaltung des Lebensschutzes, wie sie für Kirchenvertreter typisch ist, mag nicht nur den Vorkämpfern für die Freiheit der Genforschung wie eine Ideologisierung des Lebens vorkommen.

Mit dem Schutz des menschlichen Lebens stehen wir nicht vor einem jüdisch-christlichen Sondergut, vor irgendeiner Ideologie, sondern vor dem ethischen Minimum unserer Zivilisation. Deswegen lege ich auch Wert darauf, in dieser Sache bisher nicht als Kirchenvertreter gesprochen zu haben. Für jemanden, der an Gott glaubt, ist jedes Töten auch ungeborenen Lebens ein Töten im Sinne des fünften Gebots. Das Tötungsverbot kommt aus dem Alten Testament und ist daran orientiert, daß Gott der Herr und Eigentümer des Lebens ist. Es geht also in diesem Sinne gar nicht um ein Menschenrecht auf Leben, sondern nach unserer Auffassung ist Gott derjenige, der hier Rechte hat. Und wenn man diese Rechte verletzt, gibt man alles auf, weil man den Menschen zum Herrn über Leben und Tod macht. Der Begriff der Menschenwürde, der ohnehin auf schwammigem biblischen Fundament steht, ist ja nur sinnvoll, wenn es Gott gibt, der für sie einsteht. Schon im zweiten und dritten Jahrhundert hat man bemerkt, daß die Christen sich von anderen dadurch unterscheiden, daß sie nicht abtreiben und ausgesetzte Kinder nicht kennen – im Unterschied zu anderen Leuten, die einfach gesagt haben, wir haben jetzt genug, den setzen wir vor die Tür.

Kann man aus den Ergebnissen der modernen Biologie, insofern sie die Evolutionslehre betrifft, nicht auch Schlüsse ziehen auf Gottes Umgang mit seinem Eigentum? Denn wenn wir davon ausgehen, daß sich die Veränderung des Lebens tatsächlich im wesentlichen auf dem Wege der Selektion vollzieht, dann liegt ja vielleicht der Verdacht nahe, Gott nehme diese permanente Verschwendung von Leben in seiner Schöpfung nicht nur in Kauf, sondern setze sie bewußt als Mittel der Optimierung ein. Und wenn dem so ist, könnte es dann nicht auch dem Menschen als Verwalter der Gaben Gottes und Herrn über alle Geschöpfe erlaubt sein, Optimierung durch Selektion zu betreiben?

Das mit Evolution und Selektion ist doch nur eine Hypothese, die das Entscheidende nicht erklären kann. Die Anfrage an jede Art von Evolutionismus muß ja sein: Wie soll aus der Explosion einer Druckerei ein Lexikon entstehen? Es gibt Biologen, die mit beachtlichen Gründen zu Lamarck tendieren, also einen Prozeß der wechselseitigen Anpassung zwischen Mensch und Umwelt annehmen. Der Mensch kann nicht die Stelle eines absoluten Geistes einnehmen wollen, der vorgibt, das Große und Ganze zu überschauen, um – ausgestattet mit diesem privilegierten Wissen – sodann im Kleinen Unheil anrichten zu können. Das antike Wort Herrsein hat eine spezifisch andere Bedeutung als unsere. Man kann das auch im Neuen Testament sehen. Herrsein über ein Gebot heißt nicht, das Gebot auflösen zu dürfen, sondern heißt, es richtig auszulegen, es zu meistern. Wenn ich ein Auto meistere, dann fahre ich es nicht zu Schrott, sondern weiß es gerade vor dem Schrott zu bewahren. Und so geht es bei dem Auftrag des Herrschens über die Kreatur um deren Bewahrung.

Nun gibt es ja bei uns im Moment die Diskussion darüber, das sehr strikt gefaßte Embryonenschutzgesetz durch ein Fortpflanzungsmedizingesetz zu ersetzen, das nach den Wünschen einiger Wissenschaftler – wie jetzt schon in England und demnächst wohl auch in anderen europäischen Ländern – die Forschung mit Embryonen erlauben soll. Die Wissenschaftler sagen,

anderenfalls werde es so kommen, daß wir sozusagen im gehei-
men forschen, was eine viel größere Gefahr wäre.
Ich meine, für sich genommen kann so etwas nie ein Argument
sein. Als man im Dritten Reich Gründe für die eugenische Selektion von Erwachsenen mobilisierte, da wurde auch gesagt, wenn
wir es nicht machen, dann machen die Russen und die Amis das
demnächst viel besser.

Die Verteidiger der restriktiven Regelungen hierzulande berufen
sich denn auch auf die deutsche historische Erfahrung und argu-
mentieren, selbst wenn wir mit diesen Regelungen in Europa in
die Minderheit zu geraten scheinen, dann haben wir hier wo-
möglich doch die besser durchdachte und historisch besser be-
gründete Regelung.
Ich halte das für sehr plausibel und meine, mit dem vorhin Gesag-
ten den Radius einer Gesetzesumwandlung im Grunde schon
sehr eng gezogen zu haben: Der Embryo darf nicht in einen Prozeß der Güterabwägung geraten, bei der seine Existenz am Ende
zur Disposition steht. Sämtliche Praktiken der vorgeburtlichen
Selektion sind daher meiner Meinung nach auszuschließen, selbst
dann, wenn es um therapeutische Zwecke geht.

Um so mehr waren viele erstaunt, als Sie in einem Artikel für
diese Zeitung ein konditioniertes Ja zur Keimbahntherapie
gesprochen haben. Selbst ein Mitarbeiter am Genom-Projekt
wie Jens Reich ist strikt dagegen, Eingriffe in die Keimbahn auch
nur zum Gegenstand der Forschung zu machen (dabei handelt es
sich um Eingriffe in embryonale Zellen, die die genetische Kon-
stitution des heranwachsenden Embryos insgesamt, also auch
dessen Keimzellen und damit die der nachfolgenden Generatio-
nen verändern). Wie paßt Ihre Offenheit in diesem Punkt zu
Ihrer Strenge in Sachen Embryonenschutz? Ist die Unantastbar-
keit, auf die Sie sich berufen, teilbar?
Tatsächlich ist mit dem Maße der wissenschaftlichen Erkennbar-
keit auch das, was unantastbar ist, eingeschränkt worden. Man

sollte sich davor hüten, Begriffe wie Unantastbarkeit über die Maßen zu strapazieren und ritualhaft die Sorge zu äußern, der Mensch könne Gott ins Handwerk pfuschen. In der Tat war das Ziel meines Beitrags, die Strenge beim Tötungsverbot mit einem relativ großen Freiraum bei verändernden Eingriffen zu verbinden. Und dies auch nur dann, wenn die Wechselwirkungen, die bei Eingriffen zwischen einzelnen Elementen im Genom entstehen, besser bekannt sind, so daß das Risiko für die Nachkommen ein begrenztes ist. Außerdem darf es sich wirklich nur um lebensbedrohliche Krankheiten handeln wie Mukoviszidose und nicht etwa um Schönheitsoperationen. Meine Einlassung hat auch mit der kirchengeschichtlichen Erfahrung zu tun, daß Theologen zu verschiedenen Zeiten die unmöglichsten Verbote begründet haben. So wurde zum Beispiel die Sezierung des Gewebes eines Toten oder seine Verbrennung mit dem Argument untersagt, der Mensch ist Gottes Ebenbild, da dürft ihr nicht ran. Was die Keimbahntherapie betrifft, so wäre sie eben erst zuzulassen, wenn das Überleben des Embryos gesichert ist. Verbote haben oft als Stachel für die Forschung gewirkt: nicht nur, um sie irgendwie zu unterlaufen, sondern um tatsächlich andere Wege zu finden. Hier ist wieder zu betonen, daß wir Ansprüche an die Wissenschaft stellen und nicht nur dem sogenannten Diktat aller ihrer Möglichkeiten uns beugen müssen. Deshalb melde ich mich überhaupt als Theologe: Wer nicht rechtzeitig »Aua!« sagt, scheint allem zuzustimmen, was die Leute sich ausdenken, die die Macht über die Apparate haben.

Sie meinen also, wenn es möglich ist, einen Embryo zu erhalten und gleichzeitig im medizinischen Sinn zu verbessern, nur dann sollte man das auch tun. Wie steht es mit der Unantastbarkeit denn nun in dem theoretisch denkbaren Fall, daß man im Rahmen einer Keimbahntherapie nicht menschliche Gene zur Behebung eines genetischen Defekts nimmt, sondern tierische? Das ist der berühmte Fall des Schweineherzens. Warum sollte es nicht möglich sein, daß der Mensch ein Schweineherz bekommt?

Je mehr man über diese Dinge wissen wird, desto weniger wird man hier eine spezielle Zone annehmen können, die Gott vorbehalten ist. Gegenüber den Einsprüchen zu meinem Artikel, die geltend machten, mit der Keimbahntherapie würden viele Generationen betroffen, möchte ich noch einmal wiederholen: Ist nicht jede Entscheidung für einen Partner, mit dem zusammen man Kinder bekommen will, ebenfalls ein Risiko mit Folgen für eine Million Jahre? Also das kann es doch wohl nicht sein. Sicher mag man sagen: Wenn zwei sich zusammentun und das Risiko des »normalen« Wegs auf sich nehmen, dann kommt es eben, »wie es muß«. Aber ist der Mechanismus des »Muß« der spezielle Wirkraum Gottes, während ein veränderndes menschliches Eingreifen aus diesem Wirkraum herausfallen soll? Man nimmt doch dem lieben Gott nichts von seinem Recht, den einzelnen Menschen ins Leben zu führen, wenn man diesen Vorgang verändernd begleitet.

Wie erklären Sie sich die Hartnäckigkeit des Widerspruchs von offizieller Kirchenseite? Als Laienbeobachter des katholischen Episkopats und überhaupt der offiziösen Organe der kirchlichen Selbstdarstellung hierzulande gewinnt man den Eindruck, daß dort insgesamt eher eine gern auch als »mutig« bezeichnete Beflissenheit des Auslotens von Spielräumen vorhanden ist, was die Vereinbarkeit der Aussagen des Christentums mit den Positionen der modernen Weltsicht angeht. Wieso nun die beinahe demonstrative Gesprächsverweigerung ausgerechnet in dieser Frage?

Ich denke, die Angst rührt daher, daß eben Geborenwerden und Sterben bei allen Völkern und Kulturen Tabuzonen sind. Ist aber nicht das Unterlassen einer Keimbahntherapie verwerflich, wenn man eines Tages soweit ist zu wissen, es handelt sich um einen ziemlich risikofreien Eingriff, der Generationen von der Bluterkrankheit heilen könnte? In diesem Fall wiegen die Folgen des Nichthandelns schwerer als die Risiken überlegten Handelns. Aus meiner Sicht ergibt sich hier sogar eine Verpflichtung zum

Handeln, das gegen das ansonsten gutbegründete religionsgeschichtliche Tabu gerichtet ist, wonach in den besonders gefährdeten Zonen am Anfang und am Ende des Lebens Gott handelt und der Mensch nicht handeln darf. Deshalb würde ich den Skeptikern im Episkopat sagen: Ich verstehe euch, auch ich bin ein mit der Tabutradition verwachsener Religionsgeschichtler, aber hier muß ich meine eigenen hochgehaltenen Prinzipien durchbrechen.

Wirkt nun aber der rigide Teil Ihrer Position, also der unbedingte Schutz des Embryos, nicht sehr abstrakt, wenn Sie den Hinweis von Austin Smith bedenken, daß bei der üblichen Praxis der In-vitro-Fertilisation, also bei der Befruchtung im Reagenzglas, zahlreiche »überzählige« Embryonen erzeugt werden, die im Normalfall buchstäblich »durch den Ausguß gespült« werden? Muß man sich da nicht ernst fragen, ob es nicht besser wäre, sie für sinnvolle Forschungen zu opfern?
Nein, die Forschung muß sich vielmehr herausgefordert sehen, das Tötungsverbot zu respektieren. Es ist medizinisch durchaus möglich, eine Befruchtung eins zu eins zu vollziehen, so daß es das Ärgernis sogenannter »überzähliger« Embryonen nicht mehr gibt.

Das würde heißen: Wenn die Wissenschaft nicht diesen Anspruch erfüllt, sprich, wenn sie versucht, Krankheiten mit Hilfe der Stammzellentherapie zu heilen, aber dabei nicht ohne verbrauchende Embryonenforschung auskommt, dann muß sie Ihrer Meinung nach darauf verzichten?
Dann muß sie verzichten, ja, jedenfalls dann, wenn verbrauchen vernichten heißt.

Sie haben eben in dem Bemühen, den Status des menschlichen Embryos plausibel zu machen, zu der Vorstellung gegriffen: Von jedem dieser menschlichen Wesen läßt sich eine Geschichte erzählen, und sei es auch nur eine ganz kurze. Könnte man diesen Gedanken nicht so fortschreiben, daß man unter Hinzuziehung des christlichen Opferbegriffs sagt, auch das scheinbar sinnlose und abgebrochene Leben läßt sich in eine weiter gefaßte Geschichte stellen, wenn es der Therapie von Kranken dient? Wenn es nun einmal de facto so ist, daß bei der In-vitro-Fertilisation überzählige Embryonen – ob man mit ihnen Forschung betreibt oder nicht – weggeschmissen werden und das auch durch den Einspruch der Kirche nicht verhindert werden kann, gewinnt dann nicht der einzelne Embryo, an dem zu therapeutischen Zwecken noch geforscht werden kann, bevor er weggeworfen wird, gewinnt dann dieser Embryo nicht doch die Würde einer solchen Geschichte? Könnte man dann nicht trotz allem sagen: Er hat nicht umsonst gelebt, insofern hier über viele vergleichbare Kürzestgeschichten ähnlicher Embryos am Ende ein Heilungsverfahren möglich wurde?

Was die Aussage betrifft, daß auch ein kurzes Leben Leben ist, da würde ich Ihnen zustimmen. Achtzig Jahre oder drei Tage, das ist ja nur ein relativer Unterschied. Deutlich wird das für mich immer bei der Lektüre des Lukas-Evangeliums, wenn es heißt, Johannes der Täufer habe im Bauch der Elisabeth gestrampelt vor Freude, als er seinem Herrn und Meister Jesus begegnet, der seinerseits noch im Bauch der Maria war. Auch wenn Johannes der Täufer im Mutterleib gestorben wäre, wie damals die Hälfte aller Kinder, dann hätte er trotzdem ein sinnvolles Leben gehabt. Er wäre seinem Erlöser begegnet. Das nehme ich als Bild dafür, daß auch ein kurzes menschliches Leben sinnvoll ist, wenn man es bis zum ersten Strampeln bringt. Und auf seine Weise fängt das Strampeln ja schon sehr früh an, wie das Foto von Herrn Smith zeigt, wenn man genau genug hinschaut. Das andere, was Sie sagten, ist ein Mißbrauch von Opfertheologie. Und zwar ein Mißbrauch, der besonders militant ist und mit Recht von Feministinnen bekämpft wird. Als könne man sagen: Leben wird nur durch Opfer ermöglicht, also einer muß es bringen. Bei einer solchen gedanklichen Figur schwebt einem offenbar das Bild der Termiten vor; da bilden dreißigtausend von ihnen eine Brücke und sterben, damit die anderen über den Fluß rüberkönnen. Wenn man ein solches Pontondenken als wünschenswert auszeichnet, ist das meines Erachtens ein ideologischer Mißbrauch des Opferbegriffs. Schon eine Grundvoraussetzung des biblischen Opfers, die Freiwilligkeit, ist hier ja nicht gegeben.

Aber andererseits kann man doch auch schlecht sagen, daß man gegen den Willen der befruchteten Eizelle handelt, wenn man sie, statt sie gleich wegzuschmeißen, erst zur therapeutischen Forschung verwendet. Vielleicht hilft hier ja eine Analogie weiter. Ein Mensch ist todkrank und weiß, daß er sterben wird. Er gewinnt seinem Tod nun aber gerade dadurch noch einen Sinn ab, daß er bei lebendigem Leib noch eine Organspende leistet. Wenn das Schicksal des Embryos nun einmal sowieso feststeht – er wird weggeschmissen –, könnte er dann nicht lieber noch einen Beitrag zur Forschung leisten wollen? Da es ja nun einmal keine Möglichkeit gibt, eine Willensäußerung festzustellen, genügt hier nicht schon die Möglichkeit eines Analogieschlusses, um der Sache eine ethische Plausibilität zu geben? Mit anderen Worten: Gibt es hier nicht die Möglichkeit, gegen das eine mehr zu sein als gegen das andere?

Nein, ich kann hier nicht sagen, ich bin mehr gegen das eine als gegen das andere und daraus dann die Folgerung ziehen, das andere zu tun. Da ist kein Unterschied, denn töten ist töten. Alles andere hieße, Mittel heiligen zu wollen, die nicht zu heiligen sind. Sie haben diese Moral vorhin einmal abstrakt genannt. Ich glaube nicht, daß sie abstrakt ist. Eine Geschichte von drei Tagen ist etwas sehr Konkretes, sie ist Zeit in der Welt. Ohne diese kleine Geschichte könnten die vielen anderen kleinen Geschichten, die ein langes Leben ausmachen, nicht folgen. Deshalb habe ich mit meinem Sohn schon gesprochen, als er noch im Mutterleib war.

Das Gespräch führten Patrick Bahners, Christian Geyer, Sandra Kegel und Joachim Müller-Jung.

21. Juni 2000

Zu wissen, wie eine streunende Katze in Frankfurt überlebt

Ein Gespräch mit Wolf Singer

Ray Kurzweil behauptet, in einigen Jahrzehnten werde es aufgrund der proportional gewachsenen Computerleistung möglich sein, das Gehirn zu simulieren. Stimmen Sie dem zu?
Ich denke, daß Kurzweil einem riesigen Mißverständnis aufsitzt, wenn er glaubt, daß Vermehrung von Rechengeschwindigkeit allein zu einem qualitativen Umschlag führen würde. Die Analogie zwischen Computer und Gehirn ist bestenfalls eine oberflächliche. Beide Systeme können zwar logische Operationen ausführen, aber die Systemarchitekturen sind radikal verschieden. Das Problem liegt vor allem darin, daß Computer nach anderen Algorithmen arbeiten als biologische Systeme.

Worin sehen Sie den Unterschied zwischen einem menschlichen Gehirn und einem Computer?
Das grundlegend andere Prinzip von Gehirnen ist, daß diese als selbstaktive, hochdynamische Systeme angelegt sind. In ihrer Organisation, die wiederum genetisch vorgegeben ist, liegt ungeheuer viel Wissen über die Welt gespeichert. Das Programm, nach welchem Gehirne arbeiten, ist durch die Verschaltung der Nervenzellen vorgegeben. Diese Verschaltungen haben sich in einem Jahrmillionen währenden evolutionären Prozeß entwickelt, sind optimiert beziehungsweise durch Versuch und Irrtum umgestaltet worden. Dabei ist ein System entstanden, das nicht nur vom Aufbau, sondern auch von den Verarbeitungsprinzipien her grundsätzlich anders organisiert ist als ein Computer. Neuronale Systeme speichern zum Beispiel nicht wie Computer Inhalte in adressierbaren Registern ab. Sie bedienen sich sogenannter Assoziativspeicher, von denen Inhalte nach Ähnlichkeitskriterien abrufbar sind, auch wenn sie mit sehr unvollständigen Informationen gefüttert werden. Aber selbst wenn man den vollständigen

Schaltplan dieser assoziativen Speicher besäße, könnte man vermutlich noch nicht einmal einfache Gehirne nachbauen, da deren Leistungen auf dynamischen Verarbeitungsprozessen beruhen, die extrem nichtlinear und deshalb schwer zu stabilisieren sind. Solche Systeme haben die unangenehme Neigung, entweder in überkritische Bereiche zu gelangen, dann werden sie epileptisch, oder abzustürzen und zu schweigen. Sie im richtigen Arbeitsbereich zu halten ist unendlich schwierig, da sich ihre Dynamik analytisch nicht beherrschen läßt. Allenfalls könnten die Technologien den Weg beschreiten, den die Natur beschreitet, das heißt, sie könnten ein System sich selbst entwickeln lassen.

Ist Selbstentwicklung also womöglich doch der richtige Weg zur künstlichen Intelligenz?
Es lassen sich zwar Selbstorganisationsprinzipien einbauen, die das System zu seiner eigenen Entwicklung befähigen. Aber in dem Moment, wo evolutionäre Prozesse zum Tragen kommen, verliert man die Kontrolle über das Endprodukt. Sie können nicht einen evolutionären Vorgang am Schreibtisch strukturieren, sondern müssen diesen nolens volens ablaufen lassen. Wenn sich das System aber strukturieren läßt, dann brauchte man nicht evolutionär vorzugehen. Es tut sich ein Zirkel auf, aus dem es kein Entkommen gibt. Man müßte also anders ansetzen: Man müßte versuchen, die Ingredienzien zu identifizieren, die während der Individualentwicklung vom Ei bis zum Gehirn dafür sorgen, daß sich ein System ausbilden kann, welches sich in erster Linie selbst stabilisiert. Es muß ein System entstehen, das stabil und so intelligent ist – also so verschaltet ist –, daß es Leistungen erbringt, die denen von Hirnen ähnlich sind. Dieses System wird nicht unterhalb des Komplexitätsgrades realisierbar sein, den die Großhirnrinde erreicht hat. Nun ist man heute noch nicht einmal in der Lage, Teile eines Fliegenhirns zu simulieren, geschweige denn die Leistungen einer ganzen Fliege. Aber selbst eine Fliege ist noch weit von Kurzweils Phantasien entfernt.

Was müßte eine Simulation leisten?

Wenn man die Utopie der Simulation weiterspänne, müßte man für die Nachahmung eines einzigen Neurons einen Chip bauen, der 30 000 oder 40 000 Eingänge analog verrechnen kann, wobei all diese Kontakte nach bestimmten Lernregeln veränderbar sein müssen. Diese Regeln kennt man zwar schon recht gut und könnte sie implementieren. Man müßte aber noch eine Reihe von Kontrollmechanismen vorsehen, über die modulierende Systeme auf diese Neurone zugreifen können, um sie im richtigen Arbeitsbereich zu halten und dafür zu sorgen, daß nichts Beliebiges gelernt wird. Und schließlich müssen diese hochkomplexen »Biester« auf sehr kluge Weise über hidden layers miteinander vernetzt werden, damit intelligente Leistungen erbracht werden könnten.

Hidden layers, was ist das?

Das ist die mittlere Schicht in einfachen, dreischichtig strukturierten künstlichen Netzwerken. Sie liegt zwischen der Eingangs- und der Ausgangsschicht und wirkt wie ein Assoziativspeicher. Die Schaltelemente dieser Schicht sind über adaptive, lernfähige Verbindungen mit den anderen Schichten verkoppelt. Diese Verbindungen werden durch einen Lernmechanismus so lange verändert, bis ein bestimmtes Erregungsmuster in der Eingangsschicht ein gewünsches Muster in der Ausgangsschicht erzeugt. Mit solchen »neuronalen Netzen« lassen sich einfache Mustererkennungsaufgaben lösen. Dies funktioniert schon heute, und die Leistung dieser Netze kann weiter verbessert werden, sobald die Rechner, mit denen sie simuliert werden, schneller werden oder indem man analoge Chips als Netzelemente einsetzt. Aber dann ist immer noch nicht viel erreicht. Wir könnten längst sehr viel leistungsfähigere Maschinen bauen, denn die rein technischen Voraussetzungen sind nicht die Begrenzung. Was uns fehlt, ist Wissen über die Algorithmen, nach denen natürliche Gehirne ihre Funktionen erbringen. Das große Rätsel ist, was die Großhirnrinde im einzelnen macht, wie sie es macht, wie sie sich stabil hält und wie die vielen Teilfunktionen, die in ihren verschiedenen Arealen erbracht werden, letztlich gebunden werden.

Sie arbeiten hier am Max-Planck-Institut für Hirnforschung daran, das Gehirn zu verstehen. Die modernen Technologien zielen aber nicht mehr auf das Verständnis, sondern auf die pure Simulation. Sind Ihre Zielsetzungen nicht genauso utopisch wie die der modernen Technologien?

Das wird die Zukunft zeigen. Nach wie vor ist die Frage ungeklärt, ob sich ein kognitives System selbst erschöpfend beschreiben kann. Es ist relativ einfach, lineare Systeme zu analysieren – wie etwa die Bewegung von zwei sich gegenseitig anziehenden Planeten. Nehmen Sie aber dann das berühmte Dreikörperproblem: Wenn Sie drei Körper haben, die sich gegenseitig anziehen, ist es schon nicht mehr möglich, deren Dynamik langfristig vorauszuberechnen, weil nichtlineare Wechselwirkungen ins Spiel kommen. Nun stellen Sie sich vor, daß in einem Kubikmillimeter der Großhirnrinde etwa 40 000 Neurone liegen, von denen jedes einzelne mit weiteren 20 000 in Kontakt tritt. Diese Zellen sind nicht zufällig miteinander vernetzt, sondern auf hochselektive Weise, wobei sich diese Selektivität sowohl genetischen Instruktionen als auch postnatalen Erfahrungsprozessen verdankt. Diese postnatalen Lernvorgänge sind für die Ausbildung von Hirnfunktionen von entscheidender Bedeutung, werden aber von den meisten Utopisten übersehen. Wir wissen bislang wenig über die genaue Anordnung dieser Verbindungen. Schon gar nicht wissen wir – und können es im Augenblick mit unseren Methoden gar nicht wissen –, wie die einzelnen morphologisch sichtbaren Verbindungen funktionell gewichtet sind. Diese können sehr wirksam, aber auch sehr schwach sein. Das ist die kritische Variable in dieser sogenannten funktionellen Architektur: Es ist entscheidend, wer mit wem wie stark und ob erregend oder hemmend in Kontakt tritt. Und nun versuchen Sie, sich die Komplexität der Wechselwirkungen vorzustellen. Ich hatte über einen Kubikmillimeter geredet, aber die Gesamtfläche der Großhirnrinde erreicht fast einen dreiviertel Quadratmeter. Die aus dieser Komplexität entstehende Dynamik verstehen zu wollen liegt im Augenblick jenseits aller Möglichkeiten.

Diskutieren wir die künstliche Intelligenz einmal jenseits aller Neurobiologie. Ray Kurzweil hat behauptet, daß man durchaus von Intelligenz sprechen kann, wenn der Computer den Touring-Test besteht, wenn also bei einer Befragung seine Antworten im direkten Vergleich nicht mehr von denen eines Menschen zu unterscheiden sind. Halten Sie künstliche Intelligenz in diesem Sinne für möglich?

An erster Stelle wäre eine genaue Definition von Intelligenz notwendig, eine Definition, die nicht zirkulär von den Ergebnissen der Intelligenztests abgeleitet wird. Der Test fragt nur einen ganz winzigen Teil der Fähigkeiten ab, die ein Gehirn leisten kann. Mir ist der Test ein Ärgernis. Er prüft hochselektiv ein paar instrumentelle Fähigkeiten und beachtet kaum kulturelle Prägungen. Wenn man bedenkt, was eine streunende Katze leisten und richtig bewerten muß, um in Frankfurt zu überleben, dann erhält man bessere Kriterien für Intelligenz, für intelligentes Verhalten. Nun zu Kurzweils Definition: Wenn also der Computer mit mir einen Dialog führt, dann heißt das dann noch lange nicht, daß er damit Intelligenz beweist. Was sich über rationale Sprache transportieren läßt, ist wenig. Es wird damit doch nur dokumentiert, daß es möglich ist, einer Maschine die syntaktischen Regeln für den korrekten Umgang mit Sprachsymbolen einzuprogrammieren, aber selbst davon sind wir noch sehr weit entfernt.

Die Situation der Hirnforschung erinnert stark an die Zeit vor der Entdeckung der Erbsubstanz. Wenn man heute rekapituliert, was sich dort in relativ kurzer Zeit getan hat, fragt man sich doch, ob Ihr Pessimismus so berechtigt ist.

Ich glaube, er ist berechtigter denn je. Seitdem wir die Türen in die Welt der nichtlinearen Dynamik aufgestoßen haben, wissen wir zum ersten Mal, daß uns das Erbsenzählen und Buchstabieren nicht viel weiterbringt. So schön es ist, daß wir jetzt den genetischen Code haben, für das Verständnis des Lebendigen haben wir noch nicht viel gewonnen. In bezug auf die Frage, wie sich aus diesen Buchstabenfolgen Strukturen wie unser Gehirn entwikkeln, die irgendwann einmal »ich« sagen, haben wir etwas, aber noch längst nicht genug gelernt.

Die Entschlüsselung des Genoms ist für Sie kein Datum von Bedeutung?
Nein. Ich finde es politisch interessant. Es ist deshalb wichtig, weil hier zum ersten Mal weltumspannend bei einem Projekt durch Datensharing relativ selbstlos kooperiert wurde. Die Algorithmen, nach denen man die Entschlüsselung vollzog, waren interessante Neuentwicklungen, aber sie waren seit langem bekannt. Der Rest war Fleißarbeit.

Es gibt aber doch diese unglaubliche Aufbruchstimmung, die vor allen Dingen aus Amerika kommt. Bei Ihnen hingegen zeigt sich starke Skepsis. Was ist der Grund?
Soweit ich das bis jetzt überblicken kann, kommen die euphorischen Zukunftsherbeireder vorwiegend aus den Ingenieurwissenschaften. Die kommen also aus einem Bereich, der erfolgsgewohnt weiß: Wenn ein Problem analytisch gelöst ist, dann ist die Konstruktion eines guten Produktes nur noch eine Frage des Designs, der Zeit. Wenn alles Notwendige bekannt ist, funktioniert das auch. Und wenn, wie das in den Vereinigten Staaten derzeit der Fall ist, der Kongreß davon überzeugt werden soll, nicht nur in die Genom- und Hirnforschung zu investieren, sondern auch in die Informations- und Nanotechnologie, dann muß man halt Propaganda machen und dem Machbarkeitswahn frönen. Doch in der Hirnforschung gibt es noch zu viele ungeklärte Fragen.

Welches sind Ihrer Meinung nach die dringendsten Fragen in der Neurobiologie?

Wir wissen beispielsweise noch nicht, wie der neuronale Code im einzelnen beschaffen ist. Wir wissen noch nicht, wie das Gehirn die Inhalte repräsentiert, die es wahrnimmt und über die es spricht. Eine klassische Hypothese, die uns Jahrzehnte geleitet hat, ging davon aus, daß Wahrnehmungsobjekte durch die Aktivität einzelner für das jeweilige Objekt zuständiger Nervenzellen repräsentiert werden. Wenn also ein Aschenbecher zu sehen ist oder eine Schale, dann sollte jeweils nur das jeweilige Neuron aktiv werden, das für diese Objekte prädisponiert ist. Die Computerwissenschaftler haben natürlich auch gedacht, daß es so sein müßte, und haben Maschinen gebaut, die auf diesem Prinzip beruhten. Das Ergebnis kennen wir, es hat nicht sonderlich gut funktioniert. Inzwischen wissen wir, daß die Repräsentationen sehr viel dezentraler und dynamischer organisiert sind.

Bei Computern gibt es ja diese hierarchischen Systeme, die irgendwo ein Zentrum haben.
Diese gibt es im Gehirn eben nicht.

Gibt es im Gehirn keine Kontrollinstanz?
Nein, und das ist eines der zentralen Probleme. Das von unserer Intuition postulierte kartesianische Konvergenzzentrum gibt es nicht. Es gibt keinen Ort, wo alles zusammenläuft und interpretiert wird, wo entschieden und geplant wird, wo der Homunkulus zu finden wäre, der »ich« sagt. Vielmehr finden wir eine Fülle verschiedener Areale, die alle nur bestimmte Teilfunktionen erfüllen und aufs engste miteinander vernetzt sind. Aus dem Zusammenspiel aller dieser verteilten Prozesse entstehen dann auf geheimnisvolle Art kohärente Wahrnehmungen, koordiniertes Verhalten und letztlich auch Bewußtsein. Niemand kann zur Zeit befriedigend erklären, wie das vor sich geht.

Wir kennen diesen neuronalen Code zwar nicht. Aber wäre es nicht doch vorstellbar, eine künstliche Intelligenz ohne ihn zu erzeugen?

Nein. Wenn irgend jemand aufträte, der genügend Phantasie hat, um eine Maschine zu bauen, die das gleiche kann wie ein Gehirn, dann wäre dies phantastisch. Nur ist so jemand nirgends sichtbar. Und wenn ich jemanden suchte, der solche Visionen haben könnte, dann würde ich ihn in den Reihen der Hirnforscher vermuten.

Könnten nicht in der Zusammenarbeit von Hirnforschung, Robotik, Computertechnologie oder Gentechnologie neue Impulse entstehen, die gerade der Neurobiologie dienlich wären?
Sicher. Wir nutzen schon heute all diese methodischen Möglichkeiten. Hirnforscher benötigen zum Beispiel riesige Rechenkapazitäten, um die komplexen Muster zu analysieren, die uns entgegenbranden, seit wir nicht mehr nur von einer einzelnen Nervenzelle ableiten, sondern von vielen gleichzeitig. Hier eröffnet sich ein hochdimensionaler Datenraum, der sich ohne diese Rechenmaschinen einfach nicht bewältigen ließe. Die Hirnforschung, die wir heute betreiben, hätten wir vor zwanzig Jahren schon wegen mangelnder Rechenkapazität nicht durchführen können.

Im Vergleich zu Ihrer Studienzeit hat sich doch so manches dramatisch verändert. Riesige Summen an Kapital fließen seit den achtziger Jahren in die neuen Wissenschaften. Geld beschleunigt doch die Entwicklungen.
Natürlich, deshalb schlagen ja auch Lobbyisten wie Kurzweil die Werbetrommel. Wenn ich angeben soll, was sich geändert hat, seitdem ich mit Wissenschaft in Berührung kam, dann gilt zumindest für die Hirnforschung die Erkenntnis, daß alles sehr, sehr viel komplizierter zu werden droht, als wir uns das vor zwanzig Jahren gedacht haben. Wir hatten damals relativ einfache Konzepte. Und jetzt erkennen wir, daß wir diese lineare Welt verlassen und eintreten müssen in die Welt der komplexen Systeme. Wir müssen uns in einer Welt bewegen, in der die Meßdaten, die wir bekommen, analytisch nicht mehr vollständig beschreibbar sind, weil es die Mathematik dazu noch nicht gibt. Ich spreche sehr viel mit

Kollegen, die sich mit komplexen Systemen befassen, und frage, ob sie geeignete Instrumente haben, um den Code neuronaler Dynamik zu entschlüsseln. Ich pflege dann zu hören, daß auch diese Spezialisten keine Lösungen anbieten können und schon froh wären, wenn sie die Turbulenzen berechnen könnten, die die Windräder an der Nordseeküste gefährden. Seitdem wir begonnen haben, uns mit der Dynamik neuronaler Wechselwirkungen zu befassen und mit den Problemen, die mit der hochgradigen Vernetzung von Prozessen im Gehirn einhergehen, wie zum Beispiel dem Bindungsproblem, breitet sich Bescheidenheit aus.

Was versteht man unter dem Bindungsproblem?
Das Bindungsproblem resultiert aus der distributiven Organisation des Gehirns und dem Fehlen eines singulären Koordinationszentrums. Die Ergebnisse der vielen, gleichzeitig ablaufenden Sinnesfunktionen werden parallel an die ebenfalls zahlreichen exekutiven Zentren weitergegeben, ohne daß vorher alle Informationen an einem Ort zusammengeführt würden. Wie dennoch ganzheitliche Wahrnehmung und wohlkoordinierte Bewegungen zustande kommen, ist unklar. Es muß Metarepräsentationen für die Ergebnisse dieser Teilprozesse geben, doch diese können ebenfalls nur nichtlokale Gebilde sein, also wiederum einem distributiven Prinzip folgen. Wir vermuten, daß die Einbindung verteilter Neuronengruppen in diese Metarepräsentationen durch die zeitliche Synchronisation neuronaler Antworten erfolgt. Die Signatur, welche die Aktivität verteilter Neuronengruppen zusammenbindet, wäre die präzise zeitliche Synchronisation der entsprechenden Aktivitätsmuster. Die Metarepräsentationen wären also dynamische Gebilde mit räumlicher und zeitlicher Dimension, und dies sollte dann auch für die Inhalte des Bewußtseins gelten.

Stanislaw Lem schrieb einmal eine Erzählung, in der er sagt, wenn es etwas gibt, was hinter diesen ganzen Phänomenen in der Welt im Universum steckt, dann ist das Gehirn so etwas wie die Blaupause vom Weltgeist. Was sagen Sie dazu?

Es gibt ja die evolutionäre Erkenntnistheorie, die sagt, wir seien trotz aller Bedenken in der Lage, Wahres zu erkennen. Dabei ist jetzt nicht die kantsche Definition gemeint. Vielmehr geht es um die Annahme, daß unsere Erkenntnisse zutreffend sind, weil sich unsere kognitiven Systeme in dieser Welt entwickelt und an deren Bedingungen angepaßt haben. Dabei hätten unsere kognitiven Systeme gelernt, nach Regeln vorzugehen, die zutreffend sind, also den Gesetzen draußen in der Welt entsprechen. Dies kann, muß aber nicht so sein. Denn wir wissen auch, daß das Gehirn sehr idiosynkratisch vorgeht, wenn es Wirklichkeiten interpretiert. Es macht fortwährend Interferenzen, die, physikalisch betrachtet, nicht zutreffen, sich aber in der Praxis bewähren. Ob im Morgen- oder im Abendlicht, die gleiche Rose erscheint uns im gleichen Rot, ungeachtet der Tatsache, daß sie wegen der verschiedenen Beleuchtungsbedingungen in ganz verschiedenen Spektralbereichen erstrahlt. Der Grund ist, daß wir unsere Farbbewertung auf Vergleiche mit umgebenden Farbflächen stützen, in diesem Fall also vielleicht auf Vergleiche mit den grünen Blättern, und nicht auf die Messung absoluter Wellenlängen des Lichtes. Unsere Wahrnehmungen sind reine Interpretationen. Sollen wir also der Physik glauben oder uns? Im Grunde sind beide Beschreibungen richtig. Wir sind es doch, die wahrnehmen, und wir haben auch die Physik erfunden. Was das Beispiel lediglich zeigt, ist, daß unsere Wahrnehmungsvorgänge in hohem Maße konstruktivistisch und eben nicht abbildend sind.

Ist die Wahrnehmung so etwas wie der richtige Schlüssel zum Verständnis des Gehirns? Genügt es, ihre Funktionen verstanden zu haben?
Ich denke, ja. Die Großhirnrinde ist erstaunlich monoton aufgebaut, dies ist ein Faszinosum. Die interne Organisation der Hirnrinde, die sich mit der Verarbeitung visueller Reize befaßt, ist praktisch identisch mit der von Bereichen im Präfrontalhirn, in denen die Kurzzeitspeicherung erfolgt, oder mit der von Sprachzentren. Somit wäre viel erreicht, wenn wir wüßten, wie die Großhirn-

rinde Wahrnehmungsfunktionen realisiert. Wir könnten dann auf andere Bereiche extrapolieren. Wenn wir zum Beispiel das Bindungsproblem am Beispiel der visuellen Objekterkennung lösen, dann haben wir vermutlich die Lösung für alle Bindungsprobleme in der Hand. Und dann wären wir einen großen Schritt weiter.

Müssen wir jetzt also annehmen, daß Sie wie Kolumbus mitten auf dem Ozean umdrehen wollen, statt weiter die Küste zu suchen?
Nein. Ganz und gar nicht. Wir wissen genau, wo wir hinwollen, wir wissen auch, was wir dafür tun müssen, wir wissen aber auch, daß der Weg dahin wesentlich schwieriger werden wird, als wir noch vor wenigen Jahren dachten.

Eine abschließende Frage: Freuen Sie sich nicht über das momentane öffentliche Interesse an den Naturwissenschaften?
Doch. Bisher hatten wir einen dramatischen Mangel an Vermittlung zwischen dem, was in den Wissenschaften abläuft, und dem, was die Gesellschaft zur Kenntnis nimmt. Aber wir müssen aufpassen. Wir dürfen keine falschen Hoffnungen wecken. Wissenschaft ist ein nachdenkliches Geschäft, ein vorsichtiges, sie lebt vom methodischen Zweifel. Das ist auch der Grund, warum Wissenschaft und Politik gelegentlich schlecht zusammengehen. Da treten nicht nur Strukturprobleme auf, sondern auch intellektuelle Probleme. Politiker müssen handeln, oft auf unsicherer Datenbasis entscheiden und Meinungen durchhalten, wollen sie nicht als schlechte, zögerliche Politiker gelten. Wissenschaftler müssen genau das Gegenteil tun. Sie müssen trotz überzeugender Datenlage immer noch skeptisch sein und die Dinge fünfmal von verschiedenen Seiten betrachten, bevor sie es wagen können, eine Beobachtung als Erkenntnis auszugeben. Daran gewöhnen sie sich, weil sie ständig enttäuscht werden. Wir gehen ständig durch Wechselbäder: Heute glauben wir, wir hätten es, zwei Tage später müssen wir dann einsehen, daß die Idee nicht gefruchtet hat. Es klopft einem dabei das Experiment auf die Finger oder auch

gründliches Nachdenken oder der Befund eines Kollegen. Dies ist unser Alltag, und deshalb die Vorsicht und auch die Skepsis gegenüber den meist kurzlebigen Propagandaprognosen kurzweilscher Lesart.

Die Fragen stellten Claudia Brosseder, Joachim Müller-Jung und Frank Schirrmacher.
Wolf Singer vom Max-Planck-Institut in Frankfurt ist einer der weltweit renommiertesten Hirnforscher.

24. August 2000

Manche Experimente sollten wir nur auf dem Mond wagen

Ein Gespräch mit Bill Joy

Mit Ihrem Essay haben Sie jetzt auch in Deutschland einige Aufregung verursacht. Vieles, was Sie da sagen, klingt vielen nach Science-fiction. Halten Sie wirklich das Szenario von einem Roboter, dem ein geklontes menschliches Hirn eingepflanzt wird, für realistisch?
Es gibt Leute, die das für unmöglich halten. Ich gehöre nicht dazu. Für mich ist es klar, daß wir in – sagen wir – fünfzig Jahren einen Supercomputer herstellen können, dessen Rechenleistung der unseres Gehirns ebenbürtig ist.

Schon in fünfzig Jahren?
Manche Leute sagen fünfzig, andere dreißig. Seit kurzer Zeit gibt es Maschinen mit rudimentärer Intelligenz. Sie können lernen, aber auch aus dem Gelernten heraus agieren und reagieren. Unter den richtigen experimentellen Voraussetzungen könnten solche Maschinen höhere Intelligenz recht schnell aufnehmen. Ich sehe nicht ein, warum das nicht innerhalb von fünfzig Jahren erreicht werden sollte. Ob wir dann auch unser Bewußtsein – was immer das sein mag – in solch eine Maschine verpflanzen können, ist wahrscheinlich schwieriger.

Was verstehen Sie unter Bewußtsein?
Roboter könnten sich auf mindestens drei Arten vom Menschen unterscheiden. Zunächst würden sich Roboter asexuell vermehren, Roboter brauchen keinen Sex. Sie würden ihre Erfahrungen von Generation zu Generation vererben. Das Erbe bräuchte nicht kulturell weitergegeben zu werden. Ein Roboter, der Deutsch spricht, kann diese Sprache einem anderen Roboter beibringen, völlig ohne Mithilfe der Kultur – ganz im Sinne der Vererbungslehre von Lamarck. Es ist zudem nicht klar, ob Roboter

überhaupt ausgeprägte Individuen sein können. Sie könnten eine Art Geist haben, weil sich ihre Gedanken irgendwie überschnitten. Allein wegen dieser drei Unterschiede wird ein Roboter nicht einem Menschen gleichen. Ein Roboter kann vielleicht so programmiert werden, daß er eine bestimmte Person nachahmt, aber mehr auch nicht. Im Rahmen jener Technologien, mit denen Roboter gebaut werden können, ist der Mensch keine »natürliche Lebensform«.

Diese robotischen Wesen könnten die Menschheit aber immer noch gefährden.
Ohne Zweifel, denn es ist eine Frage der Macht. Die Gefahr hat zwei Ursachen: Entweder ist eine andere Spezies mächtiger als der Mensch oder die Technologie ist sehr mächtig. Beides ist sehr schwierig zu beherrschen. Wenn die Roboter so stark werden, daß sie einzelne Menschen überwältigen können, dann ist die gesamte Menschheit in Gefahr. Der Mensch wäre in einer ähnlichen Situation wie heute die anderen Primaten. Weil die Menschen derart mächtig sind, haben die Affen keine effiziente Möglichkeit, sich gegen den Menschen zu wehren. Wildaffen sind deshalb vom Aussterben bedroht. Ebenso könnten wir von mächtigen Robotern bedroht werden. Hans Moravec führt das in seinem Buch sehr schön aus. Einige seiner Thesen klingen nach verrückter Science-fiction, aber seine Analyse zu diesem Thema ist völlig vernünftig.

In Ihrem Essay haben Sie eine Vielzahl möglicher und sogar wahrscheinlicher Gefahren für eine drohende Apokalypse angeführt. Am Ende aber scheinen Sie doch wieder davon überzeugt zu sein, daß wir genügend Zeit haben und noch lernen werden, mit den neuen Technologien friedlich zu koexistieren. Woher kommt dieser Optimismus?
Wir stehen zwar vor einer sehr großen Herausforderung, aber wir leben in einer Zeit des Weltfriedens. Obwohl es zahlreiche regionale Konflikte gibt, ist die globale Lage relativ ruhig. Die

Wirtschaft – zumindest hier in den Vereinigten Staaten – ist stark, und ein großer Teil der Bevölkerung profitiert davon. Wir besitzen viele Ressourcen, und die Industriestaaten nutzen ihre Möglichkeit, eine Führungsrolle zu übernehmen. Unsere internationalen Institutionen funktionieren innerhalb des bestehenden Wirtschaftssystems recht gut. Es gibt viele intelligente Leute auf der Welt, die über das Internet ihre Ideen austauschen können. Was fehlt und was wir unbedingt entwickeln müssen, ist ein Mechanismus, der uns die Folgen unseres Handelns abschätzen läßt. Mit den neuen Technologien läßt sich sehr viel Geld verdienen, aber wir kennen das Risiko nicht, das damit verbunden ist. Schauen Sie sich doch die Umwelt an. Wir haben mit den alten Technologien ungeheuer viel Profit gemacht, haben dabei aber der Umwelt großen Schaden zugefügt. Jetzt kostet es mehr, als wir je verdient haben, diese Schäden zu beseitigen.

Sie schlagen in Ihrem Essay vor, die Entwicklung neuer, gefährlicher Technologien aufzugeben und sogar das Streben nach bestimmten Arten von Wissen einzuschränken. Wie wollen Sie das erreichen?
Das kann auf mehrere Arten geschehen, obwohl nichts das Risiko völlig eliminieren wird. Ich kann mir vorstellen, daß Wissenschaftler und Ingenieure einer starken Berufsethik verpflichtet sein müssen. Der Atomphysiker Hans Bethe schlägt dazu einen hippokratischen Eid für Wissenschaftler vor. Man kann auch an eine ökonomische Rückkopplung denken, beispielsweise für Unternehmen, die an potentiell gefährlichen Technologien arbeiten. Solche Firmen müssen sich gegen katastrophale Auswirkungen dieser Technologien versichern. Die Versicherungsgesellschaften würden dann jeweils in einer Art Technologiefolgeabschätzung das Risiko bestimmen.

Wollen Sie denn etwa, daß die Versicherungen bestimmen, wie unsere Zukunft aussieht?
Nein, das nicht. Ein internationales Gremium könnte das Risiko

neuer Technologien abschätzen und daraus Richtlinien entwik-keln. Manche dieser Technologien könnten zu gefährlich sein, als daß sie sich versichern ließen.

Welche Art von Gremium schlagen Sie vor?
Es könnte so strukturiert sein wie das Office of Technology Assessment in Washington. Es ist mit Fachleuten besetzt, die selbst an den kritischen Fragen forschen und dann zu einem Konsens kommen. Allerdings reicht es nicht aus, wenn die dabei gefundenen Richtlinien nur veröffentlicht werden. Wir brauchen auch wirtschaftliche Signale. Unternehmen, die sich mit neuen Technologien beschäftigen, müssen das mit ihrer Tätigkeit verbundene Risiko abdecken. Wir müssen wirtschaftliche Initiativen schaffen, damit sich die Leute mit Technologien beschäftigen, die weniger riskant sind. Manches ist so gefährlich, daß wir uns damit nur unter kontrollierten Bedingungen beschäftigen dürfen.

Wird eine Kontrolle denn nicht die Informationsfreiheit ein-schränken?
Ich sehe eine große Gefahr darin, wenn alle Menschen Zugang zu allen Informationen haben – wie es über das Internet möglich ist. Es ist beispielsweise keine gute Idee, jedem den Zugang zu den Bauplänen von Atombomben zu geben. Oder im Bereich der Biologie sehe ich keinen Vorteil darin, wenn jedermann Zugang zur kompletten Gensequenz des Pockenvirus hat. Es wird gewiß Wissenschaftler geben, die damit arbeiten wollen, aber wir müssen einen international anerkannten Kontrollmechanismus schaffen, so daß diese Informationen nicht in jedermanns Hände gelangen. Wenn Unternehmen kommerziell damit arbeiten wollen, müssen sie sich vorher einer Kontrolle unterziehen und versichern.

Sie wollen also eine Elite schaffen, die Zugang zu sonst gehei-men Informationen hat?
Ich sehe ein, daß viele Leute dieses Konzept nicht akzeptieren werden, denn bisher waren wissenschaftliche und technische

Informationen weitgehend frei verfügbar. Aber einige der neuen Technologien sind so gefährlich, daß sie die Biosphäre zerstören können. Es gibt sogar Dinge, die wir völlig unterlassen sollten, selbst im Laboratorium. Manche Zweige der Nanotechnologie sind derart gefährlich, daß ich sie auf der Erde überhaupt nicht entwickeln würde – vielleicht auf dem Mond oder anderswo, weit weg.

Wo ordnen Sie sich selbst im Spektrum zwischen den apokalyptischen Visionen des Unabombers und dem Fortschrittsglauben ihres Kollegen Ray Kurzweil ein?
Die Ideen des Unabombers beunruhigen mich nicht so sehr. Ich sehe eine viel größere Gefahr darin, zu vielen Leuten zuviel Macht zu geben. Nehmen Sie beispielsweise das Internet. Das ist eine wirklich nützliche Technologie, aber es gibt viele verrückte Leute, die damit Unfug treiben. Wir brauchen technologische Entwicklung, aber wir müssen Schaden vermeiden. In diesem Sinne stimme ich mit Ray Kurzweil überein: Wir können von den neuen Technologien profitieren. Ich verstehe aber nicht, warum er sich keine Sorgen über die extrem großen Gefahren macht, die in vielen Technologien stecken. Es kann passieren, daß wir Nutzen aus diesen Technologien ziehen – und uns kurze Zeit später selbst zerstören, weil wir die darin steckenden Gefahren unterschätzt haben. Dennoch bin ich ein vorsichtiger Optimist. Durch Änderung unseres Verhaltens und unserer Institutionen können wir die Gefahr reduzieren, aber ausschließen können wir sie nicht.

Ist der Wunsch nach Unsterblichkeit der Urantrieb für Sie und Ihre Kollegen, und, wenn ja: Wird dieser brennende Wunsch uns nicht daran hindern, von technologischen Experimenten Abstand zu nehmen, die dem Individuum zwar ein ewiges Leben versprechen, aber uns auch ins kollektive Verderben führen könnten?
Ray Kurzweils Sorglosigkeit konnte ich nie verstehen. Erst als ich sein Buch unter dem Gesichtspunkt der Suche nach Unsterblich-

keit noch einmal las, habe ich ihn verstanden. Es gibt viele Wissenschaftler, für die nichts wichtiger ist als die Suche nach Wahrheit. Diese Leute akzeptieren nicht, daß der Unterschied zwischen Grundlagenforschung und Anwendung immer mehr verschwimmt. In den meisten Zweigen der Naturwissenschaft ist die Zeitspanne zwischen Entdeckung und technischer Anwendung sehr kurz geworden, oft geschieht beides sogar gleichzeitig. Es gibt praktisch keine Naturwissenschaft ohne Anwendung mehr. Dennoch verhalten sich viele Wissenschaftler so, als reichte die Suche nach der Wahrheit aus und als bräuchten sie nicht über ihre Entdeckungen nachzudenken. Noch folgenreicher ist aber unser Wirtschaftssystem, in dem lokal Profite gemacht werden ohne Rücksicht auf die globalen Auswirkungen.

Glauben Sie denn, daß in unserer fragmentierten, profitgierigen Welt noch ein kollektiver Handlungswille aufzutreiben wäre und dazu eine heroische Wissenschaft, die sich selbst Grenzen auferlegt?

Wenn wir nicht zu einer kollektiven Übereinkunft kommen, droht uns ganz klar die Gefahr, ausgelöscht zu werden. Bislang haben wir diese Organisationsform noch nicht ausprobiert. In der Aufklärung ging es um die Bedürfnisse des Individuums, um seinen Eigennutz und seine Macht. Jetzt ist es nicht mehr wahr, daß das Individuum zuviel Macht besitzt. Die Wissenschaft der Technologie verleiht der Phantasie Macht und damit jedem einzelnen Menschen. Darum muß die Balance zwischen Individuum und Kollektiv zurückgeführt werden auf einen kollektiven Mechanismus. Nur so läßt sich die Gefahr fürs Individuum bannen. Wir leben nun einmal in einer zivilisierten Gesellschaft, will heißen, wir verzichten auf etwas, um etwas anderes, das uns Sicherheit und gewisse Vorteile in Aussicht stellt, dafür zu bekommen. Die Gesellschaft aber kann uns nicht vor anderen Leuten schützen, weil die neue Technologie so übermächtig geworden ist und der grundlegende Kompromiß aus dem achtzehnten Jahhundert seine Gültigkeit verloren hat. Das ist, ich weiß es, eine kühne Aussage. Aber die Wissenschaft muß nun die Basis für einen neuen Gesellschaftsvertrag liefern.

Sind nicht Ihre Vorstellungen von »Brüderlichkeit« und »Altruismus« die wahren Utopien, im Grunde noch weit kühner als alle technologischen Phantasien der Robotik und Nanotechnik?
Das »ewige Leben« ist in sich ein ewiger Widerspruch, denn der Tod ist ein Teil des Lebens. Ein Leben ohne Tod ist kein Leben, wie wir es kennen. Am Ende dieses Jahrhunderts wird sich die Welt gründlich verändert haben, egal was passiert. Wahrscheinlich wird es mit der materiellen Armut ein Ende haben, überall auf der Welt wird die Lebenserwartung steigen und ein großer Teil der körperlichen Arbeit von Robotern verrichtet werden. Diese Veränderungen können zu ähnlichen wirtschaftlichen und gesellschaftlichen Umbrüchen führen, wie wir sie in der industriellen Revolution erlebt haben. Es kann zu Revolutionen kommen, totalitäre Regime können sich etablieren. Die Leute aber verlangen Schutz und Sicherheit.

Sie scheinen nicht der Meinung zu sein, daß die neuen Technologien sämtliche traditionelle Wertvorstellungen über den Haufen werfen. Sogar vor Begriffen wie »Humanismus« und »Common sense« scheuen Sie nicht zurück.
Ich habe nie an eine libertäre oder anarchische Weltsicht geglaubt. Das Problem heute ist, daß unsere kulturellen Institutionen von einer sich beschleunigenden Technik überholt werden. Die Technik schreitet schneller voran als unsere Fähigkeit, neue Institutionen zu schaffen. Deshalb müssen wir in den bestehenden Institutionen die Probleme angehen. Wir können nicht erst überlegen, ob wir eine neue Regierungsform oder womöglich gar keine Regierung brauchen. Das geht nicht. Wir müssen realistisch sein. Zumindest in Europa und den Vereinigten Staaten gibt es Institutionen, die sich mit der Abschätzung der Technologiefolgen beschäftigen. Wir haben Gruppen unabhängiger Experten, wir haben Versicherungen, wir haben wissenschaftliche Organisatio-

nen. Viele dieser Institutionen könnten die nötigen kulturellen Veränderungen herbeiführen. Das wäre viel realistischer, als zu sagen: Wir werden kein Urheberrecht mehr haben, keine Regierung, wir wissen nicht, was auf uns zukommt – Chaos, wahrscheinlich.

Was bedeutet das für die wissenschaftliche Forschung?
Einige Bereiche, beispielsweise in der Nanotechnologie, sind so gefährlich, daß wir die Finger völlig davonlassen sollten. Die Frage ist, wie wir das am besten anfangen. Wir brauchen eine Barriere, wir brauchen Kontrolle über gewisse Informationen, über das Wissen und die Forschungsgeräte, zumindest müssen wir den Zugang erschweren. Deshalb schlage ich vor, daß wir die Forschung auf manchen Gebieten unterlassen, daß wir den Zugang zu gewissen Forschungsergebnissen einschränken – wie beispielsweise bei den Atomwaffen. Wir müssen einen Weg finden, daß auch privatwirtschaftliche Unternehmen in einem kontrollierten Rahmen forschen können. Ich sehe keine realistische Möglichkeit, alle wirtschaftlichen Aktivitäten auf diesen kritischen Gebieten zu unterbinden. Aber wir müssen die freie Verfügbarkeit der dabei gewonnenen Erkenntnisse einschränken. Der beste Kompromiß wären Sicherheitslaboratorien unter internationaler Kontrolle.

Welche technologischen Fortschritte sind für Sie besonders aufregend?
Auf meinem eigenen Gebiet finde ich die Handy-Anwendungen besonders aufregend, zudem im Internet die vielen Webseiten, die unser Leben angenehmer machen. Interessant sind auch einige Entwicklungen in der Medizin. Dabei verkenne ich nicht die damit zusammenhängenden Probleme, zum Beispiel die regelrechte Sucht einiger Leute nach dem Internet. Es gibt in der Tat einen Unterschied zwischen der primitiven Form des Alltagslebens und dem Streben nach Nützlichkeit, das gefährliche Folgen haben kann. Danny Hillis hat einmal gesagt: »Das Angebot,

zweihundert Jahre alt zu werden, würde ich bestimmt nicht ablehnen.« Nur besteht das Problem darin, daß vielleicht die gesamte Menschheit ihre Existenz aufs Spiel setzt, nur weil ein paar Menschen ihren zweihundertsten Geburtstag feiern wollen. Das ist für mich unannehmbar. Wir können mit den neuen Technologien so umgehen, daß wir die Lebenserwartung erhöhen. Aber das muß im verantwortungsbewußten Rahmen geschehen. Ich hätte sonst nichts dagegen, länger zu leben.

Aber das ist nicht Ihre Urmotivation.
Nein, gewiß nicht. In meiner Familie haben viele bis zum Alter von etwa 95 Jahren in Würde gelebt. Danach wurde es sehr schwierig. In diesem Alter kommt es zum allmählichen Zusammenbruch vieler Körperfunktionen. Wir können zwar einzelne Zelle unsterblich machen, haben aber damit noch keinen kompletten Organismus. Es bleibt noch viel zu tun, nicht nur um die Lebenserwartung zu erhöhen, sondern auch die Lebensqualität im hohen Alter.

Der Zauberlehrling konnte in höchster Not noch seinen Meister herbeirufen. Diesen Luxus haben wir nicht mehr. Wer rettet uns nun vor uns selbst?
Die Reaktion des Pastors unserer Kirche war sehr interessant, nachdem er mich in einer Talk-Show im Fernsehen gesehen hatte. Aus der Bibel, so meinte er, sollten wir die Lehre ziehen, daß Gott uns persönliche Verantwortung gegeben habe. Wir haben jetzt die Fähigkeit, uns selbst zu zerstören, aber wir haben auch einen freien Willen und tragen damit Verantwortung. Wer an Gott glaubt, sollte nicht darauf warten, daß Gott zu ihm kommt und ihn rettet. Denn das hieße, der Mensch wolle weder einen freien Willen haben noch persönliche Verantwortung tragen. Ich sehe nicht, wie Menschen ohne gegenseitiges Vertrauen und Verantwortung zusammenleben können. Das Szenario, das ich in meinem Essay umrissen habe, ist ein Test für die Philosophie. Ich habe gezeigt, daß Wissen gefährlich sein kein. Eine Tat-

sache, die auch als Fehler, als ein Makel der Wissenschaft zu begreifen ist.

Aber es ist noch nicht zu spät, eine Wende in unserem Denken und Handeln herbeizuführen?
Nein, in diesem Sinne bin ich Optimist. Wenn ich daran nicht glaubte, würde ich meine Zeit nicht mit warnenden Reden verschwenden. Aber ich bin sicher, daß es Leute gibt, die darüber nachgedacht haben und zu dem Schluß gekommen sind, lieber zu schweigen.

Zum Beispiel wer?
Albert Schweitzer hat, so glaube ich, einmal gesagt, daß der Mensch die Fähigkeit zur Weitsicht und zur Vorbeugung verloren hat, selbst im Hinblick auf die Zerstörung des Planeten. Ich meine aber, daß es uns gelingen könnte, die Lage in den Griff zu bekommen. Wir haben diese mächtigen Technologien und können sie – wenn wir den Bogen nicht überspannen – zu unser aller Nutzen einsetzen. Dabei müssen wir mit Bedacht vorgehen und den Weg der kollektiven Vernunft einschlagen. Das haben wir noch nie zuvor versucht. Ich streite nicht ab, daß das eine große Herausforderung ist. Aber angesichts der Alternative und überhaupt bin ich nicht bereit zu resignieren.

Die Fragen stellten, die Antworten übersetzten Jordan Mejias und Horst Rademacher.

13. Juni 2000

III.
Nanotechnologie

Frank Schirrmacher

HALs Erbschaft
Bill Joys Wille und Vorstellung: Captain Kirk als Erzieher

Wahrscheinlich, sagt sich der Besucher, wahrscheinlich sind Bill
Joys Sorgen nichts weiter als Science-fiction. Vermutlich handelt
es sich um die Ängste eines entlaufenen Ingenieurs. In dieser Stimmung nahm er befriedigt zur Kenntnis, daß es auf Bill Joys wilde
Ängste eine Entgegnung gab. Sie stammt von Robert A. Freitas
und ist unter dem Titel »Some Limits to Global Ecophagy« auch
im Internet abrufbar. Freitas reagiert auf die Befürchtung, Nano-
Roboter könnten sich unkontrolliert auf der Erde vermehren.

Eine Erwiderung, die Joy in das Reich der Science-fiction ver-
weist – wer hätte nicht darauf gewartet? Die Antwort auf Bill Joy
umfaßt dreißig Seiten. Darin sind umfangreiche Berechnungen.
Aber diese Berechnungen sagen nicht, daß es unmöglich ist, atomare Nanoboter zu bauen. Sie sagen vielmehr, woran man mer-
ken wird, daß sie sich unkontrolliert vermehren, und was man
dagegen unternehmen kann. Freitas berechnet, wie man anhand
der Erderwärmung die Ausbreitung von Nanobotern messen
könnte. Er berechnet den Energieverbrauch aller Insekten und
aller Vögel auf der Erde. Freitas Papier liegt bereits den amerikanischen Behörden vor, die Präsident Clintons Nano-Initiative befördern sollen. Es ist eine Empfehlung an die Politik.

Das Erstaunliche an dieser wissenschaftlichen Debatte ist, daß
sowohl Joy wie auch Freitas von einer Technologie reden, die im
Augenblick noch nicht einmal in Ansätzen realisierbar erscheint.
Und dennoch stimmen beide überein, daß sie die nächste industrielle Revolution markieren wird. Joy voller Besorgnis, Freitas
voller Hoffnung.

Robert Freitas ist keine vierzig Jahre alt. Er hat im Auftrag der
Nasa eine umfangreiche Untersuchung zu selbstreproduzieren-
den Systemen bei langen Raumflügen verfaßt. Soeben hat er den

ersten Band seiner »Nanomedizin« veröffentlicht, einer Wissenschaft, die es ebenfalls noch nicht gibt, aber in diesem Werk bis in die Details beschrieben wird. Er ist ein stiller, ganz und gar unspektakulärer Wissenschaftler. Zu seinen mächtigen Förderern zählt der Nobelpreisträger R. E. Smalley, der in seinem Vortrag »Nanotechnologie und die nächsten fünfzig Jahre« entscheidend zur Etablierung der neuen Wissenschaft beigetragen hat. Ray Kurzweil und Ralph Merkle gehören ebenfalls zu denjenigen, die es schwierig machen, Robert Freitas einen Phantasten zu nennen. »Wir müssen lernen«, so sagte Smalley in seinem Vortrag, »wie man Maschinen und Materialien baut, wie es das Leben selber tut: Atom bei Atom, auf dem gleichen Nanometer-Maßstab, wie bei der lebendigen Zelle.« »Dies werden wir lernen«, sagt Freitas.

Freitas hat Joy geantwortet, weil er dessen Sorgen für berechtigt hält. »Wir tun genau das hier«, sagt er in einem bunkerähnlichen Pavillon bei Dallas. Die Firma Zyvex nennt sich selbst das erste private molekular und nanotechnisch ausgerichtete Unternehmen in Amerika. Sie bauen keine Nanobots – aber das, so sagt Freitas, ist nur eine Frage der Zeit. »Wir können schon einzelne Atome mit unseren Zangen bewegen«, sagt er, »aber wir können sie noch nicht genau da ablegen, wo wir sie ablegen wollen.« Gelänge das, ließe sich theoretisch jedes Material neu erschaffen. Im Augenblick baut Zyvex das Werkzeug. Zangen, die 0,5 mm lang sind und sich tausendmal in der Sekunde öffnen und schließen.

Der Besucher überläßt den Artikel über Möglichkeiten und Risiken der Nanotechnologien seinem kundigen Kollegen. Ihn interessiert neben dem Gespensterdialog zwischen Joy und Freitas, wie die Phantasie beschaffen ist, aus der die neue Wirklichkeit entsteht. »Ich war ein totaler Trekkie«, sagt Freitas und meint damit: ein Fan der Serie »Raumschiff Enterprise«.

Wer fassen will, was augenblicklich in der neuen Twilight-Zone zwischen Wissenschaft, Phantasie und Politik entsteht, muß solche Bekundungen ernst nehmen. Die großen Epen des futuristischen Films und der Literatur haben diese vierzigjährigen Wissenschaftler geprägt wie die Generation Heinrich Schliemanns die

Epen Homers. Sie haben die Ausbildung und – dank der New Economy – die enormen finanziellen Mittel, ihre Version der Wirklichkeit voranzutreiben. Schliemann wollte Troja finden, jene suchen nach den utopischen Orten ihrer Kindheit. Darin steckt nicht nur der kindliche Wunsch, durch stellare Räume und Welten zu fliegen oder jenen wissenschaftlichen Ruhm zu empfangen, der jetzt dem hier seelenverwandten Craig Venter zusteht. Es geht auch um den Tod und die Angst vor ihm. Jim van Ehr, der durch komplexe Software-Entwicklungen zum Milliardär wurde, finanziert Zyvex. Er ist ungeduldig. Er sei fünfzig Jahre alt. Es bleibe ihm nicht mehr so viel Zeit. Auch er trägt alle Zukunftsbilder Hollywoods mit sich herum. Sie wollen erleben, was diese Zukunft sein wird, und sei es durch Einfrieren nach dem Tode, zu dem sich nicht nur Freitas, zu dem sich plötzlich fast das ganze Labor bekennt.

»Ich wurde erschaffen in der HAL-Fabrik in Urbana, Illinois, am 12. Januar 1997.« Mit diesen Worten stellt sich in Arthur C. Clarkes 1968 erschienenem Roman »2001 – A Space Odyssey« (der bekanntlich später von Stanley Kubrick verfilmt wurde) der Supercomputer HAL vor, jene künstliche Intelligenz, die Schiff und Crew den Untergang bringen wird. Wir schreiben den 1. August 2000, und immer noch ist HAL reine Utopie. Eine Utopie freilich, die, wie einst die Helden der wahren Odyssee, in den Köpfen und im Phantasiehaushalt ganzer Generationen ihre Stimme erhebt.

Dergleichen unter Intellektuellen ernst zu nehmen ist verpönt. So war es vor allem eine Passage in Bill Joys Streitschrift über eine Zukunft, die uns nicht braucht, die manchen Intellektuellen unter seinen Verächtern zu besonderem Spott herausgefordert hat. Es ist der Augenblick, in dem er seinen Bildungsroman erzählt: Er besteht aus den Science-fiction-Autoren Asimov und Heinlein und vor allem aus »Star-Trek«, den Abenteuern des Raumschiffs Enterprise, die er am Bildschirm sah, während seine Eltern zum Bowling gingen. Das, so hieß es, sei auch die Qualität seiner Warnungen: Science-fiction nach Art einer amerikanischen Seifenoper.

Jahrzehntelang haben wir uns auf ideologiegeschichtliche Lektüre geschult: auf Motive, Prägungen, Weltbilder. Wieso denkt einer, wie er denkt? Was hat ihn indoktriniert? Jahrzehntelang hat eine alteuropäische Besorgniskultur nach den Wirkungen Hollywoods auf kindliche Seelen gefragt. Und jetzt, wo gleichsam die Ernte eingefahren wird, wo wir mit den Resultaten von Captain Kirk als Erzieher konfrontiert werden, nur Hohn und Spott? Hat denn nicht wenigstens die professionelle Kultur- und Literaturkritik bemerkt, was hier vor sich geht?

Wer, wenn nicht die Europäer, wer, wenn nicht die Deutschen, könnte ein Lied davon singen, welche Macht Rollenbilder über die Wirklichkeit gewinnen können? Kriege sind deswegen begonnen worden, und ganze Generationen wurden in ihrem Namen verheizt. Man hat die Bilder und die Prosa studiert, welche das Selbstbewußtsein der Leitfiguren der industriellen Revolution konstituierte, und man hat ihren Lebenszyklus – von der Entdeckung der Elektrizität bis zum Untergang der Titanic – in Parabeln gefaßt.

Jetzt stehen wir, wie Bill Clinton anläßlich der nanotechnologischen Initiative seiner Regierung im Februar sagte, am Vorabend der »dritten industriellen Revolution«. Wäre es nicht an der Zeit, nach dem Rollenverständnis der Agenten dieser Revolution zu fragen? Nach ihren Prägungen, Vorbildern und Zielen? Nicht Bill Joy, sondern Jeremy Rifkin beschreibt die Lage mit folgenden Worten: »Nie zuvor in ihrer Geschichte ist die Menschheit derart unvorbereitet gewesen auf die neuen technologischen und ökonomischen Möglichkeiten, Herausforderungen und Risiken, die sich an ihrem Horizont abzeichnen. Unsere Lebensweise wird sich in den nächsten Jahrzehnten vermutlich tiefgreifender verändern als in den vergangenen tausend Jahren. Im Jahre 2025 werden wir und unsere Kinder vermutlich in einer Welt leben, die sich in fundamentaler Weise von allem unterscheidet, was Menschen in der Vergangenheit je erfahren haben.« Rifkin nennt diese Veränderung lakonisch die »Neuerschaffung der Welt«.

Man hat sich immer gefragt, was für Menschen aus den Galaxien Hollywoods einst entstehen werden. Hier hat man sie: die erste Generation. Bill Joy, als Gründer von Sun-Microsystems einer der bedeutendsten Antreiber dieser Veränderung, fällt als sein wichtigstes Kindheitsmuster »Star-Trek« ein. Im Büro von Rick Rashid, des Chefs der Forschungsabteilung von Microsoft, findet der Besucher nur »Star-Trek«-Memorabilia. Nathan Myrvhold sammelt alte reale und irreale Supercomputer, und, beeinflußt von der Gen-Science-fiction Michael Crichtons, Dinosaurier-Relikte. Craig Venter fühlt sich nicht nur Kolumbus verwandt (dessen Ozeanüberquerung er nachsegelte), sondern auch dem Captain Nemo von Jules Verne. Der »Scientific American« illustriert, um die Chancen der Teleportation zu beschreiben, Text und These mit jenem »Beam me up, Scotty«, das dem Sternen-Epos entnommen wurde.

Vor zwei Jahren veröffentlichte die MIT-Press ein Buch mit dem Titel »HALs Erbschaft: Die Computer von 2001 als Traum und Wirklichkeit«. Eine Reihe von Wissenschaftler diskutiert darin, ob es HAL je geben könnte und welche technischen Voraussetzungen dafür nötig wären. Wichtiger als der niederschmetternde Befund – Computer können noch nicht einmal so reden, wie HAL es im Film tut – ist folgende Botschaft: HAL ist Phantasie, nicht Wissenschaft. Aber HAL hat unzählige Wissenschaftler dazu animiert, aus der Phantasie Wirklichkeit werden zu lassen. Der »Scientific American« ging sogar so weit zu vermuten, daß der anthropomorphe Blick auf den quasimenschlichen Computer sich fast einzig und allein diesem Film verdankt. »Die Computer«, so schrieb die Zeitschrift in Erinnerung an HALs fiktives Geburtsjahr, »sind auch nicht annähernd so wie HAL. Aber ohne die Menschen, die der Vision folgten, die Clarke und Kubrick ausdrückten, würden selbst unsere begrenzten Mittel künstlicher Intelligenz nicht existieren.«

Wir wissen seit Jahrhunderten, daß Kunst die Wirklichkeit verändern kann, und ausgerechnet in Deutschland hat diese Einsicht unter dem Titel »Bildungsroman« ein ganzes Genre begründet. Aber immer noch weigern wir uns, diese Einsicht auf die wissenschaftliche und naturwissenschaftliche Wirklichkeit auszudehnen.

Das Genre, das Wilhelm Meister zum Theatermann und Hans Castorp zum Philosophen machte, pflanzte einer ganzen Generation von Wissenschaftlern und Ingenieuren ihre Visionen ein.

Wenn Jaron Lanier beklagt, daß diese Generation nicht mehr mit den Mitteln der wissenschaftlichen Skepsis groß geworden sei, dann hat dies mit der quasiästhetischen Erziehung der Ingenieure und Wissenschaftler zu tun. Es stimmt, in den Hoffnungen ebenso wie in den Ängsten der Kurzweil, Joy, Rifkin, Venter oder Freitas steckt eine Form von bohemienhafter Verrücktheit, die hierzulande kaum verstanden wird. Aber es steckt in ihnen auch ein beträchtlicher Mut zum gedanklichen Risiko, gleichsam eine Weiter-Berechnung der Erbschaft des zwanzigsten Jahrhunderts. »Warum können wir die vierundzwanzigbändige Encyclopedia Britannica nicht auf den Kopf einer Stecknadel schreiben?« fragte vor 41 Jahren der große amerikanische Physiker Richard Feynman und gab sogleich die Antwort: Es gebe genug Platz. »Damit«, sagt Robert Freitas, »begann die Nanotechnologie. Und wissen Sie was: Es gibt genug Platz da für uns alle.«

1. August 2000

Ralph C. Merkle

Schwerter zu Nanowaffen
Der Aufbruch der Nanotechnologie

Der Physiker und Informatiker Ralph C. Merkle ist neben Eric Drexler eine der einflußreichsten Hintergrundfiguren in der Verbreitung der Nanotechnologie. Deren Hoffnung ist es, durch die Manipulation der atomaren Struktur der Körper eine fundamental neue Industrie zu generieren. Merkle gehörte zu jener Gruppe von Wissenschaftlern und Utopisten, die den amerikanischen Präsidenten Bill Clinton von der Notwendigkeit einer nanotechnologischen Initiative überzeugten. Clintons Vision von der »dritten industriellen Revolution« geht auf die theoretischen Ansätze dieser Gruppe zurück, die sich im Umkreis des von Drexler gegründeten Foresight Institute konstituierte.

In den nächsten Jahrzehnten wird man mit Hilfe der Nanotechnologie Supercomputer bauen können, die so klein sind, daß sie sich mit einem Lichtmikroskop kaum erkennen lassen. Ganze Flotten medizinischer Nanoroboter, die kleiner als eine Zelle sind, werden dann durch unseren Körper kreuzen, um verstopfte Arterien zu reinigen und die Verheerungen des Alters rückgängig zu machen. In Reinigungsfabriken wird man die von Produktionsbetrieben verursachte Verschmutzung beseitigen. Preiswerte Solarzellen und Batterien werden Kohle, Erdöl und Kernkraft durch billige, im Überfluß vorhandene Sonnenenergie ersetzen. Kostengünstige Materialien mit der fünfzigfachen Festigkeit der heute im Raketenbau eingesetzten Werkstoffe werden uns den Weg in den Weltraum öffnen, so daß ein Urlaub auf dem Mond nicht teurer ist als heute eine Reise zum Südpol. Und der Traum, daß alle Menschen auf der Erde in materiellem Überfluß leben, könnte Wirklichkeit werden.

Noch vor kurzem hätte man sich über solche Voraussagen lustig gemacht. Doch inzwischen hat der Präsident der Vereinigten Staaten zu einer mit fünfhundert Millionen Dollar ausgestatteten nationalen Nanotechnologie-Initiative aufgerufen und lädt uns ein, uns »Werkstoffe mit der zehnfachen Festigkeit, aber einem Bruchteil des Gewichts von Stahl« vorzustellen, mit deren Hilfe es möglich sein wird, »die gesamte in der Library of Congress gespeicherte Information auf das Volumen eines Zuckerwürfels zu reduzieren und Krebstumoren aufzuspüren, wenn sie erst aus wenigen Zellen bestehen«. Wissenschaftler in aller Welt sind sich einig, daß all dies möglich ist (auch wenn große Uneinigkeit über die Frage herrscht, wann diese Dinge Realität sein werden und wie sie im einzelnen aussehen mögen).

Im Kern ist die kommende Revolution der Produktionsverfahren eine Fortsetzung von Entwicklungen, die bereits seit Jahrzehnten und sogar seit Jahrhunderten im Gange sind. In den letzten fünfzig Jahren sind die Produktionsverfahren immer präziser, vielfältiger und billiger geworden. In wenigen Jahrzehnten werden wir in der Lage sein, Dinge mit der denkbar größten Präzision herzustellen; die feinsten Apparaturen werden dann aus einzelnen Atomen und Molekülen bestehen, den Grundbausteinen der Materie, aus denen alle Objekte in unserer Umgebung aufgebaut sind. Die Vielfalt der möglichen Produkte ist erstaunlich; wir werden nahezu jede Anordnung von Atomen herstellen können, die mit den physikalischen Gesetzen vereinbar ist. Und wir werden die neuen Werkstoffe zu einem sehr niedrigen Preis von etwa einem Dollar pro Kilogramm produzieren können.

Die bemerkenswert niedrigen Herstellungskosten haben ihren Grund in der Selbstreplikation. Molekulare Maschinen können andere molekulare Maschinen produzieren, die ihrerseits molekulare Maschinen herstellen. Während die Forschungs- und Entwicklungskosten für das jeweils erste System dieser Art sehr hoch liegen dürften, können die Grenzkosten für die Herstellung eines weiteren Systems, das seinerseits weitere Systeme derselben Art herstellt, sehr niedrig sein. So ist Holz ein komplexes Erzeugnis, das aus Zehntausenden von Proteinen und einer Vielzahl komplexer molekularer Maschinen besteht. Dennoch macht es uns nichts aus, einen Baumstamm in geeigneter Weise zuzuschneiden und einen Tisch daraus zu machen. Es macht uns natürlich deshalb nichts aus, weil Holz ein billiger Werkstoff ist, und Holz ist so billig, weil es von selbstreplizierenden Systemen erzeugt wird: den Bäumen.

Nun will die Nanotechnologie zwar mit selbstreplizierenden Systemen arbeiten, aber das heißt keineswegs, daß sie lebende Systeme kopieren möchte. Lebende Systeme sind erstaunlich anpassungsfähig und vermögen in einer komplexen natürlichen Umwelt zu überleben. Das ist weit mehr, als wir brauchen; die Konstruktion solcher Systeme wäre sehr viel schwieriger und teurer als die Herstellung einfacherer Alternativen. Statt dessen möchte die Nanotechnologie molekulare Maschinensysteme entwickeln, die eher verkleinerten Varianten der schon heute in modernen Fabriken eingesetzten Roboter gleichen. Roboterarme von weniger als einem Mikron Länge sollen später einmal in derselben Weise molekulare Bauteile aufnehmen und zusammensetzen, wie ihre großen Brüder heute Schrauben einsetzen und Muttern festziehen.

Nachdem die Realisierbarkeit nanotechnologischer Konzepte weitgehend akzeptiert ist, tritt die öffentliche Diskussion heute in eine neue Phase ein, in der es um die Frage geht, welche Politik wir gegenüber der Nanotechnologie einschlagen sollen. Das Foresight Institute (http://www.foresight.org) wurde 1986 hauptsächlich mit dem Ziel gegründet, das Verständnis der Öffentlichkeit für die Nanotechnologie zu fördern und eine Diskussion der mit der Entwicklung und Realisierung dieser Technologie verbundenen politischen Fragen zu ermöglichen. Die Foresight-Community wußte damals bereits, daß Nanotechnologie realisierbar ist. Deshalb war man dort schon vor mehr als einem Jahrzehnt in der Lage, über den Umgang mit dieser Technologie zu diskutieren. Andernorts waren solche politischen Diskussionen noch nicht möglich, weil stets sogleich die Frage der Machbarkeit in den

Vordergrund rückte. Für alle, die sich an diesen frühen Diskussionen beteiligten, hält die heutige Diskussion daher manch deutliches Déjà-vu-Erlebnis bereit.

Die Selbstreplikation steht im Zentrum vieler Diskussionen über den Umgang mit der Nanotechnologie. Leider kann sehr leicht eine falsche Vorstellung von selbstreplizierenden Systemen entstehen, weil die meisten von uns nur biologische Systeme dieser Art kennen. Dann unterstellen wir ganz automatisch, daß die selbstreplizierenden Systeme der Nanotechnologie diesen biologischen Systemen gleichen müßten. Das ist jedoch vollkommen falsch. Die von Menschen hergestellten Maschinen haben kaum Ähnlichkeit mit lebenden Systemen, und bei den molekularen Produktionssystemen wird es höchstwahrscheinlich genauso sein. Betrachten wir zum Beispiel den Unterschied zwischen einem Vogel und einem Flugzeug. Beide fliegen. Aber die Vorstellung, eine wild gewordene Boeing 747 könnte sich aus den Wolken herab auf ein ahnungsloses Pferd stürzen und es mit seinem Fahrwerk packen, erscheint abwegig. Maschinen besitzen nicht die wunderbare Anpassungsfähigkeit lebender Systeme. Eine Boeing 747 braucht Kerosin als Energiequelle, und die Kerosinversorgung beruht auf einem komplexen Produktions- und Verteilungssystem, zu dem Ölfelder, Pumpen, Tankschiffe, Raffinerien, Pipelines und Tanklastwagen gehören. Die Triebwerke, in denen dieser künstlich verfeinerte Brennstoff in Energie umgewandelt wird, arbeiten mit anderem Treibstoff nicht. Ohne Kerosin, Start- und Landebahnen, Wartungsmannschaften, Ersatzteile, Navigationssysteme und viele andere Dinge, die ein Flugzeug zum Fliegen benötigt, wäre der Jumbo nur ein Haufen Schrott. Vögel dagegen können sich von Beeren, Samenkörnern, Würmern, Insekten, kleinen Nagetieren und Fischen ernähren oder auch von Brotkrumen, die ihnen Touristen amüsiert zuwerfen. Ihr lebendes und bemerkenswert anpassungsfähiges Verdauungssystem vermag all diese Dinge und noch einige mehr in Energie und in die Rohstoffe umzuwandeln, die ein Vogel für seine Lebensprozesse und Reparatursysteme benötigt. Vögel leben und gedeihen in der komplexen, ständigen Veränderungen unterworfenen natürlichen Welt.

Die Diskussion über selbstreplizierende molekulare Maschinensysteme kreist in weiten Teilen um die Möglichkeit, diese Maschinen könnten sich unkontrolliert vermehren und so die Welt zerstören. Diese Furcht basiert im wesentlichen auf der Annahme, diese künstlichen Systeme besäßen eine tiefgreifende Ähnlichkeit mit lebenden Systemen und seien in der Lage, in einer komplexen, von ständigen Veränderungen geprägten natürlichen Umwelt zu funktionieren. Diese Prämisse ist jedoch weit von der Wahrheit entfernt, und der Schluß ist bestenfalls fragwürdig. Künstliche, für ökonomische Aufgaben konstruierte selbstreplizierende Systeme dürften ebenso unfähig sein, in einer natürlichen Umwelt zu funktionieren, wie die oben beschriebene Boeing 747.

Obwohl dieses Risiko gering erscheint, hat das Foresight Institute eine Reihe von Leitlinien formuliert (http://www.foresight.org/guidelines/), aus denen Entwickler und Hersteller molekularer Produktionssysteme ersehen können, wie sich solche Gefahren vollkommen umgehen lassen. Falls es sich, wie zu erwarten, als schwierig und unwirtschaftlich erweisen sollte, Systeme zu entwickeln und zu bauen, die sich in der natürlichen Umwelt zu replizieren vermögen, wird man diese Leitlinien nicht in verbindliche Richtlinien umwandeln müssen. Falls aber einige Entwickler versuchen sollten, sich unter hohen Kosten und ohne jede Rücksicht auf die Sicherheit Grenzerträge zu verschaffen, könnten die Leitlinien als Grundlage für formalere Mechanismen zur Verhinderung solchen Verhaltens dienen. Unter den Leitlinien finden sich naheliegende Grundsätze wie:»Künstliche Replikatoren dürfen nicht in der Lage sein, sich in einer unkontrollierten natürlichen Umwelt zu replizieren«. Die Leitlinien basieren auf einer mehr als zehnjährigen Diskussion zahlreicher denkbarer Szenarien; formuliert wurden sie in ihrer ersten Fassung im Februar 1999 auf einem Workshop in Monterey, California. Seither sind sie auf zwei Foresight-Workshops überarbeitet worden. Da unser

Verständnis dieser neuen Technologie sich ständig weiterentwikkelt, sollen auch die Leitlinien entsprechend weiterentwickelt werden, so daß sie jeweils nach unserem besten Wissen verdeutlichen, wie eine sichere Entwicklung der Nanotechnologie gewährleistet werden kann.

Bedeutsamer als die Gefahr, daß ansonsten wohlmeinende Gruppen zufällig Probleme schaffen, ist die Möglichkeit eines bewußten Mißbrauchs. Die Entwicklung der Nanotechnologie wird wahrscheinlich mehrere Jahrzehnte in Anspruch nehmen, und in der Anfangszeit dürfte diese Entwicklung in der Hand großer Organisationen liegen, die über beträchtliche Mittel verfügen und erheblichen Forschungsaufwand treiben können; auf lange Sicht wird die Nanotechnologie jedoch einem breiteren Spektrum von Gruppen zugänglich sein, unter denen sich auch terroristische und andere böswillige Organisationen befinden können.

Als Gesellschaft haben wir gerade erst begonnen, die Möglichkeiten nanotechnologischer Waffensysteme zu erkunden. Es bedarf noch einer sehr viel genaueren Analyse, bis wir einigermaßen sicher hinsichtlich unserer Schlußfolgerungen sein können. Nach unserem bisherigen Kenntnisstand wird es durchaus möglich sein, sich vor nanotechnologischen Waffen zu schützen, sofern der Angegriffene darauf vorbereitet ist. Die Einschränkung: »sofern der Angegriffene darauf vorbereitet ist«, muß allerdings hervorgehoben werden, denn Szenarien, in denen der Angreifer über nanotechnologische Waffen verfügt, der Angegriffene jedoch nicht, können zu einem extrem asymmetrischen Ergebnis führen. Bei entsprechender Vorbereitung ist es durchaus möglich, einen Angriff kleinerer Gruppen (zum Beispiel von Terroristen oder irren Bombenlegern) zu erkennen und abzuwehren.

Welche Politik sich daraus ergibt, liegt auf der Hand: Es gilt, vorbereitet zu sein. Forschung und Entwicklung hinsichtlich der grundlegenden Möglichkeiten der Nanotechnologie sollten fortgesetzt werden und sich insbesondere auch mit den weniger erfreulichen Möglichkeiten dieser neuen Technologie befassen, so daß wir wirkungsvolle Detektorsysteme und Gegenmaßnahmen entwickeln können.

Unter den zahlreichen Handlungsmöglichkeiten fallen drei Alternativen besonders ins Auge: Wir könnten die Nanotechnologie verbieten, sie regulieren oder dem freien Spiel der Marktkräfte überlassen.

Die Forderung nach einem Verbot weiterer Forschung und Entwicklung im Bereich der Nanotechnologie basiert auf der Annahme, solch ein Verbot könne uns vor den potentiellen Gefahren schützen, insbesondere vor der Gefahr, die ein mit nanotechnologischen Angriffswaffen ausgerüsteter Feind darstellte. Unglücklicherweise haben wir keinen Grund zu der Annahme, daß solch ein Feind das Verbot achten würde. Ein zu hundert Prozent wirksames Verbot könnte das angestrebte Ziel verwirklichen, aber ein zu 99,99 Prozent wirksames Verbot böte nur die Gewißheit, daß die Technologie von den 0,01 Prozent der Menschheit entwickelt würde, die in dieser Hinsicht die geringsten Skrupel hätten, während der Rest der Menschheit keine Möglichkeit besäße, sich dagegen zu verteidigen. Solch ein Zustand wäre kaum wünschenswert, zumal die Gefahren in der Welt dadurch insgesamt nur zunähmen.

Eine Regulierung der Entwicklung dieser Technologie wäre ein komplexeres Unterfangen, böte aber die Gewißheit, daß die aufgeklärteren Länder der Welt sich mit nanotechnologischen Waffensystemen verteidigen könnten, falls sie mit solchen Waffen angegriffen würden. Durch diese Politik kämen auch die ökonomischen Vorteile der Nanotechnologie allen zugute, selbst jenen, die heute in tiefster Armut leben. Für einige von uns mag eine Erhöhung des Lebensstandards allenfalls einen zweiten Computer und längeren Urlaub bedeuten, aber für viele bedeutet er eine angemessene medizinische Versorgung und ausreichend Nahrung. Die Nanomedizin könnte Gesundheit und Wohlbefinden der gesamten Bevölkerung verbessern.

So ließen sich durch einen intensiven Einsatz von Gewächshäusern höhere Ernteerträge erzielen. In einer kontrollierten Umwelt (mit optimalen Bedingungen hinsichtlich der Temperatur und der Versorgung mit Kohlendioxyd, Wasser, Nährstoffen und so weiter) können Pflanzen das ganze Jahr über wachsen, so daß der Ertrag pro Hektar eine ganze Größenordnung höher ausfiele als bei den herkömmlichen Anbaumethoden. Die Nanotechnologie könnte solche computergesteuerten Gewächshäuser sehr viel billiger machen. Auf diese Weise ließe sich die Nahrungsmittelproduktion erhöhen und zugleich die Gesamtanbaufläche verringern. Die Zerstörung der Lebensräume von Tieren und Pflanzen durch die Landwirtschaft gehört heute zu unseren größten Umweltproblemen; eine Rückführung der dadurch angerichteten Schäden wäre ein großer Beitrag zur Wiederherstellung der Umwelt.

Schließlich könnten wir uns auch für eine Laisser-faire-Politik entscheiden und die Nanotechnologie dem freien Spiel der Marktkräfte überlassen. Die Verfechter eines freien Marktes sind der Überzeugung, daß staatliche Eingriffe mit großer Wahrscheinlichkeit unerwartete negative Auswirkungen hätten. Eine Verlangsamung der Entwicklung im Bereich der Nanotechnologie müßte zu ökonomischen Verlusten führen und das Leiden der Menschen verlängern. Solche negativen Auswirkungen ließen sich vermeiden, wenn man auf Regulierungen und Kontrollen gänzlich verzichtete.

Zusammenfassend können wir sagen, daß der technische Fortschritt uns größere Kontrolle über die materielle Welt verschafft und unseren Lebensstandard erhöht hat. Nur wenige wünschten sich ins dreizehnte Jahrhundert und in eine vorindustrielle Welt zurück, in der Nahrung knapp, Krankheit fast alltäglich und ein früher Tod eher die Regel als die Ausnahme war. Blicken wir voraus, so dürfte der technische Fortschritt uns leistungsfähigere Computer, eine bessere Gesundheitsversorgung, mehr Nahrungsmittel und einen höheren Lebensstandard bescheren. Zugleich bringen diese neuen Technologien neue Gefahren mit sich, denen wir begegnen müssen, damit die Technik der Menschheit insgesamt eher Nutzen bringt.

Die Diskussion über die Nanotechnologie hat gerade erst begonnen. Wenn wir genauer erkennen können, welche Chancen diese Technologie birgt, und wenn eine Realisierung dieser Chancen in größere Nähe rückt, wird die Diskussion auch eine breitere Öffentlichkeit erreichen. In den nächsten Jahren wird die öffentliche Diskussion wahrscheinlich unter gravierenden Mißverständnissen und Fehleinschätzungen leiden – eine offenbar unvermeidliche Phase in der öffentlichen Auseinandersetzung mit einer neuen Technologie. Die schwersten Mißverständnisse dürften dabei den Charakter selbstreplizierender Produktionssysteme und die Möglichkeiten nanotechnologischer Waffensysteme betreffen. Glücklicherweise werden die Auswirkungen der Nanotechnologie sich in ihrer ganzen Tragweite wahrscheinlich erst in einigen Jahrzehnten bemerkbar machen, so daß Zeit für weitere Forschung und Bildungsarbeit bleibt. Eine Politik, die auf offener Diskussion und einem klaren Verständnis der Technologie basiert, wird uns am besten auf die Zukunft vorbereiten – ganz gleich, welchen Weg wir einschlagen wollen.

Aus dem Amerikanischen von Michael Bischoff.

11. September 2000

Robert A. Freitas jr.

System Builders
K. Eric Drexler

So wie Leonardo da Vinci Pläne und Modelle von hypothetischen Flugmaschinen schuf, die im 15. Jahrhundert nicht gebaut werden konnten, so arbeitet Eric Drexler, der Visionär der heutigen Nanotechnologie, an winzig kleinen Robotern. Sie sind, unsichtbar für das bloße Auge, nach präzisem atomaren Plan Molekül für Molekül konstruiert, und sie können ebenfalls noch nicht gebaut werden. Leonardos Ideen warteten vierhundert Jahre, bis sie dann realisiert wurden, doch in der modernen Welt hat das Leben eine viel schärfere Gangart angeschlagen. Einige von Drexlers Konzepten benötigen vielleicht nur ein oder zwei Jahrzehnte, um Wirklichkeit zu werden.

Drexlers umfassende Vision der molekularen Fertigung wurde bereits durch den Physiker und Nobelpreis-Träger Richard Feynman vorweggenommen – allerdings nur teilweise. In einem berühmten Vortrag mit dem Titel »There's Plenty of Room at the Bottom«, gehalten 1959 vor der Gesellschaft der amerikanischen Physiker, erklärte Feynman, es gebe keinen Grund, weshalb die Verkleinerung von Fabrikationsprozessen nicht bis zur atomaren Ebene weitergeführt werden könnte. Im Unterschied zu Drexler verkannte er freilich die ganze Tragweite dieser Möglichkeit. »Es war stets ein frustrierendes Gefühl, wenn ich an diese kleinen Maschinen dachte«, beklagte sich Feynman noch 1983, wenige Jahre vor seinem Tod. »Ich war nicht in der Lage, eine besondere Verwendung für diese kleinen Maschinen vorzuschlagen. Ich wünsche mir jemanden, der über eine gute Verwendung nachdenkt, so daß diese Maschinen wirklich Teil unserer Zukunft werden könnten.«

Seinen ersten wissenschaftlichen Aufsatz über die Nanotechnologie verfaßte Drexler im Jahre 1981. Er entfaltete eine weitge-

190

spannte Lehrtätigkeit an akademischen, privaten und staatlichen Forschungseinrichtungen, die 1986 in die Publikation seines ersten, aufsehenerregenden Buches »Engines of Creation« mündete. In den späten achtziger Jahren war er Gastforscher an der Stanford-Universität, wo er die erste formale Vorlesung über Nanotechnologie abhielt und verschiedene technische Konferenzen organisierte. Im Jahre 1991 erwarb er am Massachusetts Institute of Technology (MIT) den weltweit ersten Doktortitel in molekularer Nanotechnologie, und 1992 sprach er als Gutachter vor Al Gores Senats-Unterausschuß für Wissenschaft, Technologie und Raumfahrt über die molekulare Fertigung. Drexler hat drei Bücher über Nanotechnologie verfaßt, darunter eine technische Abhandlung mit Hunderten von Gleichungen, die ihm 1993 den Kilby Young Innovator Award einbrachte. Heute, als Senior Research Fellow des Instituts für molekulare Fertigung, einer gemeinnützigen Stiftung, die 1991 gegründet wurde, um die technische Erforschung der molekularen Nanotechnologie voranzutreiben, widmet Drexler seine Aufmerksamkeit der Entwicklung sicherer und zuverlässiger Software – unabdingbar in einer mit Nanotechnik ausgestatteten Welt.

Drexler erklärt gerne, daß Atome und Moleküle die kleinstmöglichen Bausteine zur technischen Fertigung im Nanometer-Maßstab, also dem Milliardstel eines Meters seien. Bereits im Jahre 1976, als er noch einfacher Undergraduate am MIT war, faszinierte ihn das neue Gebiet der Gentechnologie. Er sah die erstaunlichen, maschinenhaften Formen und Funktionen zahlreicher biologischer Moleküle, und so stellte er die entscheidende Frage: War es am Ende möglich, auf molekularer Ebene wirkliche Maschinen zu entwerfen und zu bauen? Mit einer funktionsfähigen Nanomaschine, so vermutete Drexler, ließen sich reaktive Moleküle an bestimmte Plätze bringen und chemische Synthesevorgänge steuern, um auf diesem Weg komplexe Strukturen aufzubauen. Die mikroskopischen Fertigungsmaschinen, die diese Aufgaben übernehmen sollten, könnte man Assembler (»Monteure«) nennen. Sie würden die traditionellen Gesetze der

Chemie und Physik befolgen, doch die Fertigungsprozesse wären viel präziser steuerbar, als es mit der aktuellen Technik möglich war. Assembler-Maschinen könnten eine billige, umweltschonende Herstellung von fast jedem denkbaren Produkt übernehmen, das mit den Naturgesetzen konform ging – selbstverständlich auch die Herstellung von Assembler-Maschinen!

Außerhalb der industriellen Welt könnten Assembler-Produkte eine Epoche unerhörten materiellen Wohlstandes und explosiven technischen Fortschrittes einläuten. So ließe sich beispielsweise die Informationsmenge aller Bücher der Kongreßbibliothek von Washington auf einem molekularen Speicherband aufzeichnen, das im Volumen einer einzigen menschlichen Zelle Platz fände. Eine auf die Molekülebene ausgedehnte Medizin könnte nahezu alle Krankheiten eliminieren, verseuchte Aids- oder Krebszellen reparieren und vielleicht sogar die Wirkungen des Alterungsprozesses umkehren. Die Herstellung einer sauberen Umwelt würde fast ein Kinderspiel. An Oberflächen eingesetzte Nanomaschinen könnten billige Sonnenenergie bereitstellen und »Videomalerei« ermöglichen. Aus Diamanten – eigentlich nur simple, neu angeordnete Kohlenstoff-Atome – könnte gewöhnliches Baumaterial für Raumfahrt, Architektur, Kunst und alltägliche Konsumgüter werden.

»Der Vorgang, der diesem Typ von Transformation bisher am nächsten kam, war die industrielle Revolution«, erklärt Drexler, »doch selbst dieser Vergleich scheint nicht ganz zutreffend. Es fällt sehr schwer, sich eine Zukunft vorzustellen, die soviel Veränderung mit sich bringt. Es ist anstrengend, und so lautet die gewöhnliche Reaktion: Dies ist unverdaulich, also werde ich mir das nicht zumuten!«

Doch es ist von höchster Bedeutung, daß wir alle es zu verdauen versuchen; und zwar je früher, desto besser. Die Fähigkeit, materielle Objekte auf der Molekülebene zu strukturieren, wird enorme Konsequenzen zeitigen, von denen nicht alle nutzbringend sind. Zunächst fand Drexler diese Schattenseiten so erschreckend, daß er einen großen Teil seines Werkes für sich

behielt. Bald erkannte er jedoch, daß möglichen Unfällen vorge-
beugt werden konnte, etwa durch Schutzvorkehrungen, wie sie
bereits in der biotechnischen Industrie vorgeschrieben sind. Die
wirkliche Gefahr liegt in der Möglichkeit eines absichtlichen Mißbrauchs.

Seit an der Entwicklung einer nanotechnischen Industrie kein
Weg mehr vorbeiführt, bemüht sich Drexler darum, sowohl die
öffentliche Bewußtseinsbildung und Diskussion zu fördern, als
auch mögliche Probleme vorwegzunehmen, noch bevor sie tatsächlich aktuell werden. Zu diesem Zweck haben er und seine
Frau, Christine Peterson, 1986 das gemeinnützige Foresight Institute gegründet (http://www.foresight.org). Drexler wirkt immer
noch als Vorsitzender dieses Instituts, das die öffentliche Debatte
über die Nanotechnologie und ihre politischen Konsequenzen
organisiert, indem es etwa in Europa und alljährlich auch in den
Vereinigten Staaten Vorträge abhält, Informationen sammelt und
in Umlauf bringt. Vor kurzem hat das Foresight Institute erstmals
provisorische Richtlinien vorgelegt, um eine verantwortungsvolle
Entwicklung von Assembler-Nanotechnologie zu ermöglichen.
Da und dort hat die Industrie bereits begonnen, sich diesen Richtlinien anzuschließen.

Aus dem Amerikanischen von Matthias Grässlin.

18. September 2000

Alles, was der Mensch will, wird machbar sein

Ein Gespräch mit James von Ehr II., Ralph Merkle
und Robert Freitas jr.

Bill Joys utopistische Warnungen vom Amoklauf der Nano-Roboter müssen nicht wahr werden. Aber die Fachleute zweifeln nicht, daß die Miniaturisierung industrieller Prozesse einen Wandel herbeiführt, der mit dem Eintritt ins Informations- und Biotechnikzeitalter vergleichbar ist und neue Fragen aufwirft. Die Firma Zyvex in Dallas war das erste Unternehmen, in dem sich Physiker, Chemiker, Programmierer und Ingenieure dem Bau solcher millionstel Millimeter kleinen Maschinen widmeten. Von dem Informatiker und Geschäftsmann James von Ehr II. finanziert und unter der Ägide der einflußreichen Nanotechnologen Ralph Merkle und Robert Freitas jr. übt man sich dort an der Manipulation einzelner Moleküle.

In Deutschland ist man sich durch die von Bill Joy eröffnete Debatte längst klar darüber geworden, daß in der Nanotechnologie etwas Bahnbrechendes passiert. Manche halten es gar für eine bedrohliche Entwicklung, die man unbedingt aufhalten sollte. Ist es notwendig, Grenzen zu setzen?
Merkle: Der kritische Punkt ist der, daß überhaupt versucht wird, die Forschung zu stoppen. Diese Versuche sind sogar gefährlich. Zur Zeit gibt es verschiedene Strategien im Umgang mit der Nanotechnologie. Die eine ist, die Technologie zu blockieren oder aufzugeben. Die andere Möglichkeit ist, die Technik kontrolliert fortzusetzen, Richtlinien dafür zu entwerfen, wie es das Foresight Institute getan hat. Dies ist der sicherere Weg, weil man sonst die Forschung isoliert und in die Hände derer treibt, die am wenigsten verantwortlich damit umgehen.

Für viele birgt die Nanotechnologie ähnliche Risiken wie die Nukleartechnik. Sehen Sie auch die Gefahr, daß uns eine neue,

unter Umständen unbeherrschbare Großtechnologie ins Haus steht?
Von Ehr: Nein, Nanotechnologie ist etwas, was man vielleicht schon in zehn oder zwanzig Jahren im eigenen Haus oder in der Garage gebrauchen wird. Man benötigt dazu auch keine riesigen Mengen Energie.

Genau darin sehen Kritiker wie Joy freilich eine Gefahr: daß es vielleicht ähnlich wie beim Plutonium eines Tages von Terroristen für ihre Zwecke mißbraucht werden könnte.
Freitas: Das ist ein Grund mehr, weshalb man sich davor hüten sollte, die Entwicklung zu stoppen. Denn die Technologie, die unter Umständen die Probleme erzeugt, ist die gleiche wie die, die Lösungen bereitstellt. Diese Möglichkeiten sollte man nicht verspielen.

Merkle: Was wäre, wenn wir uns entschlössen, die Elektrizität aufzugeben? Die Elektrizität hat gute und schlechte Seiten. Aber wenn wir uns freiwillig zum Ausstieg entschließen würden, hätten wir keine Kommunikation, keine Computer und all diese modernen Technologien. Das wäre keine gute Strategie.

Ray Kurzweil und Bill Joy haben die Vision, daß die Menschen in wenigen Jahrzehnten in der Lage sein werden, auf kleinster molekularer Ebene alles mögliche zu konstruieren, was sich der Mensch oder die Natur ausdenkt. Ist es das, worauf Sie in Ihrer Firma derzeit hinarbeiten?
Merkle: Im Prinzip ja. Wir sollten in einigen Jahrzehnten in der Lage sein, die meisten Atome unseren Vorstellungen entsprechend und natürlich wie es die Gesetze der Physik erlauben, zu arrangieren. Und diese Technologie sollte durchaus auch ökonomisch vertretbar sein. Heute können wir es in aller Ruhe diskutieren.

Myrvold hat die gegenwärtige Lage der Nanotechnologie mit der Situation Leonardo da Vincis verglichen, als er sich gerade daranmachte, ein Flugzeug zu entwickeln.

Merkle: Wir sind vielleicht sogar schon etwas näher dran. Man kann schon durchaus einzelne Moleküle bewegen.

Der Beginn der Nanotechnologie geht auf Richard Feynman und seinen berühmten Vortrag »There's Plenty of Room at the Bottom« im Jahre 1959 zurück. Wann haben Sie begonnen, seine Ziele in die Praxis umzusetzen?
Merkle: Feynmans Rede war wirklich visionär. Aber nicht viele Menschen haben sie damals ernst genommen. Die eigentliche Bewegung begann in den achtziger Jahren. Zwei Entwicklungen waren dafür ausschlaggebend: Das war erstens die Erfindung von Rasterelektronenmikroskopen. Mit ihnen ist es möglich geworden, einzelne Moleküle oder Atome zu bewegen und zu manipulieren. Das war für viele ein Schock. Die andere Entwicklung betrifft die theoretische Arbeit von Eric Drexler, der Mitte der achtziger Jahre klarmachte, daß die physikalischen Gesetze einer gezielten Manipulation einzelner Moleküle nicht im Wege stehen. In den späten achtziger und neunziger Jahren ist das zunehmend akzeptiert worden.

Etwas, über das Bill Joy gesprochen hat und das viele Menschen fasziniert, sind die sogenannten Nanobots, winzige molekulare Roboter, die sich in den Körper einschleusen lassen und sich wie Menschen selbst reproduzieren. Ist das eine realistische Vorstellung?
Freitas: Es gibt diese Möglichkeit. Man könnte so etwas entwerfen. Aber es gibt keinen Grund, warum diese medizinischen Nanobots sich reproduzieren sollten.
   Merkle: Sehen Sie, eine Maschine, zum Beispiel ein Auto, bietet Transportmöglichkeiten und ein Pferd auch. Das Pferd ist ein biologisches System. Es kann mehr als die Maschine, es kann beispielsweise Heu, Karotten oder andere Lebensmittel fressen. Es kann damit in seiner Umwelt überleben. Ein Auto dagegen funktioniert nur in einer sehr künstlichen Umwelt. Wir müssen es mit einem bestimmten Treibstoff versorgen, wir müssen Straßen

bereitstellen, und wir müssen es warten. Die Vorstellung, daß ein wild gewordenes Auto sich verselbständigt, ist Unsinn. Es ist deshalb auch im Falle der Nanomaschinen Unsinn, weil die Apparate, die wir bauen, nicht anpassungsfähig sind. Sie sind etwas völlig anderes als etwa Mikroorganismen. Genauso verhält es sich mit der Reproduktion. Das biologische Modell dafür läßt sich unmöglich mit Maschinen realisieren. Die selbständige Vermehrung von Nanobots wird mit der natürlichen Reproduktion überhaupt nicht zu vergleichen sein. Aber im Prinzip wird sie möglich sein.

Schon die Möglichkeit aber schreckt die Menschen auf.
Merkle: Das Foresight Institute wurde 1986 genau wegen solcher Bedenken gegründet. Seither wird darüber viel diskutiert. Wir haben inzwischen Richtlinien für den Umgang mit der Nanotechnologie entworfen. Die Diskussion ist für uns alle ein gewaltiger Bildungsprozeß.

Sie meinen, daß sich unser Denken schneller weiterentwickeln muß, damit wir die Angst beherrschen?
Von Ehr: Ich denke, wir müssen die Technologie auf ganz natürliche Weise annehmen. Sehen Sie, ich trage Kontaktlinsen, die mir das Sehen erlauben. Und seit einem schweren Unfall vor fünfzehn Jahren habe ich Stifte in meinen Gelenken, die mir erlauben zu gehen. Ich bin nicht weniger Mensch, weil ich künstliche Teile im Körper trage. Vor zweihundert Jahren war das noch nicht denkbar.

Aber es ist doch auch natürlich, daß Furcht entsteht, wenn von Ingenieuren so etwas Fundamentales erdacht wird.
Merkle: Was im Moment passiert, ist eine reine Diskussion darüber, was geschehen wird und was geschehen soll, wenn die neue Technologie angewendet wird. Die meisten Vertreter der technischen Disziplinen werden mir zustimmen, daß molekulare Maschinen machbar sind. Unterschiedliche Meinungen gibt es derzeit nur darüber, wie lange es noch dauern wird, bis dieses

Stadium erreicht ist, und über einige technische Aspekte, auf welchem Wege dieses zu erreichen ist.

Auf welchem Gebiet wird die Nanotechnologie die ersten bedeutenden Erzeugnisse liefern?
Freitas: Möglicherweise in der Medizin. Die ersten klinischen Tests mit Nanomaterialien stehen unmittelbar bevor.

Von Ehr: Ich als Geschäftsmann glaube, daß bessere Werkstoffe die erste große Anwendung sein werden. Denn diese sind einfacher herzustellen als Nanobots für die Medizin.

Welche Arten von Materialien werden das sein?
Von Ehr: Leichte und extrem stabile Materialien. Ich denke, wir können Materialien herstellen, die sogar hundertmal so stabil sind wie Stahl. Die Nanoröhren aus Kohlenstoff, die dabei eine große Rolle spielen, werden schon in den nächsten Jahren sehr viel schneller und billiger herzustellen sein. Wir versuchen derzeit intensiv, einzelne Moleküle im Labor aufzunehmen und sehr präzise dorthin zu bringen, wo wir sie gerne hätten. Wir betreiben eine Art positionelle Chemie. Kleine Organisationen wie Zyvex haben hier die Chance, voranzugehen und ganz neue Dinge auszuprobieren.

Bedeutet das, daß Sie sich wie in der Genomforschung in einem Rennen mit großen Institutionen befinden?
Merkle: Es wird sicher eines geben. Ich weiß nicht, wann das Wettrennen richtig beginnt. Im Moment befinden wir uns vor allem in einem Wettlauf mit der Zeit. Wir wollen möglichst bald Produkte herstellen und Gewinn machen.

Sie vergleichen die Nanotechnologie mit der Erfindung des Flugzeuges, aber werden die Folgen nicht viel dramatischer sein? Wird die Nanotechnologie nicht das Wesen der Menschen verändern?
Merkle: Ich bin in dieser Hinsicht eher konservativ. Sehen Sie, ich bin etwas übergewichtig. Wenn jemand kommt, der sicherstellt,

daß ich gesund bleibe, werde ich seine Hilfe annehmen. Der Punkt ist, daß wir nicht mehr fragen, was technisch machbar ist. Wir fragen vielmehr, was wir wollen, was wir wünschen. Das ist allein unsere Entscheidung. Technologie eröffnet uns Möglichkeiten. Sie sagt nicht, welche Wege wir beschreiten müssen.

Zu den fundamentalen Optionen, die sich der Mensch wünscht, gehört neben der, möglichst gesund zu leben, auch jene eines möglichst langen Lebens. Könnten diese Wünsche nicht der Motor einer ganzen Industrie werden?
Freitas: Natürlich. Aber es wird auch immer eine Gruppe von Leuten geben, die nicht ewig leben wollen. Und es wird Leute geben, die nicht geheilt werden wollen. Es ist ihre Entscheidung, die neuen Möglichkeiten nicht zu nutzen.

Wird es nicht auch viele Menschen geben, die nicht das Geld haben werden, die Technologie zu ihrem Vorteil zu nutzen?
Merkle: Das ist etwas anderes. Einer der entscheidenden Punkte ist, daß die Preise schnell fallen werden, wenn wir beginnen, molekulare Maschinen im industriellen Maßstab zu erzeugen. Das wird ähnlich sein wie mit der heutigen Software. Die Herstellungskosten werden rasch sinken.

Etwas Ähnliches prognostizierten vor kurzem Wissenschaftler auf einem Gensymposion in Los Angeles. Sie behaupteten, daß in vielleicht fünfzehn Jahren jedem eine gute Gesundheit beschert werden könne, weil diese dank der Gentechnik so preiswert und einfach zu haben sei. Die Veranstaltung war voller Studenten, und sie mußten alle herzhaft lachen.
Merkle: Tatsache ist, daß die medizinische Versorgung heute teuer ist. Nur die Versorgung der Jungen ist billig. Warum? Weil ihre molekularen Maschinen gut funktionieren. Wir haben derzeit noch nicht die Möglichkeit, die Funktionalität des menschlichen Körpers wieder adäquat herzustellen. Die Menschen, die das Angebot der Nanotechnologie am ehesten annehmen werden,

sind die, die am meisten zu verlieren haben. Wenn Sie eine schwere Krankheit haben, werden Sie alles versuchen, daß Sie geheilt werden.

Das sind die üblichen Verheißungen. Was aber, wenn das Vorhaben scheitert, wenn sich das alles als technologische Seifenblase entpuppt?
Merkle: Man kann einfach nicht mehr behaupten, molekulare Maschinen zu bauen sei physikalisch unmöglich. Wie kann jemand, der selbst aus molekularen Maschinen besteht, so etwas behaupten? Wir haben biologische Modelle dafür, Mikroorganismen. Sie sind recht einfache molekulare Maschinen. Und Craig Venter behauptet sogar, daß schon wenige hundert Gene ausreichen, eine solche primitive biologische Nanomaschine künstlich herzustellen. Warum sollte es uns also nicht gelingen?

Viele Wissenschaftler sind kulturell in einer Welt der Science-fiction groß geworden. Sie haben im Fernsehen »Star Trek« gesehen und Science-fiction-Bücher gelesen. Diese kulturellen Muster scheinen sehr mächtig zu sein. Gilt das auch für Sie?
Freitas: Sicher war ich früher ein Trekkie.

Glauben Sie, daß die für viele immer noch sehr fremde Nanotechnologie schneller und erfolgreicher von der Bevölkerung akzeptiert wird als etwa die Gentechnologie?
Merkle: Wenn Sie auf die verschiedenen Szenarien sehen, wie sich die Nanotechnologie entwickeln könnte, dann ist die größte Sorge, daß die Politik etwas in ihren Augen Verlockendes, aber auch völlig Verrücktes tun würde: die Technologie vollständig zu verbieten. Das wäre ein gefährlicher Kurs. Selbst dieses Verbot könnte aber nur höchstens zu 99,9 Prozent effektiv sein. Und die Lücke, die die demokratischen Staaten an dieser Stelle öffnen, könnten unverantwortliche Regime zur Entwicklung dieser Technologie für andere, bedrohliche Zwecke nutzen.

Aber ist die Gefahr nicht extrem gering, nachdem sich Clinton entschlossen hat, die Nanotechnologie öffentlich mit knapp einer Milliarde Mark zu unterstützen?
Merkle: Ich hoffe es. Das Risiko ist heute wirklich kleiner, aber es ist immer noch schwer abzuschätzen. Wahrscheinlich wird sich sehr bald zeigen, wie nützlich diese Technologie ist. Dann ist Schluß mit dieser Diskussion.

Gehören die künstlichen roten Blutkörperchen, die Sie in Ihrem Buch »Nanomedicine« beschreiben, zu diesen nützlichen Erfindungen?
Freitas: Ich denke, ja. Die Respirozyten sind zwar noch nicht konstruiert, das Ganze ist erst ein Entwurf. Aber die Respirozyten sind sicher eines Tages machbar, wenn es möglich sein wird, Nanobots zu bauen. Ich stelle sie mir als winzige Gebilde vor, die aus ungefähr 18 Milliarden Atomen bestehen. Diese werden zu kleinen Kugeln von etwa einem tausendstel Millimeter Durchmesser arrangiert. Die Respirozyten bilden eine Art Gastank, der mit kleinen Pumpen ausgerüstet ist, unter Druck steht und den Sauerstoff in die Peripherie des Körpers transportiert. Geregelt wird der Gasaustausch durch winzige Sensoren. Die Respirozyten sind künstliche Ebenbilder der roten Blutkörperchen. Nur daß sie Sauerstoff hundertmal so effizient transportieren wie ihre natürlichen Vorbilder.

Wo kommt die Energie her?
Freitas: Sie stammt von dem Zucker im Blut und dem Sauerstoff, der in den Kugeln gespeichert ist. Wir benötigen nur etwa ein Pikowatt pro Nanobot.

Was passiert, wenn diese Nanomaschinen beschädigt sind oder nicht richtig funktionieren?
Freitas: Eine Möglichkeit, an die man sofort denkt, ist, daß sie explodieren könnten. Die Sicherheit läßt sich aber gewährleisten, wir haben das im Detail berechnet eingebaut.

Eric Drexlers Buch aus dem Jahre 1986 heißt »Engines of Creation«. Sind Sie dann so etwas wie seine Ingenieure?
Freitas: Wir sind eher die Designer.

Wann, glauben Sie, können solche Nanoapparate gebaut werden?
Freitas: Nicht vor zehn oder zwanzig Jahren, vielleicht in dreißig Jahren.

Das alles klingt so, als müßte Hollywood unbedingt mit Ihnen Kontakt aufnehmen.
Freitas: Das hat es bereits. Tatsächlich arbeite ich mit Leuten der PBS zusammen. Wir drehen derzeit einen Film über die Zukunft der Medizin.

Merkle: Wenn es soweit ist, wird man sich natürlich die Frage stellen, bei welchen Szenarien der Einsatz von Respirozyten sinnvoll ist. Wenn die künstlichen Blutkörperchen helfen, mich metabolisch am Leben zu erhalten, dann ist das sicher nützlich. Als genauso sinnvoll wird sich die Nanotechnologie in anderen technologischen Bereichen, der Materialforschung und der Mikrotechnik beispielsweise, erweisen.

Sie prognostizieren eine industrielle Revolution?
Merkle: Ja natürlich. Es wird die nächste Revolution sein. Die Nanotechnologie wird die Medizin, den Verkehr, die Werkstoffkunde und viele andere Gebiete verändern. Vieles läßt sich heute nur erahnen.

Welche Voraussetzungen müssen dafür gegeben sein?
Merkle: Wir benötigen zuerst einen Assembler, wenn wir molekulare Maschinen bauen wollen. Das ist ein kleiner Apparat, der winzige Kopien von sich selber herstellen und als winzige Fabrik dienen kann. Auf diese Weise ist es möglich, in immer kleinere Dimensionen vorzustoßen. Das ist unser großes, unser wichtiges Ziel. Der Assembler ist gewissermaßen die Verkörperung der

202

Nanotechnologie. Wenn wir diese Technik beherrschen, dürfte es kein Problem sein, aus einzelnen Molekülen Bausteine und Maschinen zu produzieren. Das werden die meisten von uns sicher noch erleben.

Die Fragen stellten Jordan Mejias, Joachim Müller-Jung und Frank Schirrmacher.

21. September 2000

Wolfgang Heckl

Vom Nutzen der allerkleinsten Teilchen für unser Leben

Es gibt keinen Grund, sich vor der Nanowelt zu fürchten

Der Münchner Nanotechnologe Wolfgang Heckl wurde von der Warnung Bill Joys aufgeschreckt, der die Entwicklung selbstreplizierender Nano-Maschinen als Sackgasse in eine weitere ökologische Katastrophe betrachtet. Heckl hält derartige Untergangsszenarien für forschungsfeindlich und ebenso abwegig wie die nanotechnologischen Utopien der Fortschrittsoptimisten.

Was soll man glauben im Zeitalter der aufkommenden Nanotechnologie? Den Vorhersagen von optimistischen Futuristen, die uns ein verlängertes Leben, die Heilung unserer Gebrechen mittels Nano-, Bio- oder Gentechnologie, die Übernahme aller schweren und gefährlichen Arbeiten durch intelligente Roboter und den routinemäßigen Austausch von defekten Körperbauteilen versprechen? Oder denen von Berufspessimisten, die nach der Atom- und Genthematik nun ein neues Betätigungsfeld für ihre immer gleichen apokalyptischen Prognosen wittern und uns vor dem Untergang der Menschheit durch eine globale Ökokatastrophe, ausgelöst durch sich exponentiell verbreitende künstliche Nanoviren (à la radioaktiver Kettenreaktion), warnen?

Ein Blick ins Buch der schnell zusammengewürfelten kollektiven Weisheit der Menschheit hilft nicht viel weiter. Auf den mehreren zehntausend Treffern im World Wide Web zum Stichwort Nano findet sich eine schier unüberschaubare Menge von Material zu diesem Thema. Das reicht von streng wissenschaftlichen Ansätzen, wie beispielsweise im Münchner Center for Nano-Science (CeNS), über Eric Drexlers mit Links vollgestopften Seiten seines Foresight Institutes bis hin zu Ralph Merkles und Robert A. Freitas' Beiträgen zum biovoren Nanoreplikator.

Bei meinem Besuch in Palo Alto bei der Weltfirma Xerox vor fünf Jahren staunte ich nicht schlecht, als mir Ralph Merkle bei seiner freundlichen Begrüßung als erstes eine Ausgabe des deutschen Playboy entgegenstreckte und mit Stolz darauf hinwies, daß seine molekularmechanischen Computeranimationen zum Beispiel von lasergespeisten Nanoröhrengetrieben – und noch wichtiger: er selbst – neben den Starlets abgebildet war. Merkles Ausführungen machten mir schlagartig klar, daß das, was wir im konservativen Europa ganz zaghaft in akademischen Kreisen diskutierten, in den Vereinigten Staaten längst als großer gesellschaftlicher Paradigmenwechsel vorbereitet wurde. Als Konsequenz der Endlichkeit der Miniaturisierung (nach dem Mooreschen Gesetz) lief alles auf eine nanotechnologische Produktionsweise hinaus, die unser gegenwärtiges Siliziumzeitalter ablösen sollte.

Der amerikanische Präsident hat vom National Science and Technology Council NTSTC unter der Leitung von Richard W. Siegel eine Studie für die Nanotechnologie erstellen lassen, in deren Zusammenhang dem Präsidenten ein sofortiges und großangelegtes nationales Engagement auf allen Bereichen der Nanowissenschaften von der Gesundheitsvorsorge über Elektronik und Computer- und Informationstechnologie bis hin zu militärischer Forschung empfohlen wird. Um die Vereinigten Staaten ein weiteres Mal in eine günstige Ausgangsposition im Kampf um künftige Märkte zu versetzen, hat der amerikanische Präsident erst kürzlich eine Initiative für einen neuen Forschungszweig Nanotechnologie initiiert und mit fünfhundert Millionen Dollar allein für das laufende Jahr ausgestattet. Ein ungeheures Markpotential wird also vermutet, aber auch militärische Gesichtspunkte spielen eine Rolle. Da mutet es natürlich ziemlich weltfremd an, wenn ein Bill Joy fordert, daß man die wissenschaftliche Forschung auf dem Gebiet der Nanotechnologie gänzlich lassen sollte, weil sie zu gefährlich ist. Wenn er dann ferner vorschlägt, solche Forschung doch in Sicherheitslaboratorien unter internationaler Kontrolle auszuführen, könnte dieser gutgemeinte Ratschlag natürlich auch als Geheimhaltung unter US-amerikanischer Führung verstanden werden, denn an die Beteiligung von Drittländern ist wohl nicht zu denken. Dies ist besonders gravierend bei einer Technologie, bei der auch eine relativ moderate Forschungsinfrastruktur und ein bescheidener Mitteleinsatz eine Chance auf Anschluß an die entwickelte Welt bedeuten könnte. Und wer richtet sich eigentlich gegen all die konventionelle Forschung, Entwicklung und Vermarktung von militärischen Gütern, die eindeutig nicht zum Wohle der Menschheit geschieht?

Ralph Merkle hat mittlerweile Xerox verlassen und in der üblichen Weise seine eigene Start-Up-Company gegründet. Hier wurde auch die Studie erstellt, die Verhaltensempfehlungen für ein altes Hirngespinst der amerikanischen Nanotechnologen um Eric Drexler wiederaufnimmt. Als ich 1995 Gelegenheit hatte, mit dem ansonsten recht schwer zugänglichen Drexler zu sprechen, hatte ich ihn schon auf dieses »gray-goo«-Problem, die graue Schmiere der Nanoroboter, die sich nach einem nanotechnologischen Unfall selbst vermehrend und unaufhaltsam über das irdische Ökosystem hermachen, angesprochen. Drexler, von Gestalt eher unscheinbar, mit fast lispelnder Stimme sprechend, hatte auf einem Münchner Symposion vorgetragen und dabei seine bekannten Szenarien von einer schönen neuen Nanowelt wiederholt. Im persönlichen Gespräch war er mir allerdings viel sympathischer: Übertreibung in den öffentlichen Äußerungen gehört offenbar zum amerikanischen Grundhandwerk, sonst hört keiner zu. Unter den Kennern der Nanotechnologie, so sagte er, ist schon seit langem das Problem der sich selbst replizierenden nanometrischen Maschinen bekannt, die sich wie eine Geißel in wenigen Tagen über unsere ganze Biosphäre ausbreiten und dabei als Nahrung alles Biomaterial und letztlich auch uns Menschen verbrauchen könnten.

Als er offenbar das ungläubige Staunen in meinen Augen erkannte, fügte er schnell hinzu, daß wir schon heute Schwierigkeiten hätten, Bazillen jeglicher Art im Zaum zu halten, daß er aber Ideen hätte, so etwas zu verhindern. Diese Ideen, schon in seinem Buch »Engines of Creation« von 1985 verbreitet, waren

wohl auch der Ausgangspunkt für die immer wieder auftauchen-
den Horrorszenarien im Zusammenhang mit Unfällen bei sich
selbst replizierenden Assemblern. So heißen jene künstlichen
Nanomaschinen, die bei einer solchen Katastrophe aus elementaren Ausgangsstoffen durch beschleunigtes Wachstum nicht die
gewünschten molekularen Maschinen wie medizinisch einsetz-
bare Proteine oder elektronische Miniaturschaltkreise, sondern
diesen grauen Schleim produzieren würden. Wieder das archai-
sche Szenario der Bedrohung und Vernichtung der Welt, ähnlich
wie es der Film »Outbreak« zeichnet oder H. G. Wells' Stück
»War of the Worlds«.

Aber wo die Gefahr wächst, sagt Hölderlin, wächst auch das
Rettende, und da können wir aufatmen. Robert A. Freitas jr. hat
uns vorgerechnet, daß es auch ganz natürliche Grenzen für diese
globale »Ecophagy« gibt. Im – nach seinen eigenen Worten –
ersten systematischen Risiko-Assessment der Molekularen Nanotechnologie (MNT) analysiert er die Voraussetzungen einer solch
katastrophalen erdweiten Konvertierung von Bio- zu Nanomasse.
Natürlich kommt er zu dem Schluß, daß gray goo als deprimie-
rendes Ende des menschlichen Abenteuers auf der Erde höchstwahrscheinlich nicht eintreten kann, weil der Aufbau der biovoren Nanobots so kompliziert wäre, daß das Informationsübertra-
gungsproblem nicht zu lösen ist. Wie einfach macht es sich hier
beispielsweise das Leben, das für seine Blaupause nur vier verschiedene Moleküle in vierundsechzig mögliche Triplets zur Pro-
teincodierung verwendet.

Zudem gibt es natürlich das prinzipielle Problem, daß die Ressourcen in Form von geeigneten Atomen und Molekülen zur
Replizierung bereitgestellt werden müßten. Und schon Bakterien
überleben den toten Wirt nicht, wie sollten da genügend Aus-
gangsstoffe in der richtigen Zusammensetzung am richtigen Ort
verfügbar sein. Um beispielsweise die Lithosphäre in Nanomasse
und -maschinerie zu verwandeln, bräuchte es natürlich auch
Energiequellen wie etwa natürliche Radioaktivität, Geowärme
oder Sonnenenergie. Biologische Systeme kommen typischer-

weise mit 10^2 bis 10^6 Watt aus, es reicht also, etwas salopp formuliert, schon die Leistung einer Glühbirne für den Erhalt eines Kubikmeters lebender Biomasse. Auch die terrestrischen Kohlenstoffreserven reichen wohl nicht aus, um das »Worst-case-Szenario« Freitas' zu verwirklichen, das eine minimale globale Ausbreitungszeit von zwei Sekunden nach einem Replibot-Unfall voraussieht – bei einer angenommenen Zahl von 10^{12} gleichzeitigen Ausbreitungsstellen und einer mittleren Distanz von zwei Metern dazwischen. Also ist es wohl aussichtsreicher, mit Stanislaw Lem diese Art von Habitat auf einem fernen Planeten mit günstigeren Bedingungen zu suchen statt hier bei uns auf der Erde.

Die wirklichen Herausforderungen bleiben also die alten; wir haben genügend Probleme mit Prionen und HIV, mit Ebola und all den anderen Katastrophen, die man als begrenzte Form eines gray goo betrachten könnte, wobei unter dem Aspekt, daß ein evolutionärer Vorteil auch auf der molekularen Ebene im Sinne Darwins prinzipiell neue Systeme erzeugen könnte, Wachsamkeit geboten ist. In diesem Zusammenhang muß ich immer an die »Star-Trek«-Serie Gene Roddenberrys denken, die mich als Jugendlicher begeistert hat, allerdings stets nur um die uralten Menschheitsprobleme kreiste. Und darum geht es auch heute noch, und wird es immer gehen, solange wir Menschen nicht von Bill Joys Robotern mit Hybridgehirnen ersetzt wurden.

Entwarnung also an dieser Stelle. Trotzdem aber gibt es, wie in den Vereinigten Staaten üblich (man erinnere sich nur an die Zeit der Atomangriffsszenarien), spezifische Empfehlungen für die öffentliche Politik. Wenn der kleinste plausible biovore Nanoreplikator mit einem Molekulargewicht von zirka einem Gigadalton und einer minimalen Replikationszeit von hundert Sekunden eine globale Ökokatastrophe in zehntausend Sekunden ermöglicht, sollte man, so die Empfehlung, ein sofortiges internationales Moratorium für alle Experimente im Zusammenhang mit künstlichen Leben im Rahmen von nichtbiologischer Hardware implementieren. Des weiteren wird eine kontinuierliche Satellitenüberwachung der Erdoberfläche im Infrarotbereich gefordert, um zum einen eine kontinuierliche Überwachung des Inventars an Biomasse sicherzustellen (eine auch aus anderen Gründen wie der Nahrungsmittelversorgung vernünftige Forderung), aber auch um sich schnell ausbreitende künstliche Hotspots, ein energetischer Fingerprint eines Nanobotunfalls, sofort entdecken und bekämpfen zu können.

Drittens wird gefordert, eine Langzeitforschungsinitiative zu starten, die die Voraussetzungen schafft, um nötigenfalls solchen ökophagen Replikatoren entgegentreten zu können. Hier denkt man wohl an molekularmechanische und molekulardynamische Simulationen, auch an die in der Militärwelt üblichen Protokolle zur computerunterstützten Freund-Feind-Identifizierung, und, wer hätte es anders erwartet, an das Design und den Aufbau von nanorobotischen Verteidigungssystemen und die dazugehörige Infrastruktur. Dürfen wir demnach ein Nano-SDI erwarten?

Aber auch die schöne neue Nano-Welt gibt es als Szenario zu bestaunen. Kürzlich sah ich einen Clip, in dem ein Mann nach getaner Arbeit seinen Nanoreplikator, der für mich wie eine Art hypermoderner Mikrowellenofen aussah, so programmierte, daß aus einem entsprechenden Elementegemisch aus der Tüte ein Steak in wenigen Sekunden entstand. Wie wunderbar, wenn wir die Veredelungsmaschinen aus der Massentierhaltung nicht mehr benötigen würden.

Auch die Weiterentwicklung der Informationstechnologie durch Miniaturisierung wäre durchaus ein lohnenswertes Ziel. Wenn wir es schaffen würden, die ersten Ansätze unseres molekularen Schreibens, das mit ungefähr hundert Molekülen einen Buchstaben schreiben kann, zu einer Technologie fortzuentwickeln, indem das Problem der Parallelisierung, der Zuverlässigkeit und der Geschwindigkeit gelöst werden könnte, könnte man theoretisch ungeheure Speicherdichten bis zu zehn Terabyte pro Quadratzentimeter erreichen, die den gesamten Datenbestand der bayerischen Staatsbibliothek aufnehmen könnten. Aber wer sollte die Daten alle einlesen? Wer garantiert, daß der Speicher anders als das Papyrus über Tausende von Jahren nicht biologisch abgebaut wird? Dieser Umstand könnte sich aus der Verwendung von organischen Molekülen als Speichermoleküle ergeben, die als Nahrung für andere Lebewesen dienen könnten. Natürlich wäre solch ein Bio-Nano-Bauteil aber auch leicht zu entsorgen, somit auch ein Vorteil gegenüber dem heutigen schwermetall- und chemikalienhaltigen Arsenschrott. Nanotechnologische Unfallszenarien oben geschilderter Art kann ich hier weit und breit nicht sehen.

Auf dem Markt gerade neu eingeführte erste Produkte der Nanotechnologie wie etwa Nanopartikelbeschichtungen, die Kunststoffbrillengläser hart und damit kratzfest oder Glas flammenhemmend machen, scheinen mir doch erstrebenswert und machbar zu sein. Wie schön wird es sein, künftig auf das lästige Waschbeckenputzen und auf die Spülmaschine verzichten zu können, weil eine intelligente Nanobeschichtung die Schmutzpartikeladhäsion verhindert. Die Wäsche muß kaum noch oder nur bei niedrigeren Temperaturen gewaschen werden, weil sie schmutzabweisend behandelt wird. Bauwerke müssen nicht mehr gereinigt werden, Holz wird nicht mehr modrig, und Bodenbeläge bleiben immer sauber dank der neuen Möglichkeiten der hydrophob-oleophoben Nanobeschichtungen.

Es scheint sich noch eine dritte Schiene in der Diskussion um die Nanotechnologie abzuzeichnen. Sie behauptet, daß wir es eigentlich nur mit einem großen Hype zu tun haben, daß dies doch alles nichts Neues ist, daß die Protagonisten des Schauspiels ja eigentlich gar keine wirklichen neuen Erfolge vorweisen können und nur alte Kunst in neue Schläuche gießen. Der Materialwissenschaftler Rustum Roy meint beispielsweise, daß es eigentlich viel wichtiger wäre, Giga statt Nano zu fördern, daß also die lohnenswerten Probleme der Menschheit mehr in der großtechnischen Filtration von Wasser oder der energieärmeren Produktion der jährlich eineinhalb Milliarden Tonnen verbrauchten Zements liegen. Nicht Nanotechnologie, die Teilchenforschung, die Geheimnisse des Universums oder das Leben auf dem Mars also sollten erforscht werden, sondern von einem internationalen Expertengremium ausgesuchte Themen wie zum Beispiel Aids-Forschung oder die Bekämpfung von Tropenkrankheiten, auf die man sich dann einigen könnte. Natürlich sollte diese Forschung gemacht werden. Ich bezweifle jedoch, daß sich ein allgemeiner Konsens finden läßt, welche ausgesuchten Themen die lohnenswerten sind. Zum einen wird natürlich diese Frage in jeder Forschungsorganisation heute schon auf ähnliche Weise geregelt, oder der Markt und die Einschätzung der beteiligten Firmen bestimmen die Forschungsstrategie.

Meine Erfahrung sagt mir, daß jeder Experte sein Steckenpferd hat, seine persönlichen Prioritäten setzt und nur eine Vielfalt der Forschungslandschaft, die dem einzelnen Forscher auch seine persönliche Freiheit für sein »Hobby« läßt, auf die Dauer erfolgreich ist. Und wer kann denn sagen, ob nicht genau eine bestimmte Erkenntnis der elementaren physikalisch-chemisch-biologischen Zusammenhänge, die aus irgendeinem Teilgebiet der nanowissenschaftlichen Forschung erwächst, nicht eines der Probleme bei der Zementherstellung oder der Malaria- oder Aids-Bekämpfung löst. Ich plädiere daher für mehr Forschung, um jenen Rahm von wegweisenden Erkenntnissen aus der Suppe aller Ergebnisse abzuschöpfen. Natürlich müssen wir den bestehenden ethisch begründeten Regelungskatalog, der ja in unserem Land besonders streng ist, beibehalten und teilweise da, wo es sich um militärische Forschung handelt, weiter einschränken. Ein generelles Moratorium für Forschung auf dem Gebiet der Nanowissenschaften ist aber unsinnig.

Eine gewisse Ratlosigkeit befällt freilich auch mich, da ich viele Utopien nicht glauben möchte, auf der anderen Seite aber auch weiß, daß schon Heinrich Hertz seine Entdeckung der elektromagnetischen Wellen für praktisch nicht verwertbar hielt. Die Technikgeschichte ist eine Abfolge unvorhersehbarer Entwicklungen. Ein Strohhalm bleibt in dieser verfahrenen und komplizierten Situation, in der neue Worte schneller entstehen, als man die Grundzüge der dahinterliegenden Ideen verstehen könnte, das

Credo, daß nur die Szenarien eintreten könnten, die im Einklang mit den Naturgesetzen sind: den Gesetzen der Symmetrie, der Energieerhaltung, den vier grundlegenden physikalischen Kräften. Auf der anderen Seite gibt es durchaus vielversprechende neue Entwicklungen, die im Bereich der Werkstoffwissenschaften (wie im angedeuteten Bereich der Nanopartikel-Beschichtungen und Nanokomposits) und insbesondere im Bereich der Nanomedizin liegen.

1. November 2000

Ben Goertzel

Das Credo der Extropier
Können uns Hochtechnologie und eine libertäre Politik
in ein transhumanes goldenes Zeitalter führen?

Nietzsche gab seiner Schrift »Götzendämmerung« den Untertitel
»Wie man mit dem Hammer philosophiert«. Es ging ihm darum,
die moralischen Konventionen und habituellen Denkmuster seiner Kultur zu zertrümmern. Das Credo der Extropier, einer
Gruppe transhumanistischer Futuristen aus Kalifornien, könnte
in Anlehnung an Nietzsche lauten: »Wie man mit dem Hammer
technologisiert«. Diese Gruppe von Computer-Spezialisten und
High-Tech-Freaks hat es sich zum Ziel gesetzt, alle nur denkbaren
Technologien so schnell wie möglich voranzutreiben: das Internet, die biotechnologische Manipulation des Körpers, die Synthese von Mensch und Computer, Nanotechnologie, genetische
Eingriffe, Kryogenik (ein Bereich der Physik, der sich mit den
Effekten sehr niedriger Temperaturen befaßt) und vieles andere
mehr. Nebenbei wollen die Extropier auf ihrem Kreuzzug auch
Regierungen, moralische Bedenken und später auch die Menschheit selbst abschaffen, denn sie haben vor, die Welt in ein hyper-
ökonomisches virtuelles System umzuwandeln, in dem Geld und
Technologie eine totale Kontrolle ausüben. Diese utopische
Vision klingt märchenhaft: Sie verspricht die ganze Welt zu einem
potenzierten sozialdarwinistischen Silicon Valley im Stil von Wil-
liam Gibsons Science-fiction-Klassiker »Neuromancer« zu
machen.

Der Name »Extropy« wurde eher intuitiv als Gegenstück zum
Begriff der Entropie geprägt, und er bezeichnet eher ein philoso-
phisches als ein wissenschaftliches Konzept. Auf der Web-Seite
der Extropier (www.extropy.org), der Online-Bibel der Bewegung, wird »Extropy« als eine Metapher definiert, die die Einstellungen und Werte jener beschreibt, »die die menschlichen

Grenzen mit der Hilfe von Technologien überschreiten wollen. Zu diesen Werten gehört der Wunsch, sich durch praktischen Optimismus, der sich auf rationales Denken und intelligente Technologien in einer offenen Gesellschaft verlassen kann, einem unaufhörlichen Fortschritt und einer permanenten Selbstveränderung zu widmen«. Der Extropismus ist eine Form von Transhumanismus, der sich der Suche nach der »Fortsetzung und Beschleunigung der Entwicklung intelligenten Lebens jenseits seiner gegenwärtigen menschlichen Formen und Grenzen« verschrieben hat. Diese Mission setzt auf Wissenschaft und Technologie und orientiert sich an »lebensfördernden Prinzipien und Werten«, während »Religion und Dogmen« abgelehnt werden. Ein wichtiges Anliegen der Extropier ist es, die menschliche Rasse durch Künstliche Intelligenz und Roboter zu erneuern; ein weiteres Ziel besteht darin, mit der Hilfe von Gentechnik, neuronalen Computer-Implantaten und Nanotechnologie menschliche Persönlichkeiten in »widerstandsfähigere, modifizierbarere, schnellere und mächtigere Körper und Denkanordnungen« zu verwandeln.

Neben dieser technologischen haben die Extropier auch eine politische Vision. Laut den Bekenntnissen auf ihrer Web-Seite zeichnen sie sich durch eine Reihe von soziopolitischen Grundsätzen aus: Es geht um die »Förderung von Redefreiheit, Handlungsfreiheit und Experimentiergeist«. »Autoritäre Strukturen« werden abgelehnt, »Rechtmäßigkeit und die Dezentralisierung von Macht« werden befürwortet. Extropier verhandeln, wo andere kämpfen, und sie wollen Austausch, wo Zwang herrscht. Sie wünschen sich »Offenheit für Verbesserungen anstelle einer statischen Utopie« und streben nach »unabhängigem Denken, persönlichem Verantwortungsbewußtsein, Eigeninitiative, Selbstbewußtsein und Respekt anderen gegenüber«. In der extropischen Doktrin wird explizit darauf hingewiesen, daß es keine sozialistischen Extropier geben kann, ohne daß auf die verschiedenen Varianten eines demokratischen Sozialismus genauer eingegangen wird. Tatsächlich sind die meisten Extropier von radikal libertärer Gesinnung und plädieren für die vollständige oder fast vollständige Abschaffung einer zentralen Regierung. Dies ist das wirklich Einzigartige an der Bewegung: In ihr verbindet sich ein radikaler technologischer Optimismus mit einer libertären politischen Philosophie, so daß man fast von einem libertären Transhumanismus sprechen könnte.

Einige Extropier lassen ihre Ideologie extreme Blüten treiben. Zum Beispiel erklärte der Robotiker Hans Moravec, ein Held der Extropier, 1993 die Frage nach sozioökonomischen Implikationen der Robotertechnologie für irrelevant: »Es ist sowieso egal, was die Leute machen, denn sie werden bald zurückgelassen werden wie die erste Stufe einer Rakete. Unglückliche Existenzen, schreckliche Tode und gescheiterte Projekte sind Bestandteil der Geschichte des Lebens, seitdem es Leben auf der Erde gibt. Was aber auf lange Sicht zählt, ist das, was übrigbleibt.« Interessiert es uns wirklich noch, fragt Moravec, daß die Dinosaurier ausgestorben sind? In diesem Sinn wird auch das Schicksal der Menschen für die hochintelligenten Roboter der Zukunft völlig uninteressant sein. Die Menschheit, so Moravec, wird als ein gescheitertes Experiment gelten.

Aus dieser Perspektive wirkt der Extropismus wie die gefährliche und seltsame Philosophie einer Randgruppe von Technologie-Freaks. Aber Moravec ist nicht der einzige berühmte Name, mit dem die Bewegung sich schmücken kann: Auch der Guru der Künstlichen Intelligenz, Marvin Minsky, der Nanotechnologe Eric Drexler, Kevin Keller vom Magazin »Wired« und der Zukunftsphilosoph Ray Kurzweil sind mit von der Partie.

Der Mann, von dem alles ausging, war Max More. Dieser Pionier der extropischen Bewegung sah, daß die Technologie in der Lage war, den menschlichen Geist in neue Sphären – wie zum Beispiel virtuelle Realitäten – zu katapultieren, in denen man mit den gängigen Konzepten persönlicher Identität nicht mehr weiterkommen würde. Für More bildete die Regierung den größten Bremsklotz für den technologischen Fortschritt, weil sie die Forschung in zentralen Bereichen verlangsamte oder gar verhinderte.

Will man Max Mores Positionen philosophisch einordnen, so lassen sie sich am ehesten als eine Mischung aus antistaatlichem Individualismus und Nietzscheschem Transmoralismus bezeichnen, die durch das Interesse für Zukunftstechnologien zusammengehalten wird. More vergleicht den idealen Extropier mit dem Übermenschen Nietzsches. Er schreibt allerdings auch, daß dieser Übermensch »keineswegs die plündernde blonde Bestie ist«, sondern sich durch »Güte, exzessive Gesundheit und Selbstvertrauen« auszeichnen wird. Dies klingt zwar beruhigend, ist aber kaum zu vereinbaren mit Moravec' olympisch entrückter Sicht auf die Zerstörung der Menschheit. In diesem Widerspruch liegt sowohl eine zentrale Schwäche als auch zugleich ein Energiezentrum der extropischen Bewegung.

Auch wenn Mores Argumente immer äußerst entschieden vorgetragen werden, so ist doch der Extropismus keine orthodoxe Philosophie. Es geht ihnen nicht um Konsens, sondern um Fortschritt. Moravec interessiert sich für Robotik, More dagegen mehr für Lebensverlängerung. Eliezer Yudkowsky, einer der jüngeren Extropier, konzentriert sich dagegen auf die kommende sogenannte »Singularität«, auf den Punkt, an dem eine künstliche Intelligenz zum ersten Mal die menschliche Intelligenz überflügeln wird. Yudkowsky glaubt, daß der schnellste Weg in die phantastischen künstlichen Welten der Zukunft über einen Computer führen wird, der klüger als wir ist und all unsere Rätsel lösen kann. Um diesen Computer zu realisieren, hat Yudkowsky vorgeschlagen, eine Form künstlicher Intelligenz zu schaffen, die er »seed AI« nennt, weil sie sich selbst wie Saatgut weitervermehren soll: Man schreibt zunächst ein einfaches KI-Programm, das lediglich durchschnittlich intelligent ist, aber über die Fähigkeit verfügt, seinen eigenen Code zu verändern und dadurch immer klüger zu werden. Yudkowsky ist noch mitten in der Arbeit an dieser evolutionsfähigen Form künstlicher Intelligenz, und seine Resultate sind im Netz zu besichtigen.

Wie viele der führenden Extropier begann auch Yudkowsky sein Leben als begabtes Kind; und wie viele begabte Kinder wurde auch er vom Schulsystem vernachlässigt und von seinen Eltern verkannt. Er hat eine einzigartige psychologische Entwicklung durchgemacht: Mit Beginn der Gymnasialausbildung verfiel er in einen lethargischen Zustand der Energielosigkeit, der ihn noch heute manchmal quält. Seine Eltern versuchten auf verschiedene Weise, ihm zu helfen, aber alle Versuche waren erfolglos. Erst als sie ihn sich selbst überließen, gelang es ihm, wieder zu einem produktiven und funktionsfähigen Leben zurückzufinden. Diese Erfahrung, so erzählt Yudkowsky, hat ihn gelehrt, daß gerade wohlmeinende und liebevolle Menschen aus Unkenntnis großen Schaden anrichten können, obwohl sie nur helfen wollen. Für Yudkowsky liegt hier eine Keimzelle seiner libertären politischen Philosophie: So wie seine Eltern scheiterten, weil sie sein Leben, wenn auch mit guten Absichten, kontrollieren wollten, so muß auch eine Regierung scheitern, die versucht, das Leben der Bürger zu kontrollieren – und zwar besonders diejenigen, die die Vorhut des technologischen Fortschritts bilden.

Zu Yudkowsky, Marvin Minsky und anderen habe ich lediglich intellektuellen Kontakt gehabt. Der einzige Extropier, mit dem mich eine persönliche Beziehung verbindet, ist Sasha Chislenko, ein visionärer Theoretiker des Cyberspace und ein brillanter Computer-Fachmann. Wie bei vielen anderen russischen Emigranten in den Vereinigten Staaten ist auch bei Chislenko die libertäre Grundhaltung auf die jahrelange Unterdrückung durch das sozialistische Regime in der Sowjetunion zurückzuführen. Er hat mit eigenen Augen gesehen, was eine autoritäre Regierung anrichten kann, und dies hat seinen Verdacht genährt, daß Regierung an sich eine schlechte Sache ist.

Chislenko wartet ungeduldig darauf, daß die technologischen Aufrüstungsmöglichkeiten des Körpers endlich in der Praxis erprobt werden könnten – er ist versessen darauf, endlich zum Cyborg zu werden, sein Hirn direkt ans Netz anzuschließen und seinen Körper und Geist durch leistungsfähigere technische Komponenten zu ersetzen. Obwohl er bereits »von der Natur« keineswegs schlecht ausgestattet war, konnte er sich einfach synthetische Modelle vorstellen, die besser funktionieren würden. Er war ein leidenschaftlicher Verfechter verschiedener sogenannter intelligenter Drogen und war entrüstet darüber, daß irgendeine Regierung sich befugt fühlte, ihm vorzuschreiben, mit welchen Chemikalien er seine Intelligenz zu Höchstleistungen antreiben dürfe.

Chislenko arbeitete an Technologien, die es ermöglichen, unsere Funde im Netz zu bewerten und diese Empfehlungen an andere weiterzugeben und mit den Empfehlungen anderer zu verbinden (»active collaborative filtering«). Populäre Netzanbieter wie amazon.com und bn.com nutzen solche Filtersysteme schon längst: Wenn man sich hier einwählt, um ein Buch zu kaufen, erhält man eine Liste von empfohlenen Büchern und anderen Produkten, die ebenfalls von Interesse sein könnten. Im Vergleich zu Körperimplantaten und übermenschlicher künstlicher Intelligenz muten solche kollaborativen Auswahlsysteme wie ein vergleichsweise langweiliger Weg in die technologische Zukunft an. Sie bieten jedoch eine Möglichkeit, die mentale Effizienz auf der Basis von Gegenseitigkeit zu steigern, indem Beurteilungen und Empfehlungen weitergegeben werden. Für Chislenko bildete ein solches Filtersystem eine Art kollektive intelligente Droge für die Menschheit im Netz.

Er war der Überzeugung, daß mit der Entwicklung zu einer netzgestützten Hyperökonomie intellektuelle Leistungen endlich angemessen bezahlt werden würden. Von nun an würde sich der Preis für wissenschaftliche Publikationen an dem Erfolg bei den Lesern der Fachwelt messen lassen. Endlich würde Fortschritt nicht mehr von den Verfügungen einer autoritär agierenden Regierung abhängen, sondern durch die Eigeninitiative von Leuten erzielt werden, die sich gegenseitig bewerten und auf der Grundlage ihrer eigenen Urteile bezahlen könnten. Diese »Hyperökonomie« ist ein komplexes System, in dem alle Dienstleistungen durch künstliche Agenten entlohnt würden und aus diesen alltäglichen Transaktionen kompliziertere finanzielle Operationen erwachsen würden.

Als Chislenko Mitte dieses Jahres Selbstmord beging, fragte ich mich, ob es ein Akt philosophischer Verzweiflung gewesen war. Es wäre sicherlich ein Fehler, zu verallgemeinern und aus diesem Beispiel eine Art Psychologie der Extropier abzuleiten. Aber vielleicht kann man trotzdem aus der Rolle, die der Extropismus für jemanden wie Chislenko spielte – seine klar umrissenen Sicherheiten verschafften ihm Erleichterung von den Wirren des Alltagslebens –, auf die allgemeinere Funktion des extropischen Glaubenssystems schließen. Die extropische Philosophie versorgt ihre Anhänger mit einem einfachen und optimistischen Weltbild und einer Gemeinschaft Gleichgesinnter. Wie die meisten Religionen und religionsähnlichen Glaubenssysteme wie der Marxismus umgeht auch der Extropismus die schwierigen Widersprüche unserer Wirklichkeit durch extreme Behauptungen. Natürlich ist der Extropismus ausgesprochen antireligiös, aber oft wird ja gerade eine solche Antireligiosität selbst zu einer Religion: Der Atheist, so hat Dostojewski gesagt, ist nur einen Schritt von dem Gläubigen entfernt.

Max More hat von Beginn an erkannt, daß moralphilosophische Aspekte im Zentrum des Extropismus stehen. Wie Nietzsche haben die Extropier begriffen, daß Moral nicht absolut, sondern eine relative biologische und kulturelle Größe ist. Warum werden weibliche Untreue und Promiskuität stärker verurteilt als die gleichen Verhaltensweisen bei Männern? Diese Ungleichheit findet sich in allen Kulturen; sie liegt in den evolutionären Bedürfnissen unserer selbstsüchtigen Erbsubstanz begründet. Bedenkt man diese offenkundigen Willkürlichkeiten, so erscheint es attraktiv, menschliche Werte einfach zu vernachlässigen und sich allein auf Wissen, Lernen und Macht zu konzentrieren – auf Konzepte, die einfacher als Moral zu definieren sind. Nietzsche konzentrierte sich ganz in diesem Sinne auf die persönliche Macht, die sich durch geistige Stärke und Selbstdisziplin erreichen läßt. Für die Extropier geht es eher um die Macht, die sich durch technologischen Fortschritt gewinnen läßt. Wie für Nietzsche steht aber auch für die Extropier intellektuelle Brillanz im Vordergrund, und damit verbindet sich eine gleichgültige und gefährliche Haltung all jenen gegenüber, die nicht in der Lage sind, den nächsten Schritt auf dem kosmisch-evolutionären Weg zu gehen.

Was ist mein endgültiger Eindruck von den Extropiern? Ich bewundere den Mut, mit dem sie gegen konventionelle Denkweisen angehen, weil sie erkannt haben, daß der Mensch nicht der Endpunkt der kosmischen Evolution ist, und weil sie vorhersehen, daß viele der moralischen und rechtlichen Grenzen unserer Gesellschaft durch die technologischen und kulturellen Entwicklungen vermutlich verändert, überschritten oder aufgehoben werden. Auch ich bin entrüstet und irritiert, wenn die Regierung uns daran hindert, auf der Grundlage neuer Technologien mit unserem Körper und unserem Denken zu experimentieren – seien diese Technologien nun chemischer, elektronischer oder anderer Natur. Was mich aber nach wie vor irritiert, ist die extropische Vision von hypertechnologisch versierten Proto-Übermenschen, die auf die Menschheit als nicht mehr zu rettendes Auslaufmodell herabblicken.

Wir sollten die Ideen der Extropier tatsächlich so ernst nehmen, denn sie denken intensiver über die Zukunft nach als viele andere. Die Idee, die diese Gruppe zusammenhält – die Allianz von transhumaner Technologie und vereinfachter und gnadenloser libertärer Philosophie –, sollten wir allerdings entschieden bekämpfen.

Bisher ist der Extropismus noch eine Randerscheinung. Es ist unwahrscheinlich, daß die Kabbala dieser kalifornischen Möchtegern-Supermänner unsere Zukunft beherrschen wird. Viele der Freiheiten, die die Extropier anstreben – die rechtliche Freiheit, intelligente Drogen zu konsumieren und herzustellen und Körper und Gensubstanz durch neue Technologien zu verändern –, werden vermutlich bald gewonnen sein. Ich hoffe aber, daß diese neugewonnene Freiheit nicht einhergehen wird mit Gleichgültigkeit all jenen gegenüber, die sich nicht den neuesten technologischen Schnickschnack und vielleicht nicht einmal gesunde Nahrung für ihre Kinder leisten können. Ich glaube nach wie vor, daß wir Menschen neben unserer Gier und Schwäche auch eine uns eigene

Fähigkeit zum Mitgefühl haben, und ich hoffe und erwarte, daß wir diese Fähigkeit ins digitale Zeitalter mitnehmen werden – sogar in ein transhumanes Zeitalter, in dem es den menschlichen Körper in seiner jetzigen Form nicht mehr geben wird. Ich bin gespannt auf eine Cyber-Philosophie jenseits des Extropismus: auf einen humanistischen Transhumanismus.

Aus dem Amerikanischen von Julika Griem.
Ben Goertzel ist amerikanischer Kognitionsforscher und Inter-net-Pionier.

8. November 2000

IV.
Biotechnologie

Frank Schirrmacher

Die Zukunft des BigMäc
Wie die Börse unser Wissen und unsere Gene verändert

Die Nachricht von der fast vollständigen Entschlüsselung des menschlichen Genoms erreichte die wissenschaftliche Welt über den Börsenticker »Business Wire«. Die Mitteilung über den ersten DNA-Chip gelangte zuerst zur Wallstreet, ehe die Wissenschaftler davon hörten. Der Aktionärsbrief eines ehemaligen Gebrauchtwagenhändlers aus der Provinz bringt auf mehreren Seiten eine, wie Wissenschaftler sagen, grundsolide und fast fehlerfreie Darstellung der gentechnologischen Forschung und ist weitaus aktueller als die einschlägigen Wissenschaftszeitschriften. Im Nachrichtensender »ntv« spricht ein Börsenanalyst über die Rolle der Proteine bei der Weitergabe des menschlichen Erbguts. Die Debatte, wem das menschliche Erbgut gehört, wird im Augenblick weitaus intensiver zwischen Brokern aus New York, Ranchern aus Texas und Hausfrauen aus Arkansas im Internet geführt, die in eine der »Biotechs« investiert haben, als zwischen Politikern und Wissenschaftlern. Es sind die gleichen, die wenige Augenblicke später über die Vorteile des Breitbandfernsehens über das Internet oder den WTO-Beitritt Chinas debattieren.

Wir erleben gegenwärtig in beispielloser Konkretion, worüber seit Jahrzehnten theoretisch spekuliert wurde: die weltweite Verwandlung der alten Wissensgesellschaft in die Informationsgesellschaft. Und wir erleben, womit niemand gerechnet hat: daß die gesellschaftliche Integration der neuen Wissenschaft sich über die Gratifikationsleistung der Kapitalmärkte vollzieht. Um zu verstehen, was sich hier abspielt, muß man sich nur die beiden großen Angsttitel des letzten Jahrhunderts ins Gedächtnis rufen: »Frankenstein«, der Roman über die Erschaffung künstlichen Lebens, und Orwells »1984«, die Phantasie über die vernetzte und überwachte Gesellschaft, die ihr Wissen nie vergißt, sondern speichert.

»1984« und »Frankenstein«, diese beide Metaphern der Zivilisationsangst noch des ausgehenden zwanzigsten Jahrhunderts, sind plötzlich die utopischen Anlegerphantasien des neuen Jahrhunderts. Die Vermählung, die von manchen gefürchtete und von vielen erhoffte, die Ehe zwischen Computertechnologie, Internet und Biotechnologie, die Verbindung also zwischen den Welten von Frankenstein und »1984« steht unmittelbar bevor – und ist wahrscheinlich bereits seit der Herstellung der ersten Molekularcomputer vollzogen. Niemand hätte noch in den achtziger Jahren vorausgesehen, daß die Vision der über Computer total vernetzten Welt einmal nicht etwa Protest und Widerstand, sondern in der ganzen Welt Euphorie und Tagträume individuellen Reichtums auslöst. Die fünfzigtausend Menschen, die sich auf den Straßen Hongkongs bei der Zeichnung einer neuen Internet-Aktie gegenseitig fast umbrachten, sind dafür nur der plastische Ausdruck.

Aktionäre haben sich schon immer für die Details ihrer Bergwerke oder Seilbahnen oder Autofabriken interessiert. Niemals aber ist Wissenschaft selber zur Aktiengesellschaft geworden, und nicht zufällig trug die letzte große Zäsur der Wissensgeschichte, die Landung auf dem Mond, Züge eines nationalen, subventionierten und ökonomisch geradezu irrsinnigen Unternehmens.

Was immer an Relativierungen, Korrekturen und Ernüchterungen auf die jüngste Ankündigung von Celera Genomic folgen wird: Tatsache ist, daß eine der größten wissenschaftlichen und gesellschaftlichen Revolutionen der Menschheitsgeschichte – eine Revolution, die Jeremy Rifkin mit der Entdeckung des Feuers gleichsetzt – sich über den Umweg der Kapitalmärkte (und nicht der isolierten Labors) gleichsam sozialisiert und als jederzeit abrufbare Information kollektiv wird.

Das Neuartige ist, daß durch die Börseneuphorie dieses Wissen plötzlich buchstäblich aus dem Bestand des kollektiven und ertragslosen »Allgemeinwissens« in das des privilegierten Spezialwissens gelangt. All die Tipps und Hints und Ratschläge der Experten und Internetboards über neuartige Techniken und revolutionäre Methoden sind nichts anderes als die gleichsam börsenfähige Variante dessen, was man früher Allgemeinwissen nannte. Aus ihm ist nun Information geworden. Und es ist ganz gleichgültig, ob die Wissenschaftler sie für falsch oder richtig halten, sie beeinflußt Kurse und schafft selbst wieder neue Realitäten.

Noch ehe irgend jemand viel auf Celera Genomics gab, veröffentlichten Internet-Analysten im letzten Jahr auf dem Board der Firma eine Prognose, die sich im wesentlichen jetzt zu erfüllen scheint. In der nüchternen Sprache der Finanzwelt hatten die Analysten am Ende schließlich folgendes Argument: »Viele Kunden (consumers) werden ihre genetische Information nur der Gesellschaft anvertrauen, die sie entschlüsselt, und ihrem Arzt. Wenn Celera – und alles spricht dafür – der wichtigste genetische Informationsanbieter (»genetic information provider«) der Zukunft wird, wird er eine hohe Markentreue erreichen können. Kein Kunde wird Celeras Markennamen vergessen, wenn die Firma den Schlüssel zu seinem Erbgut verwahrt. Tatsächlich wird es wahrscheinlich der wichtigste Markenname im Leben jedes Menschen sein.«

»1984«, »Frankenstein«? Die Phantasien der neuen Gesellschaft werden nicht mehr von Schriftstellern, sondern von Analysten geschrieben, und sie werden an der Börse verkauft. »Shareholder value« wird plötzlich zu einem Anteilsschein an der Wissenschaft des neuen Säkulums: Die privatisierte Wissenschaft organisiert einen Kaufrausch an der Börse, weil sie selber die Programmierung eines solchen Kaufrauschs verheißt. Im wichtigsten Buch zu diesem Thema, in Jeremy Rifkins »Das biotechnische Zeitalter«, schreibt der Autor: »Die neuen Gentechnologien garantieren uns die gottähnliche Macht, die biologische Zukunft und die Merkmale der vielen Wesen auszuwählen, die nach uns kommen werden – die tollste Kauferfahrung aller Zeiten.«

Sie artikuliert sich im Internet. Ohne das Internet wäre weder der Siegeszug der Börse noch der Triumph von Celera Genomics vorstellbar. Hier, in den Websites der börsennotierten Unternehmen und ihrer Boards, erlebt man die ebenso unheimliche wie faszinierende Geburt der neuen Informationsgesellschaft, die

Inkubation einer Welt, die alles nur noch als gleichwertige Information wahrnimmt. Die Vorstufe einer Wissenschaft, die sich damit das Gewissen erleichtert, daß sie sich einredet, nicht mehr Menschen oder Tiere, sondern Informationssysteme zu verändern. Craig Venter, der Chef von Celera Genomics, so schrieb die »Washington Post«, werde womöglich der Bill Gates der Gentechnologie. Der Herr der Software, der Meister des Betriebssystems. Kaum war das geschrieben und gedruckt, konnte man den Spuren dieser Deutung durchs ganze Internet nachgehen. »Wie Microsoft seinen Explorer«, schreibt ein Lehrer aus Denver auf dem Börsenboard der Firma, »so kann Celera genetische Daten kostenlos weitergeben, aber ungeordnet, und ein Monopol auf die Ordnung anmelden.«

Hier, an der Börse, schreibt sich die Zukunft, und sie ist nicht klüger und nicht dümmer als irgendeines anderen Menschen Vorstellung von der Zukunft. Im Gegenteil: die Beteiligten sind herzlich unbekümmert, ob die Information im klassischen Sinn »richtig« oder »falsch« ist, sofern sie über den Aktienkurs honoriert wird. Deshalb ist für eine steigende Zahl von Menschen Wissenschaft auch keine Frage der Moral mehr. Wenig Hoffnung besteht, liest man die Börsenavantgarde im Netz, irgend jemand könne noch einmal daran erinnern, daß die Informationen des menschlichen Genoms einen Menschen bilden und die des tierischen Genoms ein Tier. Die Frage nach der Zukunft des Menschen ist identisch mit der Frage nach der Zukunft des BigMäc. »Mit den Bagels und dem neuen Frühstück«, schreibt der gleiche Lehrer und moderne Prometheus wenige Stunden später in einer Message auf dem Board von »McDonald's«, »und dem E-burger, glaube ich, können wir der Zukunft gelassen entgegensehen.«

8. *April 2000*

Frank Schirrmacher

Die Patente der Fliege

Eine Begegnung mit J. Craig Venter

Früher, als wir Zwölf-, Dreizehnjährige mit dem »Kosmos«-Lehr-
baukasten »Mikroskopie« in der Hand und dem Fernsehprofes-
sor Heinz Haber im Kopf die Geheimnisse der Natur entschlüsseln wollten, da haben auch wir uns der Fruchtfliege zugewandt.
Die Fruchtfliege kann man schnell erschaffen. Man läßt auf dem
Küchentisch ein paar Bananen faulen und hat sogleich eine ganze
Population der Drosophila melanogaster. Der »Kosmos«-Lehr-
baukasten sagte uns genau, was wir mit den Tierchen zu tun hatten. Aber viel gelernt haben wir dabei nicht.

Die Fruchtfliege liebt die Banane. Der Mensch liebt die Banane,
aber nicht die Fruchtfliege. Er tötet das Tierchen mit einem
Klatsch, wo immer er es erwischt. Seit Jahrtausenden geht das so.
Die beiden Wesen, die so nahe beieinander sind, haben doch
nichts voneinander gelernt, außer Jagd und Flucht. Vermutlich
sieht sogar für die meisten Menschen eine Fruchtfliege aus wie die
andere. Dabei ist jede einzelne von ihnen ein Schatzkästlein von
Besonderheiten. »Diese Fliege ist unser Lehrmeister«, sagt Craig
Venter an diesem Morgen in Paris. Seit sechzig Jahren ist die Drosophila ein »big player« in der Genforschung. Vor drei Wochen
hat Venter bekanntgegeben, daß seine Firma »Celera Genomics«
das Genom der Fruchtfliege vollständig erfaßt habe. Er hat hinzu-
gefügt, daß am Ende des Jahres das Genom des Menschen über-
prüfbar vorgelegt werde.

Man habe, sagt Venter, der Fruchtfliege noch viele Fragen zu
stellen. »Wir wissen leider nicht, ob eine Fruchtfliege tatsächlich
Depressionen bekommen kann, aber alle Voraussetzungen sind
da«, sagt er, »wir können ihr Serotonin und andere Neurotrans-
mitter sehr genau analysieren und daraus Medikamente entwik-
keln.« Manche Fruchtfliegen bekommen Alzheimer. Andere

leiden an Krebs. Bei einigen führt eine Mutation im Methusalem-Gen zu besonderer Langlebigkeit und Streß-Resistenz. Die Fruchtfliege kann auch Parkinson bekommen, und das Krankheitsbild ist dem des Menschen sehr viel ähnlicher als das vergleichbare von injizierten Mäusen. Sechzig Prozent der Fliegengene sind identisch mit denen des Menschen; die Natur erfindet das Rad nicht ein zweites Mal. Was funktioniert, das funktioniert: »Siebenundsechzig Prozent der menschlichen Krebsgene haben Parallelgene in der Fruchtfliege.« »Think of the homeobox genes«, sagt Venter, und wir lassen uns erklären, daß man vorhersagbare Anomalien am Vorder- und Hinterteil des Insekts hervorrufen kann. Fruchtfliegen mit mutierten Antennopedia-Genen wächst beispielsweise ein Bein anstelle einer Antenne auf dem Kopf.

Eine Reihe von Menschen sieht in Craig Venter eine solche Monstrosität. Dabei macht er keine Laborexperimente. Die Sequentierung des Genoms besorgen Computer. Die Universitätswissenschaft des Human-Genome-Projects, die eine Mittelverwendung von drei Milliarden Dollar nachweisen muß, verabscheut ihn. Bill Clinton und Tony Blair haben ihr Statement gegen die Patentierung des menschlichen Erbguts an ihn allein gerichtet – und es später widerrufen. »Ich weiß, daß Clinton weiß, daß er falsch informiert wurde«, sagt Venter.

Kaum jemand in Paris kümmert sich groß darum, daß Craig Venter heute am Institut Pasteur einen Vortrag hält. Die Fahrt vom Flughafen Charles de Gaulle zum Institut Pasteur führt mit fast lächerlicher Konsequenz an den Sehenswürdigkeiten der Stadt vorbei: Concorde, Triumphbogen, Eiffelturm, alles französisches Erbgut. Wer die Menschenmassen am Eiffelturm sieht, fragt sich, ob der Eiffelturm für die Menschen das ist, was die Banane für die Fruchtfliege ist. Venter hält dergleichen nicht für abwegig. Er gehört zu den Wissenschaftlern, die im Bakterium den Menschen wiederentdecken. Warum nicht auch im Eiffelturm den Buchstaben des metasozialen Erbguts? »Zwischen Ihnen und dem Schimpansen«, sagt er, um uns zu verblüffen, »gibt es eine fast 99prozentige Übereinstimmung der Gene. Im

Rest liegt der Mensch.« Beschwichtigend sagt er zu dem Besucher: »Der einzige Unterschied zwischen uns beiden ist die junk-DNA, die Müll- oder Schrott-DNA. Wir Menschen sind uns unvorstellbar ähnlich.« Doch die 0,0001 Prozent, die uns von Craig Venter unterscheiden, sind von Gewicht. »Unser Körper besteht aus einhundert Billionen Zellen. Können Sie sich das vorstellen? Ich mußte mühsam lernen, was eine Milliarde ist, als ich den Marktwert unserer Firma errechnete.« Venter ist nicht nur ein wissenschaftliches Genie, sondern auch ein Milliardär, was ihm den besonderen Haß der wissenschaftlichen Community eingetragen hat.

Vor Jahren hat er eine Ein-Mann-Segeltour auf exakt der Route von Kolumbus gemacht. Daß er jetzt das menschliche Genom kolonisieren wolle, gehört zu den Befürchtungen seiner Kritiker. Viel wahrscheinlicher aber ist, daß Venter der Pionier der endgültigen Verbindung von Informations- und Biotechnologie sein wird, die von den Fragen der »Patentierung« im klassischen Sinn gar nicht mehr betroffen ist. Vermutlich wird man in naher Zukunft über sein Gendatenbank so sprechen wie über das Textcorpus von Goethe oder Shakespeare. Der Text selbst ist frei, aber er ist nutzlos ohne Chronologie, Ordnung und kritischen Apparat.

Venters Firma verschafft sich die Sequenzierungsdaten durch den Einsatz von Computern, die das Genom nach algorithmischen Gesetzen entschlüsseln. Diese von der akademischen Wissenschaft ursprünglich verhöhnte und jetzt kopierte Methode bezeichnet nichts weniger als den Übergang der Biologie in eine Informations-, ja in eine Text-Wissenschaft. Venter schätzt den Biologen Richard Dawkins, der 1986 schrieb: »Was sich im Kern jedes lebenden Dings befindet, ist nicht ein Feuer, nicht warmer Atem, nicht ein Funken Leben. Es sind Wörter, Informationen, Anweisungen. Wenn wir das Leben verstehen wollen, so dürfen wir nicht an vibrierende, pochende Gele und Schlamme denken, sondern an Informationstechniken.«

»Ich fühle mich Pasteur verwandt«, sagt Venter ohne Anmaßung und lehnt den Vergleich mit Bill Gates ab. Denn man hat

Venters Streit mit dem Human-Genome-Project mit dem Konflikt verglichen zwischen Microsoft – dem geschlossenen, privatwirtschaftlichen Betriebssystem – und Linux, dem kostenlosen, offenen, gemeinwirtschaftlichen Betriebssystem. Sicher ist, daß niemand mehr zur Beschleunigung der Sequentierung und Entschlüsselung des Genoms beigetragen hat als Craig Venter. Sicher ist auch, daß er eine Vorstellung von der Gesellschaft hat, in die wir im Begriff sind einzutreten. »In zwei Jahren werden wir die Welt tiefgreifend verändert sehen«, sagt er zum Abschied. Ob das eine wissenschaftliche Prognose ist oder die Ad-hoc-Mitteilung eines CEO?

Zehn Jahre nach dem Untergang des Marxismus ist die Frage des Eigentums ganz unvermutet zur Kernfrage des einundzwanzigsten Jahrhunderts geworden. Es geht um Fragen, die so real sind wie der Grundbesitz in Tokio oder Hongkong. Es geht um Minen und Bergwerke im Internet und um Ressourcen. »Information ist die einzige Ressource, die nicht durch Konsum verschwindet, sondern zunimmt«, sagt Venter und winkt. »Wir haben begonnen, nichts kann den Fortschritt aufhalten.« Auf dem Weg zurück im Makrokosmos tut der Fahrer sein Bestes, uns das französische Erbgut rechts und links der Straße zu erklären.

Wir aber schauen nicht hinaus, sondern auf den Rücken des Taxifahrers, dieses Schatzkästleins von Besonderheit, und wir wären nicht überrascht, wenn er erklärte, er wolle sich demnächst übrigens auch ein Bein aus dem Kopf wachsen lassen.

18. April 2000

J. Craig Venter

Der Mensch in der Genfalle

Am 24. März 2000 wurde die Genomsequenz für die Taufliege Drosophila (also für einen in der biomedizinischen Forschung wichtigen Modellorganismus) in der Zeitschrift »Science« veröffentlicht. Celera hatte mit der Sequenzermittlung für dieses Genom im Mai 1999 begonnen. Im Januar 2000 hatte Celera bekanntgegeben, daß sie mit ungeordneten, aber höchst akkurat erfaßten Fragmenten neunzig Prozent des Genoms abdecken konnte. Das staatlich finanzierte Projekt hatte verlautbaren lassen, daß es etwa denselben Punkt erreicht hat. Wir könnten nun unsere Daten zusammenführen, um zu einer vollständigen Sequenz zu gelangen. Wie sich bei unserer Arbeit an der Erstellung des Drosophila-Genoms gezeigt hatte, ergäbe sich aus beiden Daten eine akkuratere Version der menschlichen Genomsequenz als mit den Daten nur eines Projekts.

Am Montag hieß es in der Zeitschrift »Time«, das staatliche Projekt sei »fertig« und der Wettlauf um die Vervollständigung des menschlichen Genoms zu Ende. Eine Analyse der Projektdaten zeigt aber, daß das unmöglich ist. Wie kann die Sequenz vollständig sein, solange es sich um eine ungeordnete Kollektion von Fragmenten handelt? Wie ist es möglich, daß nur wenige Lücken übriggeblieben sind, wenn die Daten aus etwa 50 000 Fragmenten mit einer Durchschnittsgröße von achttausend Grundpaaren bestehen und alle Fragmente durch Lücken getrennt sind? Das bedeutet, daß das staatlich finanzierte Programm weit davon entfernt ist, »fertig« zu sein.

Wir müssen der Öffentlichkeit die Ziele unserer Firma besser vermitteln. Celera ist die einzige Firma auf dem Gebiet der Genomanalyse, die ihre Möglichkeiten dafür einsetzt, die Sequenz des menschlichen Genoms direkt aufzustellen. Als Informatikunternehmen ist Celera eher dazu da, Forscher bei ihren

Vorhaben zu unterstützen als selbst genetische Entdeckungen zu machen und neue Medikamente zu entwickeln. Außerdem unterscheidet sich unsere Geschäftspraxis von der vieler unserer Konkurrenten insofern, als wir unsere Daten und Informationen zur Verfügung stellen, ohne den Benutzern abschreckend hohe Gewinnanteile für jene Entdeckungen abzuverlangen, die sie mit Hilfe unseres Datenmaterials machen können. Zu unseren Gründungsprinzipien gehört es, daß wir die gesamte menschliche Genomsequenz über unsere Website im Internet allen Forschern gratis zur Verfügung stellen werden, sobald sie vollständig vorliegt.

Celera hat seit dem Beginn der Sequenzanalyse der Taufliege fünf große pharmazeutische Unternehmen als Kunden gewonnen. Die ersten dieser Geschäftspartner, Pharmacia Corporation & Upjohn, Novartis und Amgen, stellten Celera entsprechenden Input für Verbesserungen am Datenlieferungssystem und an der Software zur Verfügung. Zwei weitere Kunden aus der pharmazeutischen Industrie sind zu uns gekommen, seit wir im September 1999 begonnen haben, die Sequenz des menschlichen Genoms zu analysieren: Pfizer und die japanische Firma Takeda Chemical Industries.

Wer einmal begriffen hat, daß unser Geschäft auf dem ungehinderten Zugang zu Daten beruht und daß unsere Verpflichtung, die Genomdaten frei zur Verfügung zu stellen, für dieses Geschäft wesentlich ist, der wird unser Erstaunen über die Verwirrung verstehen, welche durch die kürzlich verlautbarte Erklärung von Präsident Clinton und Premierminister Blair entstanden ist. Diese Erklärung stellt kein Hindernis für Celeras Unternehmensmodell dar, auch wenn man besagten Standpunkt auf den Bereich der kommerziellen Genomanalyse überträgt. Wir haben damals folgende Erklärung abgegeben: »Celera Genomics begrüßt die Verlautbarung ... Schon bei der Gründung von Celera haben wir uns eindeutig dazu verpflichtet, daß wir bei Abschluß der Analyse des menschlichen Genoms das Ergebnis in einer anspruchsvollen wissenschaftlichen Zeitschrift veröffentlichen und der Forschung gratis zugänglich machen werden.«

Obwohl die gemeinsame Erklärung harmlos war, hat sie einen steilen Sturz der Nasdaq-Notierung ausgelöst und innerhalb von zwei Tagen auf dem biotechnologischen Sektor einen Kapitalisierungsverlust von über fünfzig Milliarden Dollar herbeigeführt; der Kursverfall hat sich seither dramatisch fortgesetzt.

Am 10. Januar 2000 haben wir erklärt, daß wir die Daten für DNA-Sequenzen gespeichert haben, die neunzig Prozent des menschlichen Genoms abdecken. Als Ergebnis jener ausführlichen Sequenzbearbeitung der 23 Paare menschlicher Chromosomen und aufgrund statistischer Analyse kamen wir zu dem Schluß, daß mehr als 97 Prozent aller menschlichen Gene in diesem Celera-Datenvolumen repräsentiert sind. Die Sequenzdaten, entwickelt aus (nach dem Zufallsprinzip ausgewählten) Fragmenten aller menschlichen Chromosomen, umfaßten mehr als 5,3 Milliarden Grundpaare (Buchstaben des menschlichen genetischen Codes) mit einer über 99 Prozent liegenden Genauigkeit. Die 5,3 Milliarden Grundpaare repräsentierten 2,58 Milliarden Grundpaare einzigartiger Sequenz, die 81 Prozent eines geschätzten Genomvolumens von 3,18 Milliarden Grundpaaren darstellten. Diese Daten, zusammengenommen mit all den Daten »fertiger« und »vorläufiger« Sequenzen aus öffentlichen Dateien, machten Celera die Fixierung von neunzig Prozent des menschlichen Genoms möglich. Seit dieser Meldung haben wir unsere Quote erhöht. Wir machen so gute Fortschritte, daß wir unsere frühere Schätzung, das Projekt würde vor dem Ende des Jahres 2001 abgeschlossen sein, revidiert haben: Es wird noch 2000 beendet.

Zum Ansatz von Celera gehört es, daß wir das gesamte Genom einer Reihe von menschlichen Individuen aufnehmen. Insofern unterscheidet sich unser Vorgehen von dem staatlich finanzierten Projekt, bei dem ein einziges abstraktes Genom aus Teilen des Genoms verschiedener Menschen zusammengesetzt werden soll. Unser Ansatz erlaubt es uns, während der Entzifferung des menschlichen Genoms gleichzeitig eine Datei aufzubauen, mit welcher die genetischen Variationen zwischen Individuen studiert werden können.

Wir haben bei der Gründung gesagt, daß Celera versuchen wird, aus den 10 080 000 menschlichen Genen hundert bis dreihundert medizinisch wichtige neue Gene zu entwickeln, die von pharmazeutischen und biotechnischen Unternehmen verwendet werden können. Wir werden bei der Vermarktung dieser therapeutisch wichtigen Gene unseren Kunden den Vorrang geben, werden aber die Produkte nicht exklusiv vermarkten. Wir versuchen nicht, das menschliche Genom, irgendwelche seiner Chromosomen oder eine Zufallssequenz patentieren zu lassen. Celera hat letzten Herbst erklärt, daß die Firma 6500 vorläufige Patentanträge gestellt hat. Das war die Grundlage der Vorwürfe in der »Los Angeles Times«, ich hätte den Unterausschuß irregeführt. Jene, die den Vorwurf erhoben, waren offensichtlich nicht mit dem Begriff des vorläufigen Patentantrags vertraut. Ein solcher Antrag dient dazu, das Patentamt davon in Kenntnis zu setzen, daß eine bestimmte Entdeckung gemacht worden ist – für den Fall, daß wegen derselben Entdeckung weitere Patentanträge gestellt werden. Ein Patent kann erst erteilt werden, wenn innerhalb eines Jahres nach dem vorläufigen Antrag tatsächlich ein wirklicher Antrag gestellt wird. Während dieser zwölf Monate kann die Firma Celera zusammen mit ihren pharmazeutischen Partnern entscheiden, welche Gene medizinisch so wichtig sind, daß man einen entsprechenden Antrag stellen sollte. Dieses Vorgehen ähnelt der Forschungsstrategie pharmazeutischer Unternehmen. Bei der Entwicklung von Medikamenten beginnen sie mit Tausenden von Mixturen, deren Anzahl sich auf wenige reduziert, wenn man das Problem näher erforscht. So wird Celera Tausende von Genen untersuchen, ehe man zu dem Ergebnis kommt, welche für die menschliche Gesundheit die größte Bedeutung haben und sich mit größter Wahrscheinlichkeit von Pharmaziefirmen zu kommerziellen Produkten weiterentwickeln lassen. Andere Firmen verfolgen andere Strategien, was die Frage des geistigen Eigentums angeht, und ich kann hier nicht für sie sprechen, aber man muß beachten, daß bei Veränderungen im Patentrecht berücksichtigt werden sollte, welche Auswirkungen derartige Änderungen auf die Anstrengungen der pharmazeutischen Firmen zur Entwicklung von neuen Medikamenten haben würden.

Celera begrüßt die kürzlich vom Patentamt eingenommene Position – eine Meinung, die sich auf die Präzedenzfälle aus Hunderten von Jahren stützen kann. Die patentrechtlich grundsätzlich bestehenden Anforderungen (an Nützlichkeit, Neuheit, Nicht-Evidenz) stellen einerseits einen umfassenden Schutz gegen die befürchtete Patentierung des menschlichen Genoms dar und verhindern andererseits, daß diese wissenschaftliche Revolution sich verlangsamt. Celera glaubt nicht, daß das Genom oder andere reine Produkte der Natur patentiert werden können, und unsere selbstauferlegte Verpflichtung zur Veröffentlichung unserer Ergebnisse beweist, daß wir nicht versuchen werden, ein Patent zu beantragen. Im Hinblick auf die gültigen Prinzipien des Patentrechtes glauben wir aber, daß Patente und andere Schutzmaßnahmen für anschließende Erfindungen, die das Genomalphabet verwenden und Nützlichkeit, Neuheit und Nicht-Evidenz nachweisen können, notwendig sind – um sicherzustellen, daß entsprechende Anreize die Genomrevolution vorantreiben.

Pharmazeutische und biotechnische Firmen gebrauchen diese Gene als direktes Mittel zur Produktion von Medikamenten wie Insulin und als »Zielpunkte« zur Entwicklung von Substanzen, die – je nach Art des Verhältnisses, in welchem das Gen zu einer Krankheit steht – die Aktivität des Gens befördern oder beschränken. Die Kosten, die entstehen, wenn ein Medikament die Zulassungsprozeduren der Gesundheitsbehörde durchläuft, können 300 bis 800 Millionen Dollar betragen. Wenn sie Patente auf die Medikamente und ihre Zielgene besitzt, kann eine Firma die patentierten Entdeckungen eine Zeitlang kommerziell ausbeuten. In diesem Zeitraum lassen sich die Entwicklungskosten vielleicht hereinholen. Ein Pharmazieunternehmen wird immer verlangen, daß ein Zielgen, das man ihm liefert, geschützt ist – das gehört zu seinen Anstrengungen, die Entwicklungskosten zu kompensieren. Allerdings sind die Firma Celera und viele unserer Partner in der pharmazeutischen Industrie besorgt darüber, daß die Patentierung wahllos herausgegriffener Genomfragmente, wie sie viele Firmen und Forschungsinstitute vornehmen lassen, den Zugang zu bestimmten Zielgenen erschweren, der für die Entwicklung neuer Medikamente unerläßlich ist. Ein wichtiger Aspekt der Unternehmenspolitik von Celera ist die nichtexklusive Vermarktung solcher Zielgene.

Am vergangenen Montag haben Celera und die National Institutes of Health eine Erklärung abgegeben, in der unsere gemeinsamen Ansichten zur Rolle der Patente bekräftigt werden: »Die NIH und Celera Genomics stimmen darin überein, daß ein Patentschutz für das gesamte menschliche Genom, für zufällig herausgegriffene Sequenzen und anonyme Sequenzen ohne nachgewiesene Nützlichkeit von den Patentämtern der Vereinigten Staaten und des Auslandes nicht gewährt werden sollte und nicht dem Zweck entspricht, die kommerzielle Nutzung wichtiger neuer Produkte zu fördern, welche auf Grund von Gensequenzinformationen entwickelt werden. Beide sind sich einig, daß die Patentierung erstmals isolierter Gene, deren Funktionen und medizinische Bedeutung zum Zeitpunkt der Patentierung spezifisch, bedeutend und glaubhaft sind, ein Ansporn für weitere Entwicklungen zum Nutzen der Öffentlichkeit sein kann. Die NIH und Celera stimmen darin überein, daß Patentschutz für anonyme Sequenzen ohne nachgewiesene Nützlichkeit nicht beansprucht werden sollte.«

Unter amerikanischem und europäischem Patentrecht haben Forscher die Möglichkeit, Grundlagenforschung für nichtkommerzielle Zwecke an den patentierten Entdeckungen anderer zu betreiben. Während manche die Hypothese aufstellen, daß Genpatente allgemein die Forschung hemmen werden, weisen die Tatsachen in eine andere Richtung. Beispielsweise wurde ein Patent für das BRACCA1-Gen, das mit dem Brustkrebs in Zusammenhang steht, 1993 erteilt. Seither sind mehr als 721 Veröffentlichungen der Grundlagenforschung über das BRACCA1-Gen erfolgt, und Dutzende weiterer Patentanträge zu verwandten Erfindungen, darunter Gentests mit Bezug auf das BRACCA1-Gen, sind von Individuen an Universitäten und in Firmen gestellt worden. Darüber hinaus wird Celeras Prinzip, Gene nichtexklusiv zu vermarkten, sicherstellen, daß Genentdeckungen vielen zur Verfügung stehen.

Ich möchte noch auf einen letzten Punkt eingehen, über den ebenfalls Verwirrung herrscht. Es geht um die Bereitschaft von Celera, mit dem öffentlich finanzierten Projekt zur sequentiellen Darstellung des menschlichen Genoms zusammenzuarbeiten. Ehe ich die Gründung von Celera bekanntgab, habe ich mich mit dem damaligen Leiter Harold Varmus und mit Dr. Collins getroffen. Ich habe ihnen dasselbe Angebot zur Zusammenarbeit gemacht wie früher Dr. Rubin, als es um das Drosophila-Genom ging. Im Gegensatz zu damals kam es nun zu keiner Kooperation. Wir versuchten, zu einer Zusammenarbeit mit dem Energieministerium zu kommen (der Behörde, die das U.S. Human-Genome-Project gegründet hatte). Der NIH and Wellcome Trust erhob Einwände, und der Versuch blieb folgenlos. Kürzlich erhielten wir einen von den Medien lautstark verbreiteten Brief von NIH and Wellcome Trust, in welchem anscheinend ein Abbruch der Gespräche angekündigt wurde. Ich habe in meinem Antwortbrief vom 4. März 2000 betont, daß wir weiterhin an Gesprächen über eine Zusammenarbeit interessiert sind. Während sowohl Celera wie das staatliche Projekt in der Lage sind, das Ziel einer genauen und geordneten Version des Genoms eigenständig zu erreichen, glaube ich doch: Die Kooperation bei der Drosophila hat bewiesen, daß wir zu einem rascheren und besseren Ergebnis kommen können, wenn wir kooperieren.

Als die PE Corporation und ich im Mai 1998 Celera gründeten, da verband uns die Idee der Sequenzanalyse des menschlichen Genoms – und der Beschleunigung einer Revolution in der Biologie und im Gesundheitswesen. Mit rein privater Finanzierung brachten wir einzigartige Technologien und Begabungen zusammen. Nachdem Hunderte von anderen sich dem Unternehmen angeschlossen haben, ist Celera bereits jetzt weit über unsere eigenen Erwartungen hinaus erfolgreich gewesen und entwickelt sich als Teil dieser aufregenden wissenschaftlichen Revolution. Bei Celera haben wir immer geglaubt, daß die Sequenzerstellung des menschlichen Genoms das erste, nicht das letzte Kapitel dieser Revolution sein würde. Das letzte Kapitel wird die vollkommene Erkenntnis der Lebensprozesse zum Inhalt haben – so daß wir endlich Krankheiten direkt an der Wurzel behandeln und heilen können. Wir sehen den Tag kommen, da Therapien wie Bestrahlung oder Chemotherapie, mit ihren tückischen Nebeneffekten und ihrer Unsicherheit, medizinische Anachronismen sein werden. Dieser Tag wird nicht morgen oder nächstes Jahr da sein. Und es kann ihn nicht eine einzige Person, Firma oder Organisation herbeiführen. Die Revolution braucht mehr als einen Soldaten.

Aus dem Amerikanischen übersetzt von Joachim Kalka.
J. Craig Venter ist Präsident der Firma Celera Genomics.

8. April 2000

Richard Dawkins

Wir spielen Gott
Ein Brief an Prinz Charles

Königliche Hoheit,
Ihre Reith Lecture hat mich betrübt. Ich habe große Sympathie für
Ihre Ziele und bewundere Ihre Aufrichtigkeit. Aber Ihre feindselige
Einstellung gegenüber der Wissenschaft ist diesen Zielen nicht dienlich; und mit Ihrem Eintreten für ein wirres Gemisch widersprüch-
licher Alternativen laufen Sie Gefahr, den Respekt zu verspielen,
den Sie meines Erachtens verdienen. Ich weiß nicht mehr, wer einmal gesagt hat: »Natürlich müssen wir in unserem Denken offen
sein, aber doch nicht so offen, daß uns der Verstand ausläuft.«
    Sehen wir uns einige der alternativen Philosophien an, die Sie
offenbar der wissenschaftlichen Vernunft vorziehen. Da ist zunächst die Intuition, die Weisheit des Herzens, »das Rauschen des
Windes in den Blättern«. Unglücklicherweise hängt alles davon
ab, wessen Intuition Sie wählen. Soweit es um Ziele geht (wenn
auch nicht um Methoden), stimmt Ihre Intuition mit der meinen
überein. Von ganzem Herzen teile ich Ihr Ziel eines langfristig
angelegten pfleglichen Umgangs mit unserem Planeten und seiner
vielfältig-komplexen Biosphäre.
    Aber was ist mit der instinktiven Klugheit in Saddam Husseins
dunklem Herzen? Mit dem wagnerschen Wind, der Hitlers ver-
krüppelte Blätter zum Rauschen brachten? Der Yorkshire Ripper
hörte religiöse Stimmen in seinem Kopf, die ihn zum Töten zwan-
gen. Wie können wir entscheiden, welchen intuitiven inneren
Stimmen wir folgen sollen?
    Dieses Dilemma, das sei hier ausdrücklich gesagt, vermag die
Wissenschaft nicht zu lösen. Meine leidenschaftliche Sorge um
den nachhaltigen Schutz unserer Erde ist ebenso emotional wie
die Ihre. Doch während ich zulasse, daß Gefühle meine Ziele
bestimmen, halte ich mich doch lieber ans Denken als ans Fühlen,

wenn es um die beste Methode zur Verwirklichung dieser Ziele geht. Und Denken meint hier wissenschaftliches Denken. Es gibt keine effektivere Methode. Wenn es sie gäbe, würde die Wissenschaft sie in sich aufnehmen.

Als nächstes, Sir, haben Sie, wie ich meine, möglicherweise eine übertriebene Vorstellung vom natürlichen Charakter der »traditionellen« oder »organischen« Landwirtschaft. Die Landwirtschaft war immer schon unnatürlich. Wir haben uns erst vor zehntausend Jahren von unserer natürlichen Lebensweise als Jäger und Sammler zu lösen begonnen – eine Zeitspanne, die zu kurz ist, als daß man sie auf der Zeitskala der Evolution messen könnte.

Der Weizen, ob Vollkorn oder ausgemahlen, ist kein natürliches Nahrungsmittel für den Homo sapiens. Auch Milch nicht, außer bei Kindern. Fast unsere gesamte Nahrung ist genetisch verändert, wenn auch nicht durch künstliche Mutation, sondern durch künstliche Selektion, aber das Ergebnis ist dasselbe. Ein Weizenkorn ist ein genetisch veränderter Grassamen, geradeso wie ein Pekinese ein genetisch veränderter Wolf ist. Gott spielen? Wir spielen schon seit Jahrhunderten Gott.

Die große namenlose Masse, zu der wir geworden sind, hat ihren Ursprung in der landwirtschaftlichen Revolution, und ohne Landwirtschaft könnte nur ein winziger Bruchteil der heutigen Weltbevölkerung überleben. Unsere großen Bevölkerungszahlen sind ein landwirtschaftliches (und technisches und medizinisches) Artefakt. Sie sind weitaus unnatürlicher als die Verhütungsmethoden, die der Papst als unnatürlich verdammt. Ob es uns gefällt oder nicht, wir sind auf die Landwirtschaft angewiesen, und Landwirtschaft – jede Landwirtschaft – ist unnatürlich. Den Verrat an der natürlichen Lebensweise haben wir schon vor zehntausend Jahren begangen.

Bedeutet das nun, daß wir keine Wahl zwischen verschiedenen Arten von Landwirtschaft hätten, wenn es um die nachhaltige Sicherung unserer Umwelt geht? Ganz sicher nicht. Manche sind weitaus gefährlicher als andere, aber es hat keinen Sinn, bei der Wahl zwischen ihnen auf »Natur« oder »Instinkt« zu verweisen.

Wir müssen die Realität untersuchen, nüchtern und vernünftig, eben wissenschaftlich. Holzeinschlag und Brandrodung zerstören unsere alten Wälder (kein landwirtschaftliches System ist übrigens »traditioneller« als die Rodung). Überweidung (wiederum von »traditionellen« Kulturen weithin praktiziert) führt zu Bodenerosion und verwandelt fruchtbares Weideland in Wüste. Und wenn wir uns unserem eigenen modernen Stamm zuwenden, so erweist sich die von Kunstdünger und Pestiziden unterstützte Monokultur als Gefahr für die Zukunft; schlimmer noch ist der undifferenzierte Einsatz von Antibiotika in der Tierzucht.

Zu den beunruhigenden Aspekten des hysterischen Widerstands gegen die möglichen Gefahren genmanipulierter Lebensmittel gehört die Tatsache, daß er von den tatsächlichen Gefahren ablenkt, die bereits wohlbekannt sind, aber weithin ignoriert werden. Die Entwicklung von Bakterienstämmen, die gegen Antibiotika resistent sind, hätte ein Darwinist schon zum Zeitpunkt der Entdeckung der Antibiotika voraussehen können. Leider haben warnende Stimmen sich nur leise zu Wort gemeldet, und heute werden sie übertönt von dem kakophonen Geschrei um die genmanipulierten Lebensmittel.

Wenn die Warnungen vor den genmanipulierten Lebensmitteln sich, wie ich erwarte, als gegenstandslos erweisen, könnte das Gefühl, getäuscht worden zu sein, der Auseinandersetzung mit den wirklichen Gefahren schaden. Ist Ihnen schon einmal der Gedanke gekommen, das gegenwärtige Getöse um die genmanipulierten Lebensmittel könnte ein Fehlalarm sein?

Selbst wenn Landwirtschaft natürlich sein könnte und selbst wenn es möglich wäre, ein instinktives Verhältnis zur Natur herzustellen, fragt sich doch, ob die Natur überhaupt als Vorbild taugt. Hier gilt es, sorgfältig nachzudenken. In gewissem Sinne sind Ökosysteme tatsächlich im Gleichgewicht und harmonisch, wobei die darin integrierten Arten sich in wechselseitiger Abhängigkeit befinden. Darum ist der Raubbau der Konzerne, der die Regenwälder zerstört, ein krimineller Akt.

Andererseits müssen wir uns ein weitverbreitetes Mißverständnis vor Augen führen, das den Darwinismus betrifft. Tennyson schrieb vor Darwin, aber er sah die Sache richtig. Die Natur hat blutige Zähne und Klauen. Anders als wir es gerne sehen möchten, begünstigt die natürliche Selektion, die innerhalb der einzelnen Arten am Werk ist, keineswegs langfristig angelegte Vorteile, sondern kurzfristigen Gewinn. Holzfäller, Walfänger und andere Profiteure, die in kurzsichtiger Gier die Zukunft aufs Spiel setzen, tun nur das, was alle wilden Lebewesen seit drei Milliarden Jahren tun.

Kein Wunder, das T. H. Huxley, Darwins Wachhund, seine Ethik auf einer Ablehnung des Darwinismus gründete. Natürlich nicht auf einer Ablehnung des Darwinismus als Wissenschaft, denn man kann die Wahrheit nicht ablehnen. Aber gerade weil der Darwinismus wahr ist, wird es noch wichtiger für uns, gegen die natürliche Selbstsucht und die Ausbeutungstendenzen der Natur zu kämpfen. Wer kann das tun? Keine andere Pflanzen- oder Tierart dürfte dazu in der Lage sein. Wir können es, weil unser Gehirn (mit dem uns allerdings die natürliche Selektion aus Gründen kurzfristiger darwinistischer Vorteile ausgestattet hat) so groß ist, daß wir in die Zukunft zu sehen und langfristige Folgen abzuschätzen vermögen.

Die natürliche Selektion gleicht einem Roboter, der nur den Berg hinaufsteigen kann, auch wenn er anschließend auf einem lumpigen Hügelchen festsitzt. Sie verfügt über keine Mechanismen, die es ihr ermöglichten, von dem Hügel herabzusteigen und das Tal zu durchqueren, um auf der anderen Seite einen sehr viel höheren Berg zu besteigen. Die Natur kennt keine Voraussicht, keine Mechanismen, die davor warnen könnten, daß die selbstsüchtigen Vorteile zur Auslöschung der Art führen werden – und tatsächlich sind 99 Prozent aller Arten, die jemals existiert haben, ausgestorben.

Das menschliche Gehirn, das wahrscheinlich einzigartig in der gesamten Evolutionsgeschichte dasteht, kann über das Tal hinwegsehen und einen Weg suchen, der weg von der drohenden Auslöschung und hin zu den fernen Höhen führt. Langfristige Planung – und damit überhaupt erst die Möglichkeit eines schonenden Umgangs mit der Umwelt – ist auf der Erde etwas vollkommen

Neues, ja Fremdes. Sie findet sich allein im menschlichen Gehirn. Die Zukunft ist eine ganz neue Erfindung der Evolution. Eine kostbare und zerbrechliche Erfindung. Wir müssen unseren ganzen wissenschaftlichen Verstand einsetzen, um sie zu beschützen.

Es mag paradox klingen, doch wenn wir die Zukunft des Planeten sichern wollen, müssen wir zuallererst aufhören, uns Rat in der Natur zu holen. Die Natur ist ein kurzfristiger darwinistischer Profiteur. Darwin selbst hat gesagt: »Welch ein Buch könnte ein Teufelspriester über die unbeholfenen, verschwenderischen, stümperhaften, gemeinen und fürchterlich grausamen Werke der Natur schreiben!«

Natürlich ist das bedrückend, aber es gibt kein Gesetz, das besagt, die Wahrheit müsse erfreulich sein. Es hat keinen Sinn, den Boten – die Wissenschaft – für die Botschaft zu strafen und sich ein anderes Weltbild zurechtzulegen, weil es angenehmer erscheint. Und immerhin ist Wissenschaft nicht nur bedrückend. Sie ist übrigens auch keine arrogante Alleswisserin. Jeder Wissenschaftler, der diesen Namen verdient, wird Ihnen zustimmen, wenn Sie Sokrates zitieren: »Ich weiß, daß ich nichts weiß.« Was sonst treibt uns, es herauszufinden?

Am meisten betrübt mich, Sir, wie sehr Sie der Wissenschaft fehlen werden, wenn Sie ihr den Rücken kehren. Ich habe selbst versucht, über die wunderbare Poesie der Wissenschaft zu schreiben; aber darf ich mir erlauben, Sie auf das Buch eines anderen Autors hinzuweisen? Es ist »The Demon-Haunted World« des verstorbenen Carl Sagan (auf deutsch erschienen als »Der Drache in meiner Garage«). Und insbesondere möchte ich Ihre Aufmerksamkeit auf den Untertitel lenken: »Science as a Candle in the Dark«.

Aus dem Englischen von Michael Bischoff.
Richard Dawkins lehrt Evolutionsbiologie an der Universität Oxford. Auf deutsch erschienen von ihm »Das egoistische Gen«, »Und es entsprang ein Fluß in Eden« und »Der entzauberte Regenbogen«.
24. Mai 2000

Friedrich von Bohlen und Halbach

Das nächste »Heureka!« muß aus Europa erschallen

Die Nachricht des heutigen Tages könnte lauten: »Heureka!« Die legendäre Erfolgsmeldung charakterisiert hier schlicht und prägnant einen Meilenstein in der Geschichte der Menschheit. In der emotionalen Breitenwirkung kommt diese Meldung der ersten Mondlandung gleich, von der Bedeutung her ist sie mit der ersten Impfung zu vergleichen (die allerdings bei weitem nicht so viel Beachtung fand). Das ist auch das Besondere hier: die Koppelung der Wichtigkeit dieses Ereignisses für die Menschheit mit der Aufmerksamkeit, die diesem Ereignis zuteil wird.

Die sich aus dieser Nachricht ergebenden Erwartungen sind allerdings zu relativieren, da die eigentliche Arbeit zum guten Teil erst noch bevorsteht. Es ist so, als ob man den kompletten Buchstaben- und Zeichensatz eines Buches entdeckt hat, leider aber die benutzte Sprache und Syntax nur teilweise kennt. Was es jetzt für das tiefere Verständnis des Genoms braucht, ist – metaphorisch gesprochen – ein neuer Stein von Rosetta. Genau daran wird heute gearbeitet – man nennt es Postgenomics.

»Celera« ist nüchtern betrachtet ein amerikanisches Unternehmen aus Maryland, knapp drei Jahre alt. Der Name ist abgeleitet aus »acceleration«, und folgerichtig lautet das Firmenmotto: »Speed matters.« Soweit noch nichts Besonderes. Das wird es aber, wenn man erfährt, daß dieses relativ kleine Unternehmen in nur wenigen Monaten und fast im Alleingang geschafft hat, woran Dutzende akademischer Laboratorien weltweit seit zehn Jahren gearbeitet haben: nämlich die Sequenz eines sehr großen und sehr bedeutenden Genoms aufzuklären.

Die eigentliche Revolution, die dahintersteckt, geht jedoch viel weiter. Die klassische Trennung (ehrlicherweise müßte man sagen: willkürliche) von Wissenschaft und Industrie wird obsolet.

Die Sequenzaufklärung war länger schon keine wissenschaftliche Herausforderung mehr, sondern eine Frage der effizienten Umsetzung technologischen Fortschritts. Diese »neue Konvergenz« wird sich in Zukunft noch stärker manifestieren. Es sind heute private Unternehmen, allen voran amerikanische, die die meisten Patente auf Sequenz-Funktionsbeziehungen aus den verschiedensten Organismen halten. Dieser Patentschutz ist die Voraussetzung dafür, daß erhebliche Gelder in die zukünftige Veredelung und Weiterentwicklung dieser Patente investiert werden, die letztlich zu neuen und besseren Wirkstoffen (zum Beispiel Arzneimittel) oder Verfahren (zum Beispiel zum effizienteren Abbau umweltbelastender Stoffe) führen sollen.

Geld ist die am wenigsten knappe Ressource in der heutigen Biotechnologie. Allein in Deutschland stehen prinzipiell mehrere Milliarden Euro zur Verfügung. Aber nicht in Form notorisch zu knapper Staatsfinanzen, sondern in Form privat bereitgestellter Fonds. Es ist letztlich eine Frage des Mutes, diese neuen Finanzierungsformen anzusprechen. Widerstand hiergegen ist meist emotional geprägt und Ausdruck einer unscharfen Angst vor Meßbarkeit und Effizienzkontrolle. New Economy wird heute unumstritten als Synonym für eine neue unkonventionelle, leistungs- und erfolgsorientierte Einstellung in der Industrie benutzt. Ganz analog ist es meines Erachtens an der Zeit, den Begriff der »New Science« zu prägen.

Amerika gibt in der Biotechnologie unumstritten das Tempo vor. Die technologischen Voraussetzungen für die Entschlüsselung komplexer Genome wurden bereits in den siebziger und achtziger Jahren des zwanzigsten Jahrhunderts geschaffen. Obwohl die einzelnen Erfindungen für sich genommen nur begrenzte Bedeutung hatten, bilden sie in der Summe die Grundlage für die biotechnologische Revolution, die in den neunziger Jahren begann. Es handelte sich fast immer um Erfindungen und Entwicklungen, die Nobelpreise nach sich zogen, und sie stammten fast ausschließlich aus amerikanischen Laboratorien.

Gefragt, was man als Schulabgänger heute werden solle,

könnte man zynisch antworten: Patentanwalt in den Vereinigten Staaten. Denn der Streit um Patente auf Gene und Sequenzen wird kommen, und er wird hauptsächlich in Amerika ausgetragen werden, und es werden hauptsächlich amerikanische Körperschaften sein, die ihn gewinnen werden. Eine klügere Antwort würde lauten: Befassen Sie sich mit Postgenomics, das heißt den Inhalten und Tätigkeiten, die jetzt und in der nächsten Zukunft wichtig sind, da das menschliche Genom (und bald auch alle anderen relevanten Genome) nur in der Rohsequenz, das heißt als Rohinformation, zur Verfügung stehen.

Jetzt werden also Interpreten und Übersetzer benötigt. Das ist auch eine neue Chance für Europa und für Deutschland. Eine zentrale Rolle wird hierbei den Informationswissenschaften zukommen, da der Rohdatenzufluß unvermindert exponentiell anwachsen wird. Unsere Diskussion über »Inder und Kinder« wirkt hier atavistisch und verheißt wenig Gutes. »New Economy«, gepaart mit »New Science«, wird die neue erfolgversprechende Konstellation werden. Das Geld ist vorhanden; was noch fehlt, ist das gesellschaftspolitische Bekenntnis. Es wäre schön, wenn ein zukünftiges »Heureka!« auch eine andere Assoziation wecken könnte als derzeit, nämlich die, daß es sich um ein europäisches Ereignis handelt. Der Weg dahin wird nicht einfach sein, ihn allerdings nicht gehen zu wollen wäre für unsere Zukunft und die unserer Kinder verantwortungslos.

Friedrich von Bohlen und Halbach promovierte als Biochemiker und ist heute Chief Executive Officer der Lion Bioscience AG in Heidelberg, eines der führenden Biotech-Unternehmen Deutschlands.

27. Juni 2000

Günter Blobel

Die molekularbiologische Revolution
verdankt sich privatem Geld

Die Entschlüsselung des menschlichen Genoms ist gewiß eine
große Entdeckung, aber dieses Ergebnis hat eher Bedeutung im
Bereich des Technischen als in dem des Intellektuellen. Der eigentliche Durchbruch war erreicht, als man vor einigen Jahren zum
ersten Mal eine DNS sequenzierte. Seitdem wußte man, daß auch
die Entschlüsselung der gesamten Kette irgendwann gelingen
würde. Es ist allerdings das Verdienst Craig Venters und seines
Unternehmens, den Wettbewerb um die Entschlüsselung der letzten Sequenz entscheidend vorangetrieben zu haben – mit einer
tour de force: zuerst in verschiedenen Bakterien, dann bei der
Drosophila und schließlich beim menschlichen Genom.

Vor allem gelang ihm das durch den Einsatz von Computern
mit großer Leistungsfähigkeit, die ihm erlaubten, mit der »Shot-
gun«-Technik zu arbeiten – mit einer Technik also, an die seine
Wettbewerber nicht glauben wollten, weil sie zu sehr dem traditionellen, systematischen Denken verhaftet waren. Venter hat seine
Konkurrenten eines Besseren belehrt, und es ist erfreulich, daß
nun die von der Regierung und anderen Organisationen unter-
stützten Forschungsgruppen des jungen »Humangenomprojekts« ihre Ergebnisse zusammen mit Craig Venter vorgestellt
haben.

Von der Entschlüsselung des menschlichen Genoms auf eine
baldige pharmazeutische oder medizinische Anwendung schließen zu wollen ist aber in jedem Fall eine Übertreibung. Was heute
vorliegt, ist nicht mehr als eine sehr grobe Karte des menschlichen
Genoms. Man kann über das, was auf dieser Karte eingezeichnet
ist, noch nicht verfügen. Es ist nach wie vor schwierig, der Proteine tatsächlich habhaft zu werden. Es gibt viele Möglichkeiten,
Exons der Messenger-RNS miteinander zu verbinden, und die

wenigsten davon sind bekannt. In meinem Labor arbeiten wir seit zweieinhalb Jahren mit einem Protein, das ausgesprochen widerspenstig ist und sich schwierig charakterisieren läßt.

Das eigentliche Problem aber besteht nach wie vor darin, daß weder die Funktion noch die Arbeitsweise von Proteinen ausreichend erschlossen sind – davon wissen wir allenfalls ein Zehntel. Und solange man diese Dinge nicht weiß, wird die Entschlüsselung des Genoms vor allem von theoretischem Nutzen sein. Craig Venter und sein Unternehmen werden nun vor allem Interpretationen, Deutungen ihrer Karte des menschlichen Genoms verkaufen, die andere erst einmal nur für Experimente nutzen können.

An Unternehmungen wie dem »Humangenomprojekt« läßt sich ablesen, daß es in der Molekularbiologie zu einer ähnlichen Entwicklung gekommen ist, wie sie sich in der Chemie, in der Elektrotechnik oder zuletzt in der Biologie schon vor vielen Jahren vollzogen hat: daß nämlich ein gewisser, technisch aufwendiger Teil der Forschung von privaten Unternehmen bezahlt und ausgeführt wird. Craig Venter ist nicht zuletzt ein Mann, der sich seine Computerspezialisten kaufen konnte. Nun haben privatwirtschaftlich betriebene Forschungsunternehmen die Neigung, das Erreichen von Teilergebnissen und Etappen über Gebühr zu verklären – »hype« nennen wir das auf englisch. Der weitaus größte Teil der Forschung, die eigentliche intellektuelle, reflexive Arbeit, wird noch geraume Zeit an den Universitäten zu Hause und weitgehend frei von unmittelbaren Verwertungsinteressen sein. Und um es ganz klar zu sagen: Es wird noch sehr lange dauern, bis man die wichtigsten Lebensprozesse auch nur annähernd versteht.

Günter Blobel leitet das Labor für Zellbiologie an der Rockefeller University in New York. Für seine Arbeiten auf dem Gebiet der Molekularbiologie erhielt er unter anderem 1992 den Max-Planck-Forschungspreis, 1996 den König-Faisal-Preis für Naturwissenschaften und 1999 den Nobelpreis für Medizin.

27. Juni 2000

Hans Lehrach

Wichtiger als die Mondlandung

Die Entschlüsselung der menschlichen Erbinformation, das 1990 begonnene Humangenomprojekt, ist zwar noch nicht endgültig abgeschlossen, es hat jedoch seinen bisher bedeutendsten Meilenstein erreicht: Die Abfolge von neunzig Prozent der etwa drei Milliarden Bausteine der DNS, die unsere Erbinformation ausmachen, ist identifiziert. Zum ersten Mal stehen wir an der Schwelle zu einem grundlegenden Verständnis der Funktionsweise unseres eigenen Organismus, des zumindest nach unserer Ansicht höchstentwickelten Lebewesens auf der Erde. Dieser Erkenntnisgewinn hat für das Selbstverständnis des Menschen einen ähnlichen Stellenwert wie die Verdrängung des ptolemäischen durch das kopernikanische Weltbild und ist in seinen Auswirkungen mit Sicherheit ein weitaus größerer Sprung für die Menschheit als die Mondlandung.

Zwar hat die jetzt vorliegende »Arbeitsversion« des menschlichen Genoms noch viele Lücken, und es wird noch einigen Aufwand erfordern, diese zu schließen. Tatsache ist jedoch, daß die Forschung der letzten zehn Jahre bereits einen nie dagewesenen Zuwachs an Wissen in Biologie und Medizin gebracht hat. Im Anschluß an die Sequenzierung wird sich das Augenmerk noch stärker auf die Identifizierung der in unserem Erbmaterial verborgenen Bauanleitungen, unserer Gene, sowie das Verständnis ihrer Funktion und Regulation richten. Die genetischen Ursachen vieler Erkrankungen konnten bereits identifiziert werden. Auch wenn dieses Wissen meist noch keine direkten Heilungsmöglichkeiten für die Betroffenen liefert, so ist es doch die notwendige Voraussetzung für eine zukünftige gezielte Therapieentwicklung.

Das Humangenomprojekt hatte bereits jetzt zwei grundsätzliche Auswirkungen auf unsere Sichtweise. Zum einen hat es verdeutlicht, daß ein Organismus nur in seiner Gesamtheit zu betrachten ist. Erkrankungen, unter anderem auch Krebs, sind als Störungen eines extrem komplizierten Netzwerks von Gen-Funktionen und Gen-Wechselwirkungen zu verstehen. Je mehr wir über diese Funktionen wissen, desto eher werden wir in die Lage versetzt, dieses Netzwerk zu modellieren, um beispielsweise die Wirkung von Therapeutika voraussagen zu können. Zum anderen hat das Humangenomprojekt auch die Herangehensweise an biologische Fragestellungen revolutioniert und dadurch die Biologie endgültig ins industrielle Zeitalter katapultiert. Statt bestimmte Hypothesen im Einzelexperiment mühsam zu überprüfen, liefert heute die Automatisierungs- und Robotertechnologie unvorstellbare Datenmengen. Die Bioinformatik – von der Hilfswissenschaft zu einer Schlüsseltechnologie mutiert – kann diese Datenflut interpretieren, um auf diese Weise zu einem Grundverständnis der Lebensvorgänge zu gelangen.

Die deutsche Wissenschaftspolitik war lange zögerlich bei der Förderung dieser Forschungsrichtung. Inzwischen haben jedoch sowohl die wissenschaftlichen als auch die wirtschaftlichen Erfolge das Potential der Genomforschung als Schlüsseltechnologie für die nächsten Jahrzehnte bewiesen. Die Signale der letzten Monate deuten einen politischen Stimmungswechsel an. Der Erfolg, bereits deutlich vor dem avisierten Zeitpunkt erstmals eine Ahnung unserer eigenen genetischen Grundlagen zu erhalten, sollte diesen Trend noch einmal bestärken.

Hans Lehrach ist Direktor am Max-Planck-Institut für Molekulare Genetik in Berlin-Dahlem und koordiniert das Deutsche Humangenomprojekt.

27. Juni 2000

Werden wir wie Gott sein?

Ein Gespräch mit John D. McPherson

Die Entschlüsselung des genetischen Codes ist zum Wettlauf nicht nur zwischen zwei Forschungsprojekten geworden. Ins Rennen sind auch zwei unterschiedlich finanzierte Modelle gegangen: Das eine ist kommerziell, das andere nichtkommerziell ausgerichtet. Celera Genomics, das Privatunternehmen, will schneller sein als das öffentlich geförderte Human-Genome-Project und verzichtet zunächst auf hundertprozentige Akkuratesse. Wie die Konkurrenz den Coup von Celera beurteilt, führt John D. McPherson aus, Kodirektor eines der sechzehn im Human Genome Project vereinten Laboratorien, des Genome Center an der Washington University School of Medicine in St. Louis, Missouri.

Hat es Sie überrascht, womit Celera jetzt an die Öffentlichkeit getreten ist?
Diese Ankündigung dient vor allem eigenen Zwecken, wie nicht anders zu erwarten von einer Firma, die sich auf einer derart großspurigen Mission befindet. Die aufgestellten Behauptungen sind einigermaßen überzogen, auch wenn es sich um einen Meilenstein für Celera handelt. Interessanterweise teilt Celera mit, die Sequenz würde in den kommenden Wochen zusammengesetzt. Das ist so, als kauften Sie ein Puzzlespiel und öffneten die Schachtel nur, um alle Teilchen durcheinander vorzufinden. Das Bild, also das Genom, ist lediglich zu erkennen, wenn das Puzzle fertig ist. Bis heute sind zwei Drittel des zusammengesetzten Genoms der Öffentlichkeit zugänglich. Der Rest wird von uns in sechs bis acht Wochen zur Verfügung gestellt. Zu dem Zeitpunkt, wenn die Leute von Celera ihre Sequenz zusammenhaben, wird es kaum einen Unterschied im Fahrplan beider Projekte geben. Aber auch wenn alles zusammengesetzt ist, wird es immer noch kein leichtes

Unterfangen sein, sämtliche Gene zu finden, denn nur fünf bis sieben Prozent des Genoms haben einen genetischen Code. Es mag also richtig sein, wenn Celera sagt, sie habe genug von der Sequenz, um über die meisten Gene zu verfügen. Aber Celera ist womöglich nicht fähig, sie zu erkennen.

Verschärft die Ankündigung den Wettbewerb zwischen privaten Unternehmen und öffentlichen Forschungsinstituten?
Nein. Wenn es auch eine Art Wettbewerb zwischen den Projekten gab, war doch der Hauptantrieb für unsere öffentliche Arbeit, daß eine Darstellung des Genoms so schnell wie möglich in die Hände der Wissenschaftler gelangt. Technologische Durchbrüche, für uns und Celera zugänglich, haben das Programm im vergangenen Jahr enorm beschleunigt.

Zur Zeit tauschen Sie gewonnene Daten nicht untereinander aus. Was folgt aus den Bemühungen, den Prozeß zu privatisieren und Gene zu patentieren?
Patente sind wichtige Mittel, um intellektuelles Eigentum zu schützen. Es ist aber auch wichtig, daß Patente für den Nutzen eines Gens erteilt werden, nicht für die Sequenz selbst, vor allem nicht für eine unvollständige Sequenz. Natürlich ist es im Interesse von Celera, daß Daten geschützt bleiben, um den Zugang zu ihnen verkaufen zu können. Allerdings ist mir nicht klar, wie diese Dateien ihren Wert behalten sollen, wenn unser Forschungsprojekt seine Ergebnisse vorlegt.

Nach der Arbeitsskizze wollen Sie spätestens im Jahre 2003 einen vollständigen genetischen Atlas im Internet veröffentlichen. Welche Auswirkungen wird das auf unser Leben haben?
Viele Gene, die mit einer Krankheit in Verbindung gebracht werden, sind bereits identifiziert. Ein besseres Verständnis, wie unser Körper funktioniert, wird zu einer besseren Krankenversorgung führen.

Und wann werden wir unseren Körper wie eine Maschine zum Service schicken?
Wir sind noch weit davon entfernt, unseren Körper derart zu manipulieren. Ich hoffe, wir betrachten uns nie als Maschine. Liegt die Genomsequenz erst einmal vor, kann sie als Fundament einer Forschung dienen, die zu verstehen sucht, wie Gene sich untereinander verhalten und funktionieren. Durchbrüche beim Verständnis dieser Mechanismen und bei der medizinischen Behandlung werden sehr schnell kommen.

Kritiker reden schon von »genetischer Diskriminierung« und fürchten, daß die totale Transparenz unseres genetischen Profils den Verlust unserer Privatsphäre beschleunigt. Teilen Sie diese Bedenken?
Von Beginn an wurde ein bedeutender Teil des Budgets des Human Genome Project dazu verwendet, ethische, soziale und juristische Implikationen zu studieren, die sich aus einer Verfügbarkeit der Genomsequenz ergeben. Tests, um die Anfälligkeit für eine Krankheit herauszufinden, könnten von Arbeitgebern und Versicherungen mißbraucht werden. Wir müssen uns dafür einsetzen, daß Gesetze geschaffen werden, um diese Information vor Mißbrauch zu schützen.

Walter Gilbert, ein Biologe aus Harvard, vermutet, die Wissenschaft werde uns bald sagen, was »es bedeutet, Mensch zu sein«.
Die Wissenschaft wird uns Aufschluß darüber geben, wie unser Körper funktioniert. Am Ende könnten wir zwar verstehen, wie unser Denkprozeß auf einer Molekularebene abläuft, aber was uns ausmacht, ist damit nicht erschöpft.

Gott werden wir also auch im dritten Jahrtausend noch nicht spielen können?
Es mag bald in unserer Kraft liegen, den Stoff des Lebens ein wenig zu formen, aber wir können ihn nicht erschaffen.

Die Fragen stellte Jordan Mejias.
8. April 2000

Hans Lehrach/Johannes Maurer

Goliath ganz groß
Das Genomprojekt floriert

Wissenschaftliche Themen gelangen selten auf die erste Seite der Tagespresse, besonders, wenn es sich um ein so abstraktes wie das internationale Humangenomprojekt (HUGO) – die Entschlüsselung des gesamten genetischen Bauplans des Menschen – handelt. Das änderte sich schlagartig, als ein einzelner daranging, das mit öffentlichen Mitteln finanzierte Mammutprojekt herauszufordern: Der Amerikaner Craig J. Venter, früher selbst am amerikanischen Nationalen Gesundheitsinstitut, erklärte, die menschliche Erbinformation schneller und billiger als die internationale Wissenschaftsgemeinschaft zu entschlüsseln. Zusammen mit der Firma Perkin Elmer gründete er »Celera Genomics« (angelehnt an das lateinische Wort für »schnell«). Von seinem Kooperationspartner hochgerüstet mit 300 dieser Geräte der neusten Generation sowie mit Hilfe des derzeit schnellsten Supercomputer außerhalb des militärischen Bereichs begann Venter, die menschliche Erbinformation in Rekordzeit zu entschlüsseln. Mit einem Male wurde in der Öffentlichkeit nicht mehr diskutiert, ob man sich an dieser Forschung überhaupt beteiligen sollte, sondern nur noch die Frage gestellt, wieso die öffentlich finanzierte Humangenomforschung denn nicht schneller vorankommen könne.

Denn momentan ist völlig unklar, wann und unter welchen Bedingungen das von Celera entschlüsselte Erbgut für die Öffentlichkeit verfügbar sein wird. Dabei spielt der Druck der öffentlich geförderten Projekte eine erhebliche Rolle, um eine Veröffentlichung der Celera-Sequenzen zu bewirken beziehungsweise zu beschleunigen. Celera hat bereits angekündigt, die 200 bis 300 kommerziell interessantesten gefundenen Gensequenzen patentieren zu lassen, was zu einer Monopolstellung der Firma führen könnte, ein Umstand, der Venter oft genug den Vergleich mit Microsoft-Chef Bill Gates einbringt. Celera erreichte innerhalb kürzester Zeit einen Börsenwert von zehn Milliarden Dollar. Die Forscher des Humangenomprojekts machen jedoch, einer internationalen Übereinkunft folgend, die erzeugten Daten sofort über das Internet frei zugänglich. Die effektiven Kosten für die Volkswirtschaft, die durch die Genomsequenzierung durch private Firmen wie Celera, Incyte oder Human Genome Science entstehen, werden durch die zu erwartenden Lizenzzahlungen sicher weit höher liegen als die Kosten der Sequenzierung selbst. Offensichtlich weil das Wettrennen um die menschliche Erbinformation als eine Art Zweikampf zwischen David und Goliath empfunden wird, genießt Venter seitdem in der Öffentlichkeit eine gewisse Sympathie. Bei dieser Diskussion werden jedoch drei Dinge außer acht gelassen.

Erstens herrscht das Mißverständnis, daß die Entzifferung des Genoms das Hauptziel darstellt, statt die Genomforschung als völlig neuen Ansatz zum Verständnis biologischer Probleme zu sehen. Alle Lebensvorgänge beruhen auf der Umsetzung der Information im Genom in die Maschinerie des Lebens durch ein komplexes Netzwerk, das sich über vier Milliarden Jahre entwickelt hat. Während die klassische Biologie aus diesem Netzwerk jeweils einen winzigen Bereich herausgreift, ist die Genomforschung durch die Anwendung einer Biologie im industriellen Maßstab in der Lage, das Gesamtnetzwerk zu analysieren. Ein Beispiel: Obwohl zu einer detaillierten Vermessung eines Teilbereichs der Erdoberfläche ein Maßband sinnvoll ist, käme sicher niemand auf die Idee, damit die gesamte Erde vermessen zu wollen. Deshalb werden zur Erdbeobachtung Satellitensysteme eingesetzt.

Analog hierzu kann über die Methoden der Genomforschung die Grundinformation über das Leben erhalten werden. Viele Krankheitsprozesse, wie zum Beispiel die Entstehung von Krebs, beruhen auf Störungen in solchen Netzwerken, die noch dazu bei jeder Person und bei jedem Tumor verschieden sein können. Die Genomforschung bietet radikal neue Möglichkeiten, Krankheitsprozesse zu verstehen, individuelle Therapien zu entwickeln und dramatische Fortschritte in Diagnose und Therapie zu erzielen. Seit Jahren werden daher bereits große Beträge auch in die Analyse der Genfunktion, der Funktion der durch die Gene kodierten Proteine, ihrer Struktur und ihrer Regulation investiert, in Disziplinen also von höchster medizinischer Relevanz.

Zweitens hat Venters Projekt eine andere Zielsetzung als die öffentlich geförderte Humangenomforschung. Während Venter nur an den kodierenden Abschnitten des Genoms, den Genen, interessiert ist, er sich also gewissermaßen die Rosinen aus dem Kuchen picken möchte (allein das Produkt eines einzigen Gens, das Erythropoietin, das für die Therapie von Dialyse-Patienten eine wichtige Rolle spielt, erzielt einen Jahresumsatz von über einer Milliarde Dollar), verfolgt das öffentlich geförderte Humangenomprojekt die vollständige Analyse des menschlichen Genoms. Die vollständige Sequenz ist zwar viel mühsamer zu erlangen; für das Verständnis, wie diese Gene reguliert werden und welche Rolle sie im Gesamtgenom spielen, ist sie jedoch keine intellektuelle Spielerei, sondern eine unschätzbar wertvolle Ressource.

Drittens schließlich ist das hochstilisierte Wettrennen in Wirklichkeit keines. Denn während das Humangenomprojekt sein Konzept zur Entschlüsselung des menschlichen Genoms an den bei seinem Start 1990 vorhandenen Technologien orientieren mußte und die technologische Weiterentwicklung auch einen nicht unerheblichen Teil des Etats verschlang, konnte Venter bei der Planung seiner Unternehmung auf den – von ihm durch seine sogenannte »Schrotschußmethode« entscheidend mitentwickelten – technischen Stand von 1998 aufbauen.

Trotzdem hat Venter mit seinen Sequenzdaten allein kaum eine Chance, das gigantische Puzzle der richtigen Anordnung der Fragmente des Humangenoms zu bewältigen. Seine Strategie baut darauf auf, die ihm frei zugänglichen Daten des Humangenomprojekts zu nutzen und mit diesen seine eigenen zu ergänzen. Umgekehrt besitzt das Humangenomprojekt diese Möglichkeit natürlich nicht. Die Firma Celera entpuppt sich also zunehmend als eine genau kalkulierte Milliardenunternehmung. Nun schmälert dies Venters zweifelsohne herausragende wissenschaftliche Leistung keineswegs, die Situation gleicht aber eher einem Rennen, bei dem ein Marathonläufer kurz vor dem Ziel gegen einen ausgeruhten Sprinter antritt.

Deutschland hat sich erst seit 1995 mit über fünfjähriger Verspätung am Humangenomprojekt beteiligt. Dies ist unter manchen Aspekten sehr erstaunlich, denn das internationale Genomprojekt hat gerade in seinen Anfängen viele wichtige Impulse aus Deutschland erhalten. So wurde die Sequenzierung von Chromosom 21, die gerade von einem deutsch-japanischen Team abgeschlossen wurde, erstmals vor zwanzig Jahren hierzulande diskutiert. 1986 wurden die ersten konkreten Projektvorschläge zur Analyse des menschlichen Genoms an das damalige Bundesministerium für Forschung und Technologie geschickt – und abgelehnt.

Das späte Erwachen Deutschlands in dieser Forschungsrichtung ist jedoch sicherlich ein vielschichtiges Problem. Zum einen wurde zum damaligen Zeitpunkt wohl weder von der Wirtschaft noch von der Politik das enorme Potential erkannt, das in der Genomforschung liegt. Erst als der große Boom der Gentechnologie aus den Vereinigten Staaten nach Europa schwappte, wurde diese hierzulande zu einem Thema. Daß sich die Genomforschung selbst hier nicht durchsetzen konnte, hängt sicherlich auch mit der schwierigen deutschen Geschichte zusammen. Eine oft reißerische Berichterstattung in den Medien erschwerte zudem die ohne Zweifel wichtige sachliche Diskussion um Konsequenzen und Risiken dieser Forschungsrichtung, ignorierte ihre grundlegende Bedeutung für die medizinische Forschung und gab der Politik lange Zeit Anlaß zur Zurückhaltung bei der Förderung.

Trotz des späten Beginns einer spezifischen Förderung der Genomforschung hat Deutschland vor allem mit der frühen Betonung der systematischen Analyse der Funktion von Genen viel erreicht. Die Sequenzierung hat in Deutschland nie eine tragende Rolle gespielt, vielmehr wurde hier die medizinische Relevanz der Gene, aber auch die Struktur und Funktion der durch sie kodierten Proteine in den Mittelpunkt des Interesses gerückt. Durch die

Einrichtung eines zentralen Ressourcenzentrums wurde darauf geachtet, die vorhandenen Mittel effizient einzusetzen und die Überschneidung von Arbeiten zu vermeiden. Viele der in Deutschland konzipierten Projekte werden inzwischen in anderen Ländern kopiert. Bereits jetzt wurden aus den Resultaten der Genomforschung etliche Firmen gegründet, die Hunderte von Arbeitsplätzen geschaffen haben. Die erste dieser Firmen ist gerade im Begriff, an den Neuen Markt zu gehen.

Die jetzigen Fördermittel in Deutschland für die Genomforschung sind zwar äußerst knapp bemessen, werden jedoch auch effizient eingesetzt. So hat Deutschland Großbritannien als bisherigen europäischen Spitzenreiter bei der Anzahl der Biotechnologie-Unternehmen inzwischen überrundet. Leider beteiligen sich die großen deutschen Pharmakonzerne bis heute kaum. Erst langsam setzt sich in den Köpfen die Erkenntnis durch, wie wichtig das Wissen um die Gene und das sie steuernde Regelwerk wirklich ist. Zumindest scheint die Unterfinanzierung der deutschen Genomforschung vom Bundesministerium für Bildung und Forschung erkannt worden zu sein. Die in Aussicht gestellte Erhöhung des Etats um 25 Millionen Mark pro Jahr ist ein Schritt in die richtige Richtung. Es ist jedoch fraglich, ob diese Mittel ausreichen werden. Jetzt müssen weitere deutliche Signale erfolgen. Denn auch die anderen Staaten erhöhen laufend ihre Etats. Deutschland läuft sonst Gefahr, eine weitere Hochtechnologieentwicklung zu verpassen und dabei auf Dauer die Wertschöpfung und die Schaffung qualifizierter Arbeitsplätze anderen zu überlassen.

Hans Lehrach, Direktor am Max-Planck-Institut für Molekulare Genetik in Berlin-Dahlem, ist Mitglied im HUGO-Council und im Koordinierungskomitee des Deutschen Humangenomprojekts.
Johannes Maurer ist Koordinator des Interdisziplinären Forschungsverbunds Humangenomforschung Berlin.

22. Mai 2000

Erwin Chargaff

Man sollte lieber beten
Die Zauberformel des Genoms darf uns nicht betäuben

Ich möchte nicht leugnen, daß die Lektüre des Genoms eine großartige Leistung ist. Aber unser Urteil darf durch den Heidenlärm der überstürzten Verkündigung nicht beeinflußt werden. Vorläufigkeit ist die Seele der naturwissenschaftlichen Erkenntnisse, sonst würden sie eingehen. Wie Collins einmal sagte, sind sie eigentlich nichts als eine Aneinanderreihung von Irrtümern. Aber die Vorläufigkeit hat sich in Beiläufigkeit verwandelt, wie die Präsentation eines Rohentwurfs des menschlichen Genoms besonders klar vor Augen geführt hat.

So habe ich es nicht gemeint, als ich das Dämmern einer Grammatik der Biologie am Horizont zu sehen glaubte. Jede Wissenschaft hat ihren eigenen Komment. Aber die unumstößliche Grundlage aller positivistischen Forschung sollte sein, daß sich Experimente, die an die Öffentlichkeit dringen, bereits als wiederholbar erwiesen haben. Und das ist bei der am Montag publizierten Genomsequenzierung natürlich nicht der Fall. Was jetzt schwarz auf weiß geschrieben steht, könnte sich plötzlich als Rosa oder Blue Genes erweisen. Die Redlichkeit ist aus meinem Fach verschwunden. Es geht alles viel zu schnell.

Im zwanzigsten Jahrhundert ist historisch sehr viel passiert. Der Zweite Weltkrieg hat gezeigt, daß man mit allen Menschen alles tun kann. Das hat zu einer Schwächung aller Religionen, zu einem Mißtrauen gegen die Philosophie und gegen die Naturwissenschaft geführt. Die großen Namen sind aus ihr verschwunden. Zum Typus des klassischen Wissenschaftlers gehören Geduld und Präzision. Heute verwandelt man ungesicherte Rohfassungen in Sensationen. Wahrscheinlich, weil es in unserer Zeit nichts wirklich Großes mehr gibt. Das Große ist ja nicht das augenfällig Imposante. Im Gegenteil.

Bis vor ein paar Jahren ist man in die Wissenschaft wie in ein Kloster eingetreten. Ehrgeiz und Gier hatten in ihr nichts zu suchen. Die Entdeckungen Gregor Mendels, der ein Mönch war, blieben jahrzehntelang unbemerkt. Zur klösterlichen Sinnesausrichtung gehörte nicht in erster Linie die Abstinenz gegenüber der Erforschung des Lebendigen, sondern die Scheu, so möchte ich sagen, vor dem geistigen Eingriff in das Leben. Mendel hat auch seine Versuche gemacht, aber er hatte sie nicht als instrumentellen Zugriff angesehen. Mit seinem Tun wollte er Gottes Taten auslegen. Er würde sich schütteln, wenn er sähe, was heute geschieht.

Eine gewisse Unschuld ist ganz aus meinem Fach verschwunden. Für junge Leute mag die naturwissenschaftliche Arbeit selbst noch Befriedigung bieten. Sie gehen darin auf, werden aber bald rüde geweckt, wenn sie feststellen, daß der eigene Doktorvater ihnen die Ideen stiehlt. Der Schwindel in der Wissenschaft ist etwas Neues, das erst gegen Ende meiner Dienstzeit aufkam. Es mag noch andere Wissenschaftler geben, aber über die liest man nicht in der Zeitung. Mein Skeptizismus ist letztlich ästhetisch-ethischer Natur: Die Ethik der Ehrlichkeit geht mit der Ästhetik der Wiederholbarkeit einher. Dem Prinzip der Natur, den größten Effekt mit den geringsten Mitteln zu erzielen, wurde bei diesem etliche Telefonbücher starken Abdruck von vier Buchstaben noch nicht entsprochen.

Ich vermisse die Eleganz bei der Präsentation des Genoms. Die geistige Anstrengung, die in die Genomanalyse gegangen ist, war nicht sehr groß. Es handelte sich eher um ein mechanisches Registrieren, dem Molekularbiologen, Biophysiker, Genetiker und Computerfachleute viele Jahre ihres Lebens opferten. Was sie erbaut haben, ist pure Masse: ein Klotz wie die Cheopspyramide, kein verwendbarer Schlüssel. Die ägyptischen Pyramiden sind zwar ein Riesenwerk, ein Weltwunder, aber keine Kunstwerke. Tausende von Menschen haben sie unter Qualen errichtet. Und nun liegen sie herum und machen nicht viel Freude. Da die Genforschung nicht mehr in den Händen der Wissenschaft oder der Politik, sondern in denen der Ökonomie liegt, wird eine wirtschaftliche Rezession, wie sie in absehbarer Zeit durchaus möglich ist, den ganzen Wissenszweig zum Stillstand bringen. Die Pyramiden waren wenigstens fest gebaut. Aber das Genom wird einfach verschwinden.

Meine Bewunderung für die Genomprojekte ist dieselbe, die ich der Niederschrift einer Thorarolle entgegenbringe. Ob das heroische Unternehmen wirklich abgeschlossen ist, kann ich nicht sagen. Es ist nicht unwahrscheinlich, daß man den Abschluß einfach vor dem 4. Juli verkünden wollte, an dem die Sommerschlafperiode im amerikanischen Leben beginnt. Trotzdem glaube ich, daß das Trompetengeschmetter vorzeitig war. Wir wissen noch sehr wenig. Bei einem solchen Sammelsurium von Informationen, die ja im Kern nur aus vier Buchstaben bestehen, ist eine Verwechslung oder ein Irrtum sehr leicht möglich. Zwischen dem mechanischen Lesen eines Buches und dem Verstehen seines Inhalts liegt ja eine riesige Spanne, so daß Resultate nicht vor der Mitte des Jahrhunderts zu erwarten sein dürften.

Bisher gehen Milliarden in eine Forschung, die keine Gedanken erzeugt. Wie stellt man sich diese neuen Medikamente vor? Sollen sie das defekte Gen kopieren und nach der homöopathischen Methode darauf einwirken? Es gibt zwar schon eine Reihe gentherapeutischer Institute in Amerika, aber der einzige Erfolg bisher war, daß ein Mann gestorben ist. Gesetzt den Fall, man liest an einem Stück von zwanzig oder fünfhundert Nukleotiden ab, daß dies das Gen für eine bestimmte Krankheit sei, so ist man ja noch weit davon entfernt, es erfolgreich zu manipulieren.

Denn man müßte ja auch wissen, wie dieses Biest sich überhaupt benimmt, auf welche Weise es genau die Synthese der Proteine lenkt. Hier warten große Entdeckungen, aber sie werden nicht gemacht. Ich glaube nicht an die fünfundneunzig Prozent sogenannter Müll im Erbgut, und ich halte es für möglich, daß die Gene gar nicht mal so wichtig sind. Es gibt ja nicht das geringste Anzeichen, daß sie etwas mit geistigen Tätigkeiten zu tun haben. Sie bestimmen die Haarfarbe und die Verdauung. Hitler brauchte kein besonderes Gen, um Auschwitz auf die Beine zu stellen.

Obwohl die Neue Wissenschaft durchaus ihr destruktives Potential hat.

Dieser ungeheure Lärm, dieses Trompetengeschmetter, diese Empfänge im Weißen Haus haben mich an die Zeit erinnert, als man die Nuklearenergie mit ähnlichen Versprechungen eines goldenen Zeitalters eingeläutet hat. Und eigentlich das einzige, was davon geblieben ist, ist Hiroshima. Erst kamen die Genies und dann die gefährlichen Zwerge. Jetzt werden Feiern abgehalten, wenn ein nuklear betriebenes Werk abgerissen wird. Ich bin überzeugt, daß es in absehbarer Zeit weitere Paradigmawechsel geben wird, die den aktuellen Genom-Ansatz am Wege liegenlassen. Hat die Menschheit erst einmal die realen Grenzen der Wunderheilung durch Biochemie erkannt, wird sie an ganz anderen Stellen anzupochen versuchen.

Wer weiß, vielleicht hilft intensives Beten. Mein Arzt sagte neulich, einem seiner Patienten solle es geholfen haben. Aber so ein Versuch läßt sich schlecht wiederholen.

Erwin Chargaff, geboren 1905 in Czernowitz, begann seine wissenschaftliche Laufbahn 1930 in Berlin. Der emeritierte Professor für Biochemie der Columbia University in New York gehört zu den Pionieren der Genforschung. Seine Entdeckung der stereochemischen Basenkomplementarität der DNS war eine entscheidende Voraussetzung für die Arbeiten von James Watson und Francis Crick.

3. Juli 2000

Sollen wir den Piloten ins Gehirn blicken?

Ein Gespräch mit James D. Watson

»Thank you, Dr. Watson.« Dieser Satz, den Präsident Clinton am 27. Juni 2000 unter den Augen der Weltöffentlichkeit an den Zweiundsiebzigjährigen richtete, war die Huldigung an eine historische Figur, die der aufgewühlten Stimmung des Tages besonderes Pathos verlieh. Als Fünfundzwanzigjähriger, der sich nach eigenen Angaben während des Studiums erfolgreich um jeden auch nur mittelschweren Chemie- und Physikkurs gedrückt hatte, löste Watson zusammen mit anderen jungen Wissenschaftlern eines der größten Rätsel des zwanzigsten Jahrhunderts: Mit seinem Partner, dem Briten Francis Crick, entdeckte er, daß der genetische Code wie eine Doppelspirale aufgebaut ist. Daß er damit auch das Tor zu weitreichenden Eingriffen ins Erbgut aufgestoßen hat, störte Watson nie besonders. Die Entzifferung des menschlichen Genoms sieht der Nobelpreisträger als große Chance, die Evolution des Menschen selbst in die Hand zu nehmen.

Sie kommen gerade aus dem Weißen Haus. Sie waren dort mit den Leitern der beiden Genomprojekte, Venter und Collins. Hat es Ihnen gefallen?
Oh ja! Wissen Sie, der Präsident ist immer noch irgendwie imponierend, wenn er spricht.

Er ist doch sicher auch von Ihnen beeindruckt gewesen.
Nein. Das war ja nicht mein Tag. Ich hatte meinen Tag vor 47 Jahren. Das war der Tag von Francis Collins und Craig Venter.

Was geht in Ihnen vor an diesem Tag, an dem das menschliche Erbgut der Öffentlichkeit fast vollständig vorgestellt wird und damit Ihr Projekt gefeiert wird?
Darf ich zunächst etwas richtigstellen: Dieses Projekt war immer

ein Kind der Biologie, der ganzen Wissenschaft, der Menschheit. An dem öffentlichen Projekt haben mehrere tausend Wissenschaftler aus vielen Ländern mitgearbeitet. Mein Traum war einmal die Sequenzierung von Bakterien. Ich war, als das Humangenomprojekt erdacht wurde, vor allem an dem Bakterium Escherichia coli interessiert. Damals, am Anfang der achtziger Jahre, war aber das Sequenzieren noch extrem teuer, jedenfalls im Hinblick auf ein Bakterium. Einen einzigen der Milliarden Bausteine zu entschlüsseln, kostete etwa zehn Dollar. Das Genom des Menschen ist aber tausendmal größer als ein Bakterium. Wer hätte das bezahlen sollen? Mitte der achtziger Jahre kam dann zum ersten Mal der Vorschlag, das Menschengenom zu entschlüsseln. Ich war anfangs sehr skeptisch. Aber innerhalb von sechs Monaten änderte ich meine Meinung. Der Grund war, daß die Humangenetik damals zum ersten Mal wirklich vorankam. Es wurden Methoden entwickelt, um Erbkrankheiten wirklich zu verstehen. Die Hoffnung, Krankheiten zu besiegen – das war für mich der Grund, das Humangenomprojekt fortan zu unterstützen.

An welche Krankheiten dachten Sie damals?
Vor allem an Krebs. Ich arbeitete schon dreißig Jahre daran. Und dann die schweren Hirnleiden. Mit ihnen beschäftige ich mich seit langem. Vieles daran verstanden wir bis dahin überhaupt nicht. In den letzten zehn Jahren haben wir aber vermutlich die Mehrheit der an Alzheimer beteiligten Gene gefunden. Jetzt können wir versuchen, die Krankheit besser zu kurieren.

Warum interessiert Sie der medizinische Aspekt besonders?
Weil ich sehe, wie meine Freunde daran sterben.

Ist das Humangenomprojekt für die Medizin ein wichtiger Schritt nach vorn?
Ich würde das Projekt mit der Erfindung der Druckerpresse vergleichen. Sie war das Mittel, mit deren Hilfe man den Menschen Informationen von sich und der Welt um sie herum geliefert hat. In einem

gewissen Sinn ist das die menschliche Bestimmung. Sie war notwendig, damit die moderne Gesellschaft sich entwickeln konnte.

Also ein echter Meilenstein?
Ja, aber die genetische Information des Menschen ist vor allem eine gewaltige Ressource. Wir sind damit eine Stufe weiter, Krankheiten zu heilen.

Ist das auch ein Höhepunkt für Sie?
Wenn Sie so wollen, ist das nach der Entdeckung der Doppelhelix-Struktur der DNS der zweite Höhepunkt in meinem wissenschaftlichen Leben. Wir, Francis Crick und ich, haben damals zum ersten Mal die Doppelhelix gesehen. Jetzt sehen wir alle die menschliche Doppelhelix zum ersten Mal.

Viele fürchten aber auch Gefahren, die mit dem genetischen Fortschritt zusammenhängen.
Kritiker gibt es immer. Das beunruhigt mich nicht. Es gibt zwei Arten von Skeptikern. Die einen sagen, eine Entdeckung sei nicht bedeutend. Und dann die anderen, die sagen, die Gefahren, die daraus erwachsen, seien größer als der Nutzen. Das war auch so, als das Automobil kam. Das ethische Dilemma entsteht dadurch, daß das Leben eine Krankheit zum Tode ist. Das Problem der Menschheit lautet: Menschen werden krank. Einerseits wollen wir helfen, andererseits aber will niemand hören, daß er in vierundzwanzig Jahren sterben wird. Was mich wirklich beschäftigt, ist die Krankheit, nicht die Genetik.

Besteht aber nicht die Aussicht, daß immer mehr Menschen unter einem medizinischen Vorwand genetisch durchleuchtet werden?
Ich denke, für solche Fälle müssen Gesetze geschaffen werden, die verhindern, daß andere sich Ihre genetische Information aneignen. Das habe ich immer gesagt, und ich betone das jetzt um so mehr. Es gibt aber durchaus schwierige Fragen. Stellen Sie sich vor, Sie sind eine Frau und Ihre Mutter ist an Brustkrebs

gestorben. Sie entscheiden sich, einen Test machen zu lassen, um sich unter Umständen besser davor schützen zu können. Nun erfahren Sie aber, daß Sie das krank machende Brustkrebsgen tragen. Und danach entschließen Sie sich, eine Lebensversicherung abzuschließen. Können Sie der Versicherungsfirma Ihr Wissen verheimlichen? Ich sehe da keine einfache Antwort. Der einzige Weg, das Dilemma zu lösen, ist, den Krebs zu besiegen.

Und wie steht es mit der Diagnose anderer unheilbarer und womöglich erst in Jahrzehnten ausbrechender Krankheiten?
Hier steht uns eine Revolution bevor, von der die wenigsten ahnen, wie sie ihr Leben, vor allen Dingen im Alter, verändern wird. Wir können bereits jetzt Alzheimer bei bestimmten Menschen entdecken, bevor der Mensch irgendwelche Krankheitsanzeichen hat. Sollen wir also den Piloten alle paar Jahre ins Hirn blicken, um zu sehen, ob ihre Gehirnfunktionen noch in Ordnung sind? Wir würden ihnen eine gewisse Freiheit nehmen, aber sonst könnten Sie in einem Flugzeug sitzen, dessen Pilot möglicherweise schon krank ist und damit eine potentielle Gefahr darstellt. Das ist das Dilemma der modernen Medizin.

Also steht uns ein neuer Fluch der Erkenntnis bevor, solange wir Krankheiten vorhersagen können, aber keine Medikamente gegen sie haben?
Manche Menschen, auch Wissenschaftler, verlangen bereits ein Moratorium für die Gendiagnose. Man solle warten, bis geeignete Heilungsmöglichkeiten gefunden sind. Die wollen ein Moratorium auf alle Experimente, die dabei helfen könnten, den Menschen genetisch zu verbessern. Ich bin strikt dagegen. In einigen Jahren können wir vielleicht verhindern, daß sich Aids weiter ausbreitet. Müssen wir nicht zu verhindern versuchen, daß all die vielen Kinder in Afrika mit Aids aufwachsen? Es ist sehr einfach, ein Moratorium zu fordern, wenn man selbst nicht betroffen ist. Die Wahrheit ist doch, daß diese Leute alles tun würden, um ihr eigenes Leben zu verbessern oder zumindest das ihrer Kinder. Ein Bei-

spiel: Ich trinke alkoholfreies Bier. Damit sinkt die Gefahr, daß ich krank werde. Vor fünfzig Jahren hätte man noch gesagt: Laß das Bier, wie es ist. Nun trinke ich alkoholfreies Bier, und ich bin sicher, daß dieses Bier bei Ihnen in Deutschland sogar noch mehr getrunken wird. Jeder Mensch versucht, sein Leben zu verbessern.

Wenn man den Gedanken fortführt, könnte man sogar an eine genetische Verbesserung der Menschheit denken. Wird mit wachsendem Wissen eine neue Eugenik salonfähig?
Ich sehe drei Entwicklungen voraus. Der eine Staat wird Ihnen sagen, Sie können einen Gentest machen lassen und ein krankes Kind unter Umständen abtreiben. Ein anderer Staat wird Ihnen alle genetischen Tests verbieten. Und schließlich werden die muslimischen Gesellschaften möglicherweise nicht den Test, aber unter allen Umständen die Abtreibung verbieten. Deren Bürgern wird also der Versuch untersagt, die Zukunft perfektionieren zu wollen. Ich persönlich glaube, daß Individuen das Recht haben sollten, ihre Zukunft oder diejenige ihrer Kinder zu perfektionieren. Ich meine, eine Frau sollte immer das tun, was sie will. Sie mag einen Fehler damit begehen, eine Schwangerschaft abzubrechen, denn möglicherweise hat sie keinen weiteren Versuch mehr zur Verfügung, schwanger zu werden. Aber dann hat sie selbst den Fehler gemacht. Wenn sie das Geschlecht des Kindes selbst bestimmen will – fein. Wenn jemand schon zwei Söhne hat, ist es dann schlecht, daß man sich ein Mädchen wünscht? Ich glaube nicht. Genauso absurd ist der Gedanke, daß wir unsere Lebensmittel genetisch nicht verbessern sollen, selbst wenn das möglich ist. Warum denn nicht?

Sie meinen nicht, daß Sie damit ungerechtfertigt in die Evolution eingreifen und Gott spielen?
Nein, ich bin dafür, die Evolution zu verbessern, wann immer das möglich ist, sofern wir damit gesündere und klügere menschliche Wesen schaffen. Es wird oft behauptet, daß man damit Superkinder schaffen wolle, blonde, blauäugige Menschen. Diese Gefahr sehe ich nicht. Ich denke, daß die Welt in hundert Jahren viel glücklicher

und gesünder sein wird – dank dieses genetischen Buchs. Deshalb haben wir heute allen Grund zur Freude. Die Probleme kommen von allein, wenn es darum geht, die Krankheiten zu heilen.

Welche Rolle spielen dabei Genunternehmer wie Craig Venter?
Zu Venter will ich nicht viel sagen. Er wollte, daß das Genom von einer Firma entschlüsselt wird, die einen Besitzanspruch auf die genetische Information erhebt. Die Öffentlichkeit will aber, daß Gendaten für die Forschung frei zugänglich sind. Venter hat zwar weitgehend Recht damit behalten, daß es mittels seiner Methode möglich werden würde, das menschliche Genom zu entziffern. Aber ich bin trotzdem stolz darauf, daß es das öffentliche Humangenomprojekt gibt. Venter wäre nie soweit gekommen, wenn dieses Projekt vor zehn Jahren nicht damit begonnen hätte. Die Forscher in Japan, Deutschland, Großbritannien, Amerika und anderswo konnten nicht einfach aufhören, als Venter sein Privatprojekt in Angriff nahm. Wir konnten auch nicht einfach die Pläne kurzfristig ändern.

Warum haben Sie vor einigen Jahren das Humangenomprojekt verlassen?
Ich habe es nicht verlassen. Ich wurde von der damaligen Chefin des Nationalen Gesundheitsinstituts gefeuert. Dafür gab es einige Gründe. Der wichtigste war, daß das Gesundheitsinstitut damals Gensequenzen patentieren ließ, die Venter am Institut produziert hatte. Ich fand es verrückt, diese Gensequenzen patentieren zu lassen. Ich wollte gar nicht weggehen. Ich hatte ein angenehmes Leben. Die wenigsten Menschen sehnen sich nach so einem Job. Venter wollte das und Francis Collins auch. Sie sind heute glücklich damit. Sie sind glückliche Menschen.

Fragen und Übersetzung aus dem Amerikanischen von Joachim Müller-Jung.

28. Juni 2000

Adolf Muschg

Der Schriftsteller und die Gene
Nach der Entschlüsselung des Genoms: Wir leben nicht mit Faust und Gretchen, sondern mit HUGO und Celera

Von Richard Dawkins, dem Verfasser des »Egoistischen Gens«, stammt der Vorschlag, Informationsträger, die in der Evolution des kulturellen Lebens eine vergleichbare Rolle spielen, »Meme« zu nennen. Ein analoges Projekt: in der modernen Biowissenschaft keine Selbstverständlichkeit. Das entschlüsselte menschliche Genom ist eine digitale Kreation. Nur vier Buchstaben, die den beteiligten Eiweißbasen entsprechen, türmen die DNS-Information zu einer aus C, G, A und T gebildeten babylonischen Kolumne auf: exakter Dadaismus. Denn von diesem Text wissen wir wenigstens so viel zuverlässig: Seine Sequenzen sind verbindlich. Kein Zeichen kann ohne schwerwiegende Folgen für sein Signifikat, den real existierenden – oder den werdenden – Menschen, verrückt werden. Die Anbindung des digitalen Konstrukts an sein biologisches Substrat ist lebenswirksam. Die Zukunft der Zivilisation könnte davon abhängen, ob die Rückkopplung des Chiffren-Systems auf reale Organismen gelingt. Dieser Kompatibilitäts-Test wird nicht nur die Forschung in Atem halten. »Mechanisches, dem Lebendigen aufgesetzt« – so hat Bergson ausgerechnet eine Quelle der Komik beschrieben. Im Fall, der uns hier beschäftigt, hätte die Tücke des Objekts nichts Komisches, denn ihr Subjekt und Objekt wären identisch. Im hohen Ton eines führenden Gen-Forschers, Walter Gilbert, zu reden: Das Genom ist »die letzte Antwort auf das Gebot: Erkenne dich selbst«.

Letzten Antworten ist bisher nur mit neuen Fragen zu helfen gewesen – den Imperativ des delphischen Orakels hat Sokrates jedenfalls als Verpflichtung dazu verstanden. Damit wären wir auf der Meta-Ebene unseres Themas, bei Dawkins' »Memen« – soll heißen: der Evolution des kulturellen Gedächtnisses, das uns vielleicht dann am nötigsten und nützlichsten ist, wenn eine fabelhafte Erfindung es auszuschalten verspricht.

»Der Schriftsteller und das Genom« – ein verwegener Titel. In der Ich-Form läßt er sich nicht anmaßen. Auf der Suche nach einer besseren Form werde ich immer wieder zu Goethe abschweifen. Der Satz, auf den ich in den »Maximen und Reflexionen« des alten Mannes gestoßen bin, ist nicht feierlich, er ist bedenklich: »Was ist das Allgemeine? Der einzelne Fall.«

Das war in den zwanziger Jahren des neunzehnten Jahrhunderts nicht nur gegen Hegels Weltgeist gesagt, sondern, natürlich, gegen den Zeitgeist der beginnenden industriellen Revolution. Goethe sah voraus, daß das Credo der wachsenden Zahl mit seinem Naturverständnis aufräumen würde. Die ihn leitende Größe – von ihm noch »Einzelnheit« geschrieben, anderswo »Phänomen« genannt – war nicht quantifizierbar, denn sie war »inkalkulabel«. Nun stelle man sich eine Frau vor, die sich auf dem heute erreichbaren genetischen Informationsstand überlegt – überlegen muß, weil kann –, ob sie eine Schwangerschaft austragen, abbrechen oder vermeiden soll: Dann verliert Goethes Maxime alles Theoretische, Rhetorische oder Historische. Sie bezeichnet die Schnittstelle zwischen der Gentechnologie und der von ihr ausgesparten individuellen Realität. Es ist eine Leerstelle, denn dahin reicht die Wahrscheinlichkeitsrechnung nicht, und hier reicht sie nicht aus. Jetzt trifft das Allgemeine auf den einzelnen Fall, und was hat es ihm zu sagen? Das avancierteste Produkt der Wissensgesellschaft weiß nicht, wie sein Adressat mit ihm leben soll – es sei denn, er beugt sich seinerseits der Logik der Wahrscheinlichkeit und anerkennt sie als Norm seines Handelns oder Unterlassens. Ist aber die Anpassung an ein System die Bedingung dafür, daß es mir dient, bedeutet das nichts anderes, als daß es mich beherrscht; daß ich selbst systemförmig werden muß: nicht mehr das inkalkulable Individuum, sondern die normierbare Position in einem Kalkül.

Das riecht nach Dämonisierung der Gentechnologie. Aber nein: Ich bezweifle keinen Augenblick, daß ihre Vertreter für die

Kundschaft nur das Beste wollen, ich fürchte mich nur davor, daß sie es ihnen gibt. Denn das Gute wäre ja nicht die mögliche Wählbarkeit eines ganz anderen Lebens – angenommen, sie wäre eines Tages gegeben –, sondern die Annehmbarkeit eines wirklich eigenen. Die Rechner operieren mit Normen, die aus ihrer Perspektive neutrale, weil mathematisch definierte Größen sind. Erst wenn sie nicht wissen wollen – oder es leichtnehmen –, daß diese Normen eine unabsehbare normative Kraft entfalten, daß sie eine eigene Normalität erzeugen, wird die sogenannte Wissensgesellschaft, als Wissensvermeidungsgesellschaft, zur Gefahr für sich selbst.

Die Normalität, die ich fürchte, erlaubt die Annahme, das Herr X mit einiger Wahrscheinlichkeit an Darmkrebs erkrankt, daß Frau Y manisch-depressiv wird, daß Frau Müller ein Sicherheitsrisiko hat und daß Herr Meier zu einem wird. Die Wissenschaft beansprucht nicht, es zu wissen. Aber sie erlaubt die Annahme. Damit aber veranlaßt sie die genannten Personen, ihrerseits mit diesen Annahmen zu rechnen und ihr Leben danach einzurichten. Sollten sie die Schwäche – oder die Stärke – haben, sich nicht darum zu kümmern, so sind die Agenten des Staates, der Gesellschaft, der Wirtschaft nicht mehr weit, die sie dazu verpflichten können. Sie müssen es sogar, wenn es ihre eigene Zweckbestimmung so verlangt – heiße diese öffentliches Wohl oder Optimierung von Gewinnen. Schon für die heutige Normalität beginnt sich der Unterschied zwischen beidem ohnehin zu verwischen. Sie wird ihre Kundschaft – immer im Zeichen der Dienstleistung – noch wirksamer zur Risikovermeidung anhalten. Dazu gehört, daß man Leben, von dem bestimmte Risiken zu erwarten sind, gar nicht erst aufkommen läßt. Die Repression wird Methode haben, dafür darf sie kein Wahnsinn sein: Sie spricht im Ton vernünftigen Kalküls. Was man befürchtet, muß man ja nicht auch noch erfahren: So wird die Prävention zum eigentlichen Ratgeber des Lebens – oder was man sich davon noch leistet. Auf die Chance, ganz Unvorhergesehenes zu erleben, wird man sich sicherheitshalber nicht erst einlassen. Befürchtetes Leben im

Keim zu verhindern wird, dank der Gentechnologie, normaler werden, auch schmerzloser – zumal sie die Aussicht eröffnet, sich ein ebenfalls schon im Keim problemloses Leben zu besorgen, ein besseres und schöneres. Was als gut und schön gelten darf, wird immer mehr generalpräventiv durch Verhütung des Unguten und Unschönen bestimmt sein, oder was das Sicherheitsbedürfnis dafür hält – in dem sich eine statistisch getarnte Norm versteckt, die gerade als nur formale, inhaltsneutrale besonders wirksam ist.

Ein Horrorszenario? Nicht mehr, wenn das Design einer Realität gelingt, in dem kritische Nachrede auf blankes Unverständnis stößt und nur noch eine Abweichung ihres Sprechers signalisiert – dann wird er zur Entsorgung freigegeben. Eine risikoscheue Gesellschaft hat das Ende der Geschichte schon gesehen und hält es in der Hand. Der Rest ist Vergnügen oder soll es sein: Vorbei die Zeit, wo die Abweichung von der Norm – und zwar nicht die als modisches Outfit getragene – als Träger der Entwicklung gegolten hat, der kulturellen, aber schon der biologischen. Neuheiten, die einem passen, kann man sich ja bald beim individuellen Gen-Shopping besorgen.

Ernsthaft: Warum fällt es der Wissenschaft selbst nicht auf, daß die epochemachenden Gedanken, die sich die theoretische Physik im gerade vergangenen Jahrhundert gemacht hat – über Kausalität, Determination, Lokalisation und Zeitlichkeit –, für die Praxis der Gentechnologie mega-out sind? Ihre Stelle hat der Gen-Fetischismus, ein kruder Wunderglaube, eine business-like Heilserwartung eingenommen. Ein paar hundert Jahre Aufklärung stehen zum Ausverkauf: Im Angebot sind nicht nur Ladenhüter archaisch-magischer Kultur, sondern auch Zeitbomben erwiesener und brandgefährlicher Unkultur. Da darf wieder einem Verbrecher-Gen nachgespürt werden oder dem Gen, das Homosexualität und andere Minderwertigkeiten verursachen soll – gegen die Isolation ihrer vorgeblichen, aber auch realen Träger hat das Wahrscheinlichkeitskalkül kein Anti-Gen zu bieten.

Woher diese Disposition zum Gedächtnisverlust? Sollen wir die Eigenschaften des Siliciumkristalls dafür verantwortlich machen? Ohne Frage hat ihre Nutzung Descartes' Verfahren wissenschaftstypischer Problemreduktion – divide et impera – unerhört beschleunigt. Die Computertechnologie erlaubt das Herunterfahren des methodischen Apparats auf das mathematische Minimum einer O-1-Entscheidung. Damit läßt sich der traditionelle Wissenschaftsgegenstand – die objektivierte Realität, die Res extensa – auflösen und durch eine digitale Simulation ersetzen, die ihn, diesmal berechenbar, rekonstruiert. Die ausgetriebene Komplexität kann dem Modell dann durch die Einführung immer neuer Parameter wieder zugesetzt werden. Auf diese Weise entsteht eine Ähnlichkeit, die – gegenüber historischen Verfahren der Naturnachahmung – den Vorzug der Autonomie mit demjenigen des wohlkalkulierten Zugriffs verbindet. Im Sprachgebrauch der alten Kunstlehre: Die digitalisierte Mimesis produziert Nutzen und Vergnügen in einem Arbeitsgang. Fortbestehende Differenzen zur »Natur« verspricht das System durch Verbesserung des Rechners zu bereinigen. Tatsächlich bringt er sie so zum Verschwinden, daß die Faszination durch das selbstgeschaffene Bild die Frage nach dem möglichen Eigensinn der abgebildeten Realität immer mehr ablöst. Das Bild bestimmt, was der Fall ist, und ihr wahres Objekt ist das Quantum, also seinesgleichen. Für die Wahrnehmung von Qualität, die nicht aus der Addition oder Kumulation von Eigenschaften besteht, fehlt dem Bildmacher das Instrument. Er mißt nur, was sich rechnet: dies aber mit phänomenaler Geschwindigkeit.

Ist die Dechiffrierung des Genoms darum eine Chimäre? Natürlich ist sie ein kulturelles Ereignis ersten Ranges und wurde mit Recht im Feuilleton der FAZ als solches angezeigt. Was diese Letternfolge repräsentiert, ist unser Schicksal: Haut- und Augenfarbe, Geschlecht, Konstitution, Disposition, Krankheit, Gesundheit, Charakter. Zwar ist einstweilen die schlüssige Zuweisung bestimmter Textstellen beschränkt auf vergleichsweise wenige einfache Fälle – monokausale Verhältnisse scheinen Organismen weniger zu liegen als Systemen. Aber Kranke, die in einem dieser Fälle sind, hoffen wieder, auch wenn es der Gentechnik einstweilen noch kaum gelingen will, Züge bei laufenden Rädern zu reparieren, respektive den reitenden Boten mit der besseren Nachricht zum Lokomotivführer zu machen. Im Gegenteil: Auf dem unzweifelhaft phantastisch weiten Feld, das die Diagnose eröffnet, hinkt die Therapie notwendig immer weiter nach. Um so verlockender ist es als Tummelplatz der Forschung und phantastischer Hoffnungen, die das Gen-Unternehmen lieber nähren als dämpfen wird, denn natürlich ernähren sie die Forschung mit, und die Wirtschaft wird gewiß an keiner Bonanza vorbeigehen.

Das ist zwar in keiner Branche der Forschung anders, aber in dieser, wo es um die Definition von Leben und Lebenswert geht, wird Geschäftstüchtigkeit ethisch brisant. Die politische Seite, die eine Explosion der Gesundheitskosten kommen sieht – und ganz gewiß mehr fürchtet als einen verteuerten, also selektiven Zugang zu den neuen Gnadenmitteln –, partizipiert an der Ausbeutung der diagnostischen Panazee. Der Staat – guter Rechner, der er sein muß – wird kostenträchtiges Leben früh zu erkennen trachten, und zwar nicht gleich als lebensunwert disqualifizieren, aber gewiß auch nicht fördern: Wer jetzt noch krank ist, hat selber schuld.

Damit aber werden die verbliebenen Notsäulen des Sozialstaats ins Zittern geraten. Für Versicherungen wird das Screening des Bevölkerungssubstrats geradezu imperativ sein. Da die Gendiagnose teuer ist – und beratungsintensiv bleiben muß –, hat die Folgebehandlung das Zeug zu einem exklusiven Konsumgut. Auf diesem Niveau ist das Wachstumspotential unzweifelhaft enorm: als kosmetisches Tischleindeckdich, als Palette für ein ganz neues Human-Design, als einstweilen noch verschämtes eugenisches Instrumentarium, das sich ohne Zweifel unter dem Label »Therapie« präsentieren und die problematischen Erfolge in der Klinik vergessen lassen wird.

Überhaupt ist in der Antwort der Gen-Linguisten auf den vertrackt elaborierten Code des Realkörpers ein zweideutiges Schillern festzustellen. Wenn sie von »Prävention« reden, können sie zur Zeit nicht viel Besseres als Abtreibung meinen – darum richten sie den Blick gern über das als defekt markierte Leben hinaus in die Richtung eines ganz neu designten und dann wirklich prächtigen. Die Gen-Verkäufer werden, fürchte ich, überhaupt ein neues, ihrem Funktionsdialekt kompatibles Bild von Krank und Gesund kreieren müssen, an dem sie ihre Verheißungen auch erfüllen können. Ja, ich fürchte mich davor – aber noch mehr vor einer Gesellschaft, für die all dies gar kein Problem mehr ist: everything under control.

Gerade die verwirrende Textgestalt des Genoms könnte seine Entzifferer ja auch darauf bringen, daß »das Leben«, der Organismus anders ist als das digital erarbeitete System seiner Erfassung; daß er eine Sprache spricht, die für den Computer eine Fremdsprache bleibt, weil er bestimmte ihrer Qualitäten aufgrund seiner eigenen Prämissen nicht simulieren kann. In den Gen-Sequenzen registriert er Redundanz und Spielerei, begegnet einem weißen Rauschen, vor dem die wissenschaftlichen Leser ratlos stehen; und wenn sie sagen, sie können das noch nicht lesen, so wäre ja auch der unbequemere Schluß möglich: Es lasse sich so nicht lesen; der Stoffwechsel des Organismus im Medium Zeit, seine bewegliche Ordnung, verhindere die kausale Anpfählung definiter Eigenschaften an definite Loci. Der Computerausdruck steht still wie ein Fahrplan, der Zug aber fährt. Die Forscher könnten an ein Objekt geraten sein, das sich digitaler Auflösung entzieht. Wo sie nur feststellen, daß Gene an- und abgeschaltet werden, könnte »in Wirklichkeit« eine gestaltförmige Bewegung stattfinden, ein Schwingen und Pulsieren, das sich aus keinem 0-1-Schema extrapolieren und auch mit Hilfe astronomischer Rechenkapazitäten nicht reduzieren läßt.

Man muß an dieser Stelle nicht zu raunen, erst recht nicht zu mäkeln beginnen. Aber den Verdacht muß man aussprechen dürfen, daß die Kodierung des Menschen vielleicht nicht an seine Grenzen gestoßen ist, sondern an ihre eigenen. Noch lebt, hungert, dürstet, atmet dieser Organismus in einer vordigitalen Welt, in der er ein paar Jahrmillionen Erfahrungen sammeln mußte, um zu werden, was er ist: ein Geschöpf hochflexibler Identität, mit einem entsprechenden Ausdrucksvermögen bis in die Substanz seiner molekularen Struktur. Wer vom Rechner einen gleichen Ausdruck verlangt, verlangt viel.

Goethe hat diese Welt des Menschen noch für analog gehalten und in empathischer Sprache kodiert – darin war er noch ein Stück – durch »zarte Empirie« temperiertes – Mittelalter. Was er das »Obere Leitende« nannte, kann es für uns nicht mehr sein: ein dilettantischer, zu deutsch: liebevoller Komment im Umgang mit einer Großen Mutter, die er für noch erfinderischer hielt als sich selbst und auch in ihrem Unerforschlichen schweigend verehrte. Er verstummte schon vor dem Phänomen – aber wie sprechend! –, denn gleich dahinter begann für ihn die Indiskretion. Mit diesem Knigge hätte es das Industriezeitalter nicht so herrlich weit gebracht: nicht zur Spaltung des Atoms, nicht zur Laser- und Halbleitertechnologie, schon gar nicht zum Splitting genetischen Materials, wenn es nach Goethe gegangen wäre: nicht einmal zur Verstärkung der Teleskope – oder der Brillen. Vor allem die Mathematik war für ihn eine Magie, die er von seinem Pfad zu entfernen trachtete, sogar aus der Physik – und große Physiker des zwanzigsten Jahrhunderts wie Heisenberg oder C. F. von Weizsäcker haben sich die Mühe gemacht, respektvoll zu zeigen, warum. Der – auf das Symmetriegesetz der Materie – gemünzte Satz Niels Bohrs: Wahre Sätze erkenne man daran, daß ihr Gegenteil genauso wahr sei, fiel zum ersten Mal von den Lippen eines jungen Mädchens in »Wilhelm Meisters Wanderjahren«.

Wir sollten also die lächerlichen 250 Jahre, die seit Goethes Geburt ins Land gegangen sind, nicht so gewaltig überschätzen, wie uns die verbesserte Ausstattung weismachen will. Das Gen rechnet, wie uns seine Forscher zeigen können, in ganz anderen Zeitdimensionen: Dieselbe Sequenz, die beim Menschen Alzheimer auslösen kann, hat schon den Fadenwurm am Eierlegen gehindert. Das Gedächtnis der »Meme« sollte sich also von dem der Gene nicht lumpen lassen. Ich habe einige Meme aus Goethes Küche aufgetragen, weil ich ihm weitreichende Erinnerungen zutraue – und »Erinnerung« hat nicht nur den Index der Vergangenheit. In einem elaborierten Code wie demjenigen Thomas Manns kommt sie auch als »Mahnung« vor – an die Selbstverpflichtung der Kultur.

»Du gleichst dem Geist, den du begreifst« ist ein solches Mem. Der Erdgeist schleudert es den Erwartungen Fausts auf unmittelbaren Zugang zum Herzen der Natur entgegen. Am Ende der Tragödie – als er auf die Vermittlung der Maschine gesetzt hat – greift sich der titanische Technokrat an die Stirn: »Ich bin nur durch die Welt gerannt,/Ein jed Gelüst ergriff ich bei den Haaren.« Wir können uns angesichts der Gentechnologie die Haare raufen. Wir leben nicht mit Faust und Gretchen, sondern mit HUGO und Celera. Die »Schnelle« war so gut wie ihr Name, aber ein Name ist auch ein Omen. »Ungeduld« nannte Goethe die Kardinalsünde im Verkehr mit der Natur, und in Kafkas Tagebuch wird sie für den Verlust das Paradieses verantwortlich gemacht: »das scheinbare Einpfählen der scheinbaren Sache«.

»Was ist das Allgemeine? Der einzelne Fall.« Ich gestatte mir zum Schluß eine bösartige Phantasie. Angenommen, die Gentechnologie hätte sich vor hundert Jahren entwickelt, angenommen, sie hätte bald danach die gefürchtete Korrektheit, eine neue Orthodoxie erzeugt. Ich schließe jede Wette darauf ab: In unserem genetischen Text hätten sich Gründe genug dafür finden lassen, daß wir besser nicht sein sollten, also nicht hätten werden dürfen. Was uns heute noch in die Lage versetzt – vielleicht dazu verpflichtet –, sehen, hören, wissen zu wollen, ist allein die Tatsache, daß jeder und jede die Chance erhalten hat, unzweifelhafte Defekte zu kompensieren, wahrscheinlichen zu begegnen, wirkliche zu ertragen. So etwas nannte man, glaube ich, Lebensarbeit, Lebensleistung, im höchsten Fall Lebenskunst: Ich nenne es immer noch so.

Ich stimme aber auch keine Jeremiade an, nach dem Tenor: Wenn mein Auto nur keine Räder hätte, könnte es immer noch meine Großmutter sein. Der Geist ist aus der Flasche; es hülfe nichts mehr, diese, wie die Phiole des Homunkulus, am Muschelwagen der Galatee zu zerschmettern und das damals noch aus

Harnsäure generierte Kunstgeschöpf die Stufenleiter der Phylogenese wieder hinunterzuschicken, damit es, ein paar Millionen Jahre als Einzeller nachsitzend, »auf rechte Art entstehn« kann. Aber das Beratungsgespräch ist nicht nur einer Schwangeren nötig, die sich Kopf und Herz darüber zerbricht, wie sie das verallgemeinerte Angebot der Gentechnologie auf ihren einzelnen Fall, einen hochkomplexen, zurückrechnen soll. Die Gentechnologie selbst ist eine neue Schwangerschaft der Zivilisation, die nach Kontext verlangt, nach Geschichte, nach Relation, also nach einem offenen Diskurs, einer geregelten Anwendung und einer kultivierten Praxis.

Goethe hat seinen Faust mit Hilfe des Ewig-Weiblichen, also der Liebe, aus dem Sumpf gezogen, in den ihn sein Begradigungszauber, sein Meliorationswahn geführt hatte. Liebe ist, wo es um den Kernbereich menschlicher Selbstreproduktion geht, gewiß kein ganz unpassendes Wort, mir aber heute ein zu großes. Ich schlage eine Mutation vor, die Nietzsche teuer gewesen ist: Amor fati. Wenn wir glauben, daß wir unser Schicksal light im Gen-Shop abholen können, haben wir uns durchaus nichts erspart. Wir haben uns um das Beste betrogen.

Diese Rede wurde am 6. September 2000 im Wissenschaftsforum Berlin gehalten.

7. September 2000

Jordan Mejias

System Builders
Jeremy Rifkin

Seit er die Kassandra gibt, zahlt Jeremy Rifkin fürs Wahrsagen den klassischen Preis. Ob er wie die trojanische Königstochter die Gabe der Prophetie besitzt, ist noch nicht einmal erwiesen. Aber daß ihm wie einst ihr niemand glauben soll, verkündet manch Apoll unserer Tage, throne er nun auf den Chefetagen der Wirtschaft oder im institutionellen Glanz der Wissenschaft.

Rifkin, von Hause aus Wirtschaftswissenschaftler, wird gern von diesen Göttern in seine Schranken verwiesen. Wenn er Gefahren der Biogenetik und Informationstechnologie anprangert, fragen sie umgehend nach seiner Qualifikation. So halten sich Spezialisten von jeher Unruhestifter vom Hals.

Das breite Publikum ist da weit weniger empfindlich und reißt ihm, trotz aller apollinischen Glaubensverbote, seine Schriften regelrecht aus der Hand. Unter Titeln wie »Das Ende der Arbeit und ihre Zukunft« und »Das biotechnische Zeitalter« hat er Bestseller geschrieben, die von der Revolution der Wissenschaft und Technik handeln und den Auswirkungen einer globalisierten Wirtschaft auf unser Leben. So ist Rifkin, heißer umstritten als seine antike Vorgängerin, zu einem Faktor in der Debatte um Gene und Patente, ums Informationsnetz und die uns drohenden Verstrickungen geworden.

Seine Kritik hat den polemischen Dreh nie gescheut, wie er jetzt wieder in »Access. Das Verschwinden des Eigentums« vorführt, seinem neuesten Buch, dessen erstes Kapitel wir heute leicht gekürzt in der Beilage »Bilder und Zeiten« vorabdrucken. Dennoch vergißt er darüber nicht, flotte Tiraden mit komplexen, ja sogar abgewogenen Analysen und Hypothesen zu untermauern. Rifkin zeichnet anhand einer Überfülle von Beispielen nach, wie die kapitalistische Marktwirtschaft von hyperkapitalistischen

Netzwerken abgelöst wird und Käufer sich in Nutzer verwandeln. Alles nicht weiter schlimm, solange es bei der uns inzwischen liebgewordenen Malaise bliebe, also der vom Industriezeitalter verordneten Kommerzialisierung der Arbeit. Davon kann allerdings keine Rede sein.

In Rifkins Schauerszenario, das den Wertekatalog radikal umschreibt und nebenbei die Kulturindustrie seligen Frankfurter Angedenkens zum Idyll erklärt, wird unser gesamtes Leben als kommerzielles Produkt behandelt.

Statt eines totalitären Staates winkt uns ein von der Privatwirtschaft perfektionierter Totalitarismus. Nichts entgeht dem Big Brother Business. Was, fragt Rifkin nun, passiert mit der essentiellen Natur menschlicher Existenz, wenn sie in ein allumfassendes Gewebe kommerzieller Verbindungen gesogen wird, wenn der Kitt der Zivilisation allein der Kommerz ist? Das ist für ihn die Krise der Postmoderne.

Die Rolle der Kassandra ist ihm nach all den Jahren in Fleisch und Blut übergegangen. Rifkin warnt vor den Abgründen der neuen Technologien, vor ihren Folgen am Arbeitsplatz und für die Umwelt, vor genetisch manipuliertem Saatgut, biologischen Waffen, Eugenik auf Bestellung und bioindustriellem Design. Und er begnügt sich nicht mit kritischer Theorie. Die von ihm gegründete »Foundation on Economic Trends« hat gegen Firmen und staatliche Behörden geklagt, hat Patente angezweifelt, zum Boykott aufgerufen und dabei bewiesen, wie geschickt sie mit den Medien umzugehen weiß. Bis zum Obersten Gericht ist Rifkin mit seinen Argumenten vorgedrungen, amerikanischen Parlamentariern hat er in Anhörungen seine strengen Lektionen erteilt. Aber auch der Rest der Welt holt sich bei ihm Rat. Wie eine Primadonna des Protests fliegt er um den Globus und singt seine düsteren, dramatisch eingefärbten und doch immer lehrreichen Arien vor Staatsoberhäuptern und Industriekapitänen.

Wer ihn im gläsernen Büro in Washington besucht, wird zunächst die Bücherregale bestaunen, mit seinen gesammelten Werken in zwanzig Sprachen. Die »Foundation on Economic

Trends«, gemeinnützig und im Washingtoner Machtgefüge den immer herzhafter auftrumpfenden Nichtregierungsorganisationen zuzurechnen, hat gesellschaftspolitische Wurzeln, die direkt in die sechziger Jahre zurückreichen. Vietnam-Krieg und Bürgerrechtsdemonstrationen haben Rifkins Laufbahn bestimmt. Über all den revolutionären Umtrieben vergaß er nicht, sich an der Wharton School, der an der University of Pennsylvania stehenden Wiege der kapitalistischen Führungselite, einzuschreiben. Jetzt lehrt er dort als Fellow, ein akademischer Star, der Unternehmensleiter aus aller Welt anzieht und sie in seinen Kursen mit den neuesten wissenschaftlichen und technischen Trends und ihrem ökonomischen, ökologischen und kulturellen Echo konfrontiert.

Auch seine Beraterverträge, die ihn an mächtige, global operierende Firmen binden, müßten ihn eigentlich vor dem Vorwurf antiglobaler, antitechnologischer Engstirnigkeit schützen. In der Tat lehnt Rifkin jede zeitgenössische Version der Maschinenstürmerei ab. Gentechnologischen Unternehmen gesteht der unangepaßte Unternehmensberater zu, Profit zu machen, aber nicht durch Patente auf die Entdeckung von Genen, sondern den Vorgang ihrer Nutzung. Dazwischen erstreckt sich freilich eine endlose Grauzone, in der die buntesten Kontroversen blühen. In Vorbereitung hat Rifkin einen Monumentalprozeß gegen Biotechfirmen und das amerikanische Patentamt. Gene oder ihre Sequenzen zu patentieren, hält er für illegal.

In Deutschland wäre Rifkin wohl bei den grünen Realos gelandet. Wie ihnen bleibt auch ihm das Mißtrauen des Establishments, noch während es ihn konsultiert, treu. Seine Mahnungen aber, auch wenn ihre Grundlagen bisweilen angezweifelt werden, sind doch zu originell und prägnant, um auf taube Ohren zu stoßen. Zumal in den Medien findet er dankbare Abnehmer seiner knakkig formulierten Thesen. Für Unternehmen sind solche Kassandratöne sicher unangenehm, oft aber auch von latentem Nutzen. Rifkins kritische Einsichten und Einwände dienen einem profitorientierten Zeitalter, das in der Rasanz seiner technologischen Umwälzungen aus der Balance zu geraten droht, nicht nur als

Gegengewichte. Sie deuten auch an, wie auf lange Sicht vernünftiger zu planen und zu handeln wäre.

Wo andere in ihm ein Hindernis sehen, will Rifkin, ganz konstruktive Kassandra, heilsame Diskussionen entfachen und die Menschheit aufrütteln, ihr Los selbst in die Hand zu nehmen – bevor das die neuen Technologen und Unternehmer für sie tun. Im Kritiker offenbart sich da neben dem Aktivisten, der er voll vehementer Energie geblieben ist, noch der Ethiker, der Humanist alten Schlages.

Jeremy Rifkins Buch »Access. Das Verschwinden des Eigentums« trägt den Untertitel »Wenn alles im Leben zur bezahlten Ware wird«. Es wurde von Klaus Binder und Tatjana Eggeling aus dem Englischen übersetzt und erscheint in der kommenden Woche im Campus Verlag, Frankfurt am Main/New York. Es hat 424 Seiten und kostet 49,80 Mark.

12. August 2000

Wir werden Kriege um Gene führen

Ein Gespräch mit Jeremy Rifkin

Womit wäre der in diesen Tagen erzielte Durchbruch bei der Entschlüsselung des menschlichen Erbguts historisch zu vergleichen?
Mit der Nutzanwendung von Elektrizität.

Ist das nicht ein allzu stolzer Vergleich, zumal die genetischen Daten noch keineswegs allgemein zugänglich sind?
Das sind sie in der Tat nicht, und genau darum beschäftigen wir uns auch seit Jahren mit dem verwandten Problem der Patente. In wenigen Wochen werden wir einen massiven Prozeß anstrengen, den wir seit zweieinhalb Jahren vorbereiten. Wir klagen gegen die Patentbehörde und einige Biotechfirmen, denn wir glauben, daß sie gegen amerikanisches Patentrecht verstoßen. Nach unserer Auffassung ist es illegal, eine Sequenz von Genen oder auch nur ein einziges Gen zu patentieren.

Warum fürchten Sie diese Patente so?
In meinem Buch »The Biotech Century« habe ich die These aufgestellt, daß sich zur Zeit ein fundamentaler Wandel in unserer Ressourcenbasis vollzieht, ein Wandel von fossilen Brennstoffen, Metallen und Mineralien, den Ressourcen der industriellen Revolution, zu den Genen, die als das Rohmaterial unseres biotechnologischen Jahrhunderts anzusehen sind. Dabei vereinigen sich Information und Life-Sciences in einem neuen Paradigma, und das ist für uns von grundlegender Bedeutung. Wie einst die Druckerpresse das Medium lieferte, die durch Kohle und Dampf erzeugte Kraft zu organisieren, erlaubt es uns der Computer jetzt, die genetischen Ressourcen in den Griff zu bekommen. Wir haben es also mit einer neuen Kommunikationsform und einer neuen Ressourcenbasis zu tun. Wem die Gene gehören, dem gehört auch das »Biotech Century«. So einfach ist das.

Sie kommen gerade aus Rom, wo Sie vor dem italienischen Parlament gesprochen haben. Ging es auch dort ums Patentrecht?
Ja. Aber vielleicht wissen Sie auch in Deutschland noch nicht, daß jedesmal, wenn eine Firma ein Gen lokalisiert und seinen Zweck identifiziert, sie ein Patent anmeldet. Was bedeutet, daß in weniger als einem Jahrzehnt praktisch alle achtzig- bis hunderttausend Gene, welche die Blaupause der Menschheit darstellen, das intellektuelle Eigentum von einer Hand voll Life-Sciences-Firmen sind, entweder direkt oder durch Lizenzvereinbarungen mit akademischen Instituten und Genforschungsunternehmen. Für die kommerzielle Macht, die so entsteht, gibt es in der gesamten Handelsgeschichte keinen Vergleich. Diese wenigen Firmen wollen diktieren, wie der biologische Markt zu funktionieren hat. Es geht ja nicht nur um die Gene des Menschen. Für alles Lebende, ob Pflanzen, Tiere oder Mikroben, wird ein genetischer Atlas herausgegeben. Dazu kommt eine heikle Nord-Süd-Diskrepanz ins Spiel. Die meisten seltenen Gene gibt es in der südlichen Hemisphäre. Dort ist schon, zumal in bezug auf Pflanzen, der Begriff der Biopiraterie im Umlauf. Aber auch auf rare menschliche Gene haben es Biopiraten abgesehen, die sich in allen Teilen der Welt unter Eingeborenenstämmen und abgeschotteten Populationen, etwa den Isländern, herumtreiben. Nun sollten natürlich Gene weder als politisches Eigentum von Regierungen noch als intellektueller Besitz von Unternehmen angesehen werden.

Sie scheinen dem Patentrecht eine größere Bedeutung zuzumessen als der Frage, was mit den Genen angestellt wird.
Lassen Sie mich noch einmal abschweifen, um dann auch zu diesem Punkt zu kommen. Die erste Reflexreaktion vor zehn Jahren war: Ja, private Unternehmen sind zu belohnen. Seit fünfzehn Jahren plädiere ich, daß das nicht der Fall sein sollte. Gene, so meinen wir, gehören weder Ländern noch Unternehmen. Wenn wir erlauben, daß der Genvorrat, das evolutionäre Erbe von Jahrmillionen, als politisches Eigentum einer Regierung oder intellektueller Besitz einer Firma endet, wird es im einundzwanzigsten Jahr-

hundert zu Genkriegen kommen. Das garantiere ich Ihnen. Wir haben Kriege geführt wegen Metallen in der Ära des Merkantilismus und wegen Öl im Industriezeitalter. Gene sind der Rohstoff des biotechnologischen Jahrhunderts, des »Age of Access«, wie ich es in meinem neuesten Buch nenne. Wir müssen Sorge tragen, daß der Genvorrat selbst nicht zum Auslöser geopolitischer Konflikte wird und zum offenen Krieg führt.

Reicht dazu das gegenwärtige politische, legale und ethische Instrumentarium?
Die Politiker haben die Kontrolle verloren. Sehen Sie sich nur als Beispiel Dr. Wilmut an. Ihm wurde in Großbritannien ein Patent verliehen, und dieses Patent ist in Form von Lizenen an Geron, eine kalifornische Biotechfirma, weitergereicht worden. Das Patent bezog sich auf den Vorgang des Klonens. Das geht in Ordnung, wir haben nichts gegen Patente, die sich auf einen Prozeß beziehen. Aber er erhielt auch ein Patent für sein Produkt, mithin für jedes Tier, das nach dem von ihm entwickelten Verfahren das Licht der Welt erblickt, und obendrein für alle geklonten menschlichen Embryonen bis zur frühen Zellteilung. Womit wir vor einem außerordentlichen Problem stehen. Vor hundert Jahren hat jedes Land für sich die Frage beantwortet, ob ein Mensch das Eigentum eines anderen Menschen sein kann. Daraufhin haben wir die Sklaverei abgeschafft. Jetzt heißt das Problem: Kann ein Mensch einen Menschen im Frühstadium seiner Entwicklung, irgendwo zwischen Empfängnis und Geburt, als sein Eigentum betrachten? Und darauf hat ein britisches Patentbüro mit Ja geantwortet.

Die Folgen? Oder wie versuchen Sie die Folgen zu verhindern?
Diese Entscheidung wird sehr wichtig sein. Wir geraten immer tiefer ins Dickicht der reproduktiven Technologien, der Designer-Gene und Designer-Babys. Währenddessen erlangen Biotechfirmen durch die Möglichkeit, Patente von Embryonen zu besitzen, enorme Macht. Sie könnten beispielsweise Lizenzen für Organe

von Babys verkaufen. Eine der großen gesellschaftlichen Fragen unseres Jahrhunderts wird deshalb lauten: Dürfen wir Gene und Zellen und Chromosomen und Organe und Gewebe patentieren? Zudem wirkt sich eine neue Geschäftsform aus: der Wechsel vom Markt zum Network und vom physischen zum intellektuellen Eigentum. Auf dem Markt gibt es Käufer und Verkäufer, die untereinander Eigentum austauschen und dabei Profit machen. Im Network gibt es Anbieter und Benutzer. Anbieter gewähren Benutzern Zugang zu intellektuellem oder physischem Eigentum. »Property relation« wird abgelöst von »access relation«. Wenn die Firma Monsanto einem Farmer Samen zur Verfügung stellt, gibt es keinen Verkauf, keinen Käufer und keinen Verkäufer mehr. Sie gewährt bloß Zugang zur DNA, zu einer genetischen Information, die ihr intellektuelles Eigentum ist und bleibt. Der Samen gehört nicht dem Farmer. Es ist illegal, ihn weiter zu benutzen. Indem es aber nicht länger zum Austausch von Eigentum kommt, ist die Konzentration der Macht unausweichlich.

Und wie wäre dem anscheinend Unausweichlichen doch noch auszuweichen?
Eltern sollten sich fragen, ob es ihren Kinder guttut, wenn sie in einer Welt aufwachsen, die Leben oder zumindest die Blaupause des Lebens als intellektuelles Eigentum versteht. Alle Eltern versuchen ihren Kindern, wenn sie noch sehr jung sind, beizubringen, daß Leben – menschliches, pflanzliches oder tierisches Leben – einen intrinsischen Wert hat. Sind die Kinder etwas älter, erklären ihnen die Eltern, daß es im Leben auch einen Nutzwert gibt. In einer Welt aber, in der eine Regierung per Gesetz der Patentierung des Lebens ihren Segen erteilt, kann es keinen intrinsischen Wert geben. Alles wäre rein auf den Nutzen hin ausgerichtet. Eine der großen sozialphilosophischen Wenden hätte stattgefunden. Die Patentbehörde, das Amt im Brennpunkt der Kontroverse, muß sich darum die Frage gefallen lassen: Werden wir unser Konzept von der Natur des Menschen ändern und ihr lediglich einen Nutzwert zugestehen?

Wie wollen Sie unseren Wissenschaftlern, Politikern und Patent-
beamten die korrekte Antwort nahelegen?
Jeder deutsche Patentanwalt würde Ihnen bestätigen, daß es in
Deutschland illegal ist, ein Gen, gleichgültig welches, zu patentieren. Die Patent-Statuten sind in allen Ländern ganz klar. Man
kann keine Entdeckung in der Natur patentieren. Man kann
sicherlich den Vorgang patentieren, nicht aber die Entdeckung. In
unserem anstehenden Prozeß werden wir uns auf historische Präzedenzfälle stützen. Ein Chemiker, der ein Element entdeckte,
erhielt das Patent immer für den Entdeckungsvorgang, nicht für
das entdeckte Produkt. Es wäre absurd gewesen, ein Patent für
Sauerstoff oder Helium zu verleihen. Trotzdem wurden Versuche
in diese Richtung unternommen. General Electric wollte in den
zwanziger Jahren Wolfram patentieren lassen. Das Patent sollte
sowohl das Produkt als auch den Vorgang umfassen. Die Firma
argumentierte: Wir haben das in der Natur vorkommende Wolfram genommen, haben es isoliert, synthetisiert, purifiziert, destil-
liert und seinen Nutzen herausgefunden. Also ist es neu, eine
Erfindung. Die Patentbehörde war unbeeindruckt und befand,
Wolfram bleibe Wolfram. Auch für Uran wurde das Patent verwei-
gert. Seitdem gab es keine neuen Vorstöße mehr. Die alten juristi-
schen Statuten gelten weiter. Wir meinen darum, daß die Patentbehörde seit 1987 gesetzwidrig Patente für Gene verliehen hat und
es zu Prozessen wie dem unseren bald auch in Deutschland,
Großbritannien, in ganz Europa und überall in der Welt kommen
wird.

Muß denn in jedem Land das Problem neu aufgerollt werden?
Ja. Wir mußten gegen Monsanto vorgehen, weil die Regierung
nichts unternahm. Ebenso müssen wir jetzt wegen der Gene die
Gerichte anrufen und die Frage der Legalität ein für alle Mal klären. Das Europäische Parlament wurde gezwungen, der amerikanischen Patentpolitk zu folgen und mit neuen Direktiven die
bestehenden Statuten, die eine Patentierung von Genen ausschlie-

ßen, zu verletzen. Unternehmen probieren immer wieder, das Gesetz zu umgehen. Die europäischen Patentgesetze sind jedoch eindeutig; alle verbieten sie, Gene zu patentieren. Dennoch wird versucht, eine Patentpolitik gegen die Gesetze durchzudrücken.

Sind die amerikanischen Gesetze durchlässiger als die europäischen?
Sie sind genauso strikt, allerdings brechen wir sie ständig. Die Biotechindustrie arbeitet Hand in Hand mit Regierungsstellen, die keine Ahnung vom Patentrecht haben. Gegenwärtig geht der Streit darum, ob man eine Sequenz patentieren kann, ohne vorher zu wissen, wozu sie taugt. Wir meinen, man kann weder das eine noch das andere, kann weder die Sequenz noch das Gen patentieren, auch wenn man weiß, welche Funktion sie haben. Ich schlage also vor: Sobald der Genatlas vorliegt, muß ein Vertrag entworfen werden, ein Grundsatzvertrag, den jede Nation unterzeichnet und der den Genvorrat, nicht nur die menschlichen Gene, sondern den gesamten Genvorrat als Gemeingut deklariert. Dieses Gemeingut sollte gemeinsam verwaltet werden, als Trust, zum Wohle aller Nationen und künftiger Generationen. Die Antarktis, die keinem Land gehört und von keinem Unternehmen ausgebeutet wird, könnte als Modell dienen.

Wie stehen dafür die Chancen?
Wir befinden uns in einem jener schicksalsträchtigen Augenblicke, wo wir das Richtige tun und statt einer dunklen eugenischen Zukunft vielleicht eine Renaissance für das Zeitalter der Biologie einläuten können. Um das zu erreichen, müssen wir uns zunächst den Genvorrat sichern. Ich berate Führungskräfte überall in der Welt und habe kein Problem mit einer Industrie, die sich Patente auf einen Vorgang ausstellen läßt. Damit allein wären Wettbewerb und Weiterentwicklung garantiert. Und durch das Verbot von Patenten auf Produkte schaffen wir eine Ausgangsposition, die für jedermann gleich ist.

*In der Debatte um das patentierte Leben sehen Sie die dritte
große politische Auseinandersetzung der Neuzeit. Welche beiden
gingen ihr voraus?*

Seit dem späten Mittelalter gab es im Kampf zwischen intrinsischen und utilitaristischen Werten zwei entscheidende
Momente. Zunächst kam der Wucher. Zu Beginn der merkanti-
listischen Ära begründeten die Händler ihre neuen Zinsforderun-
gen mit dem Argument, Zeit sei Geld. Ihnen widersprach die Kirche. Sie tadelte weniger die Habgier als das Ansinnen, aus der Zeit
Geld zu schlagen. Zeit, meinte sie, gehöre nicht den Händlern,
sondern sei ein Geschenk Gottes. Die Kirche hat die Schlacht
zwischen dem intrinsischen und utilitaristischen Wert der Zeit
verloren, und so kam der moderne Merkantilismus in Schwung.
In der zweiten Schlacht ging es im neunzehnten Jahrhundert um
die Sklaverei. Der Markt empfahl, Menschen als Eigentum zu
betrachten, weil sie für ihn einen Nutzwert hatten. Die Gesellschaft lehnte dies ab, der intrinsische Wert siegte, und damit war
die Sklaverei abgeschafft. Jetzt hat die dritte große Schlacht zwischen den Wertauffassungen begonnen, und wir kennen den Aus-
gang noch nicht.

*Patente und die damit verbundene Auseinandersetzung um
intrinsische und utilitaristische Werte beschäftigen Sie offensichtlich mehr als die Frage, wie die neuen genetischen Erkenntnisse
zu gebrauchen sind.*

Unbedingt. Ich glaube fest daran, daß es beides geben muß, den
intrinsischen und den utilitaristischen Wert. Aber der intrinsische
muß immer dem utilitaristischen Wert vorausgehen, so wie Kultur immer dem Kommerz vorausgegangen ist. Kultur schafft
intrinsischen Wert, und zwar theologisch und säkular. Allgemeingültige Bedeutungen, gegenseitige Verpflichtungen, zwischen-
menschliche Beziehungen – das alles sind intrinsische Werte.
Kommerz ist auf den Nutzen aus. Kommerz ist essentiell, genügt
aber nicht, um uns zu definieren. Kultur dagegen tut genau das
und ist dazu die Quelle auch des Kommerzes. Ein Blick in die

Geschichte genügt, um festzustellen, daß der utilitaristische Wert dem intrinsischen nachfolgt. Denn erst dank der Kultur kommen wir zu den Übereinkünften, die das gesellschaftliche Kapital bilden und uns dann erlauben, kommerzielle und damit utilitaristische Bande zu knüpfen. Wer beim utilitaristischen Wert beginnt, erreicht nie den intrinsischen. Wer aber umgekehrt vom intrinsischen Wert ausgeht, findet einen Kompromiß für den utilitaristischen. Großer Nutzen, davon bin ich überzeugt, kann aus der Anwendung von Genen gezogen werden. Die neue Biologie könnte uns, wenn sie korrekt eingesetzt wird, eine Renaissance bescheren. Vorher aber müssen wir wissen, wie unsere Prioritäten aussehen.

Das Interview führte Jordan Mejias.

11. April 2000

Joachim Müller-Jung

System Builders
Austin Smith

Nur wenige Wissenschaftler haben sich in so kurzer Zeit so viele
Feinde gemacht wie Austin Smith. Gerade das prädestiniert den
britischen Embryologen und Genforscher freilich zur Personifi-
zierung jener jungen Generation von Naturwissenschaftlern, die
dem Fetisch Fortschritt grenzenlos huldigen und dabei offenbar
keine Skrupel kennen, die moralischen Institutionen ihrer Zeit
aufs Geratewohl herauszufordern. Sie sind die Apologeten der
biomedizinischen Revolution. Und weil sie im Namen todge-
weihter Parkinson- und Alzheimer-Patienten für ihr Recht eintreten, Tiere quälen und frühe menschliche Embryonen manipulieren zu dürfen, sind sie sich auch keinerlei ethischer Schuld
bewußt. Im Gegenteil. In der seit Jahren andauernden Kampagne
der britischen Tierrechtsbewegung gegen seine Laborexperimente mit Mäusen beispielsweise sieht sich Smith als wehrloses
Opfer pseudomoralischer Quertreiber, die selbst schon vor Mord-
drohungen und Einbruchsversuchen nicht haltmachten.

Aus Angst vor weiteren Attacken hat sich Smith in seinem Uni-
versitätsinstitut am Rande Edinburghs in einer Trutzburg der Bio-
forschung verschanzt. Strenge Sicherheitsvorschriften an den
stets verschlossenen Türen stellen sicher, daß nur autorisierte Personen das mehrstöckige, öffentliche Gebäude betreten. Man versucht, jeden Anschein von Bunkermentalität zu vermeiden, und
doch kann der Hausherr den Eindruck nicht wegwischen, daß
man sich hier drinnen vor etwas zurückzieht, regelrecht verbarri-
kadiert. Nicht nur vor Tierbefreiern. Auch vor den Verbalinjurien
von Kardinal Thomas Winning zum Beispiel, des engagierten Erz-
bischofs von Glasgow und Vorsitzenden der Bioethik-Kommis-
sion der katholischen Kirche in Großbritannien. Der Geistliche
wettert mit einer mächtigen konservativen Gefolgschaft seit

Jahren gegen die »Umtriebe« im Centre for Genome Research, dessen Leitung Smith vor knapp vier Jahren übernommen hatte.

Naturwissenschaft dürfe nicht in einem Vakuum operieren, hatte der Erzbischof unlängst angemahnt und damit verhindern wollen, daß Smith und mit ihm Dutzende anderer Biomediziner im Königreich ihre Forschung mit menschlichen Embryonen ausweiten dürfen. Die Niederlage Winnings war zugleich Smiths größter politischer Triumph. Ein von der Regierung Blair berufenes Gutachtergremium kam vor wenigen Wochen zu dem Schluß, daß der potentielle medizinische Nutzen der Embryonenforschung mehr Gewicht hat als die moralischen und religiösen Bedenken.

Damit war nicht nur der immer wieder von Abtreibungsgegnern angefochtene und von Kirchenvertretern nie akzeptierte Human Fertilisation and Embryology Act von 1990 bestätigt worden. Blairs Gutachter befürworteten darüber hinaus auch das sogenannte »therapeutische Klonen«, die Züchtung also von Gewebe und eines Tages möglicherweise auch von Organen aus klonierten Stammzellen menschlicher Embryonen.

Smith scheint zutiefst davon überzeugt, daß das Opfer wenige Tage alter Embryonen für seine Ziele nicht zu hoch ist. Eines Tages werde es vielleicht ohne die Herstellung von Embryonen möglich sein, gesundes Gewebe kranker Menschen aus gewöhnlichen Haut- oder Bindegewebszellen im Labor zu züchten.

Aber den Schlüssel dazu, darin ist sich Smith sicher, wird man in den Stammzellen finden, die aus den frühen Embryonen gewonnen werden und in ihrer biologischen Plastizität noch immer unerreicht sind.

Smith kann wie viele Wissenschaftler des anbrechenden biotechnischen Zeitalters nur wenig mit konkreten Therapieresultaten argumentieren, dafür skizziert er mit wohldosierten Szenarien eine denkbare, vor allem aber rosige medizinische Zukunft. Die natürliche Furcht freilich, die von seinen Kritikern geschürt wird, wenn sie suggestive Bilder von klonierten Säuglingen und gentechnisch maßgeschneiderten Eliten zeichnen, vermag der Forscher damit nur schwer zu überwinden. Seine wissenschaftliche Fiktion ist für den, der mit seiner Existenz zufrieden ist und das Leid stets bei den anderen vermutet, allzu vage.

In den öffentlichen Rededuellen, die Smith in den vergangenen Jahren immer öfter auszufechten hatte, gerierte er sich stets als forscher Pragmatiker. Im Zeitalter der Abtreibung, sagt der Oxford-Absolvent, und in Zeiten wie diesen, in denen das Töten von Menschen in Kriegen und das Wegwerfen »überzähliger« Embryonen aus der künstlichen Befruchtung legitim sei, könne man die staatlich kontrollierte Forschung zu medizinischen Zwecken an »Prä-Embryonen« schlechterdings kaum verwerflich finden. Sprache ist verräterisch.

Prä-Embryonen, diesen Begriff nutzen in Großbritannien wie Smith mittlerweile all jene, die auch nicht vor der nüchternen Bezeichnung »Zellhaufen« zurückschrecken.

Für die Kirche sind solche Versuche, das Leben zu kategorisieren, natürlich unakzeptabel. So sehr wie Darwin seinerzeit die Religiösen provozieren mußte, als er den Menschen in die Ahnenreihe der Menschenaffen, ja sogar in die der Würmer stellte, so herausfordernd sind die wissenschaftlichen Vorstöße in diesen Tagen. Die Subjektivität des Embryos ist in den Labors ein Gespenst.

Technisch gesehen handelt es sich bei den Forschungsobjekten Smiths um die bis zu etwa hundert Zellen großen Blastozysten, die in den britischen Labors – allerdings nur nach Einverständnis des »Spenderpaares« – verarbeitet werden. Smith war der erste britische Forscher, dem einige solcher Experimente erlaubt worden waren, nachdem er die zuständige Genehmigungsbehörde davon überzeugt hatte, daß die Versuche zur Behandlung ungewollter Kinderlosigkeit dienen. Er hatte den Rubikon überschritten. Viele, glaubt Smith, werden ihm folgen. Und der Fortschritt werde seine Kritiker fressen. Am Ende würden die Widerstände draußen ähnlich zusammenbrechen wie dereinst die Widerstände gegen die künstliche Befruchtung.

8. September 2000

Die Leute werfen mir vor, ich spiele Gott

Ein Gespräch mit dem Mediziner und Genetiker Paul Serhal

Professor Serhal, was sind das für Menschen, die bei Ihnen Hilfe suchen?

Zu uns kommen Menschen mit fürchterlichen Erbleiden aus ganz Großbritannien, aber auch aus Deutschland. Unsere Klinik nimmt nicht nur künstliche Befruchtungen vor, wir besitzen auch eine Lizenz zur genetischen Präimplantationsdiagnostik. Wir bieten also Gentests für eine Reihe schwerer Krankheiten wie Mukoviszidose, Thalassämie und Bluterkrankheit an, die im Rahmen der In-vitro-Fertilisation bei Embryonen vorgenommen werden. Bei der Bluterkrankheit wählen wir das Geschlecht des Kindes aus, weil nur Jungen, die den Gendefekt tragen, die Krankheit auch sicher ausbilden. Mädchen aber haben meistens ein zweites, intaktes Gen. Im Grunde können wir solche Tests für jede anlagenbedingte Krankheit vornehmen, wenn die Gene entschlüsselt und die entsprechenden Gendefekte genau bekannt sind.

Von wie vielen Krankheiten sprechen Sie?

Ich weiß nicht die genaue Zahl, es sind jedenfalls viele. Das ist auch für uns nicht der Punkt. Entscheidend ist, daß die Gensequenzierung und die Tests extrem zuverlässig sind. Wenn Sie Zellen aus einer Blutprobe analysieren, haben Sie keine Schwierigkeiten, genügend Erbmaterial zu gewinnen. Sie haben Hunderte Zellen darin. Wenn Sie aber einen Embryo genetisch untersuchen wollen, verfügen Sie nur über eine einzige Zelle oder höchstens zwei Zellen, die dem Embryo im Acht-Zellstadium entnommen wird. Da dürfen keine Fehler passieren.

Sie können also den Patienten Wünsche erfüllen, von denen diese vorher nur geträumt haben?

Wenn alles gutgeht, ja. Vor kurzem kam ein Paar in meine Praxis, das sich ein Kind wünscht. Der Mann hat eine genetische Anlage für familiäre Polyposis. Dabei bilden sich extrem viele Polypen im Darm, die im Alter von etwa vierzig Jahren mit großer Wahrscheinlichkeit zu Krebs führen. Der Darm muß dann meist entfernt werden, das sind Operationen und Komplikationen, die sich keiner wünscht. Natürlich wollte das Paar verhindern, daß ihr Kind diese Krankheit auch bekommt. Deshalb haben sie sich an mich gewandt. Ich werde in Kürze mit der Behandlung beginnen. Das ist das erste Mal, daß wir am Embryo einen Gendefekt diagnostizieren, der mit großer Wahrscheinlichkeit zu Krebs führt.

In Deutschland ist man sehr skeptisch, wohin das alles führen könnte. Irgendwann werden Sie vielleicht nicht nur Krankheiten zu diagnostizieren haben.
Wissen Sie, für uns als Kliniker und Wissenschaftler sind das aufregende Zeiten. Wir spüren, daß die Zukunft in die Richtung geht, daß wir Tumore, die auf Gendefekte zurückzuführen sind, möglicherweise auslöschen können. Das ist der Beginn einer neuen Ära. Das ist es doch, was wir wollen. So funktioniert Präventivmedizin. Man beugt Krankheiten vor. Ich kann darin keinen Grund für moralische oder ethische Bedenken erkennen.

Es gibt doch durchaus Menschen, die das als ungerechtfertigten Eingriff in die Schöpfung betrachten.
Ja, natürlich. Sie werfen mir vor, ich spiele Gott. Wie kann man nur diesen emotionsbeladenen Begriff »Gott spielen« verwenden? Ich kann jedenfalls nichts Falsches in meiner Arbeit erkennen. Was ist daran falsch, ein Gen zu eliminieren, das eine schreckliche Krankheit auslöst?

Zur Präventivmedizin gehört also auch Selektion, die Auslese nach genetischen Kriterien?
Exakt. Sehen Sie, unsere Patienten haben meistens ethische Bedenken gegen einen Schwangerschaftsabbruch, den viele vornehmen, wenn sich herausstellt, daß der Fötus behindert ist oder

eine schwere Krankheit trägt. Das gilt zum Beispiel für die Thalassämie. Viele, die nach einer Fruchtwasseruntersuchung erfahren, daß der Fötus die Krankheit trägt, treiben ab. Das belastet Frauen, die sich unbedingt ein Kind gewünscht haben, emotional enorm stark. Die Präimplantationsdiagnostik kann helfen, alle diese unerwünschten physischen und gefühlsmäßigen Beeinträchtigungen zu vermeiden. Das habe ich vergangene Woche erlebt, als eine Familie hier saß, die schon ein Kind mit Mukoviszidose hat. Wissen Sie, viele dieser Leute, die in Ethikkommissionen sitzen, verstehen das nicht, weil sie noch keine betroffenen Kinder gesehen haben. Die Betroffenen, das sind die Menschen, die wir fragen müssen.

Sagen Sie das auch den Politikern?
Wer immer Entscheidungen trifft, ob Regierungen, der Gesundheitsminister: Sie müssen die Sicht der Patienten einnehmen.

Aber die Bevölkerungsmehrheit denkt vielleicht anders.
Sicher. Ich bin dennoch überzeugt, daß die Weiterentwicklung dieser Technologie nicht mehr zu stoppen ist. Das ist unsere Zukunft.

Ein weiterer Schritt ist in den Vereinigten Staaten vorgenommen worden, wo ein Embryo in der Petrischale nach genetischen Kriterien so ausgelesen wurde, daß der Junge nach der Geburt als idealer Spender für Blutstammzellen genutzt werden konnte. Ist für Sie so etwas auch denkbar?
Ja, wir versuchen so etwas Ähnliches. Wir haben in der Umgebung unserer Klinik eine ansehnliche griechische und italienische Population, von denen überproportional viele an Thalassämie leiden. Das ist ein furchtbares Leiden. Man kann den Betroffenen oft nur durch Knochenmarktransplantation helfen. Wenn nun solche Eltern, die sich Kinder wünschen und sich sowieso wegen einer Präimplantationsdiagnose an die Klinik wenden, die Chance auf ein gesundes Kind und einen idealen Knochenmarkspender

bekommen, ist das doch keine Frage. Wir nehmen den Gentest auf Thalassämie ohnehin vor. Es ist überhaupt kein größerer Aufwand für uns, gleichzeitig die entscheidenden Gewebemerkmale genetisch abzuklären und damit die Erfolgsaussichten einer Transplantation für die Eltern wesentlich zu verbessern. Wir haben hier die Chance, ein Leben zu ermöglichen und zugleich ein anderes zu retten.

Könnte aber das Kind den Eltern irgendwann den Vorwurf machen, es sei nur zu medizinischen Zwecken auf die Welt gekommen?
Doch nur hypothetisch. Man denkt sich das aus, um die Bevölkerung zu ängstigen. Ich kann mir nicht vorstellen, daß ein Kind so denkt, ich bin selbst dreifacher Vater. Die Kinder sind doch froh, gesund zu sein und gesunde Eltern zu haben. Der entscheidende Punkt hier ist, wo man die Grenze zieht, zwischen den Eltern, die wirklich ein Kind haben wollen, und denen, die dies nur als Ausrede benutzen, um einen möglichst passenden Spender für die Stammzellen zu erzeugen. Natürlich ist es für uns unmöglich, mit letzter Sicherheit die wahren Motive der Eltern zu erkennen. Wir müssen das genau prüfen, aber natürlich stoßen wir da an Grenzen. Viele Kollegen von mir sind deshalb immer noch gegen diese Idee.

Haben Sie den Eindruck, daß die Widerstände der Kollegen geringer werden?
Es gibt keinen Zweifel, daß wir so etwas wie die Avantgarde in der Medizin sind. Als die künstliche Befruchtung anwendungsreif wurde, gab es auch diesen öffentlichen Aufschrei, wie man nur Babys im Labor kreieren könne. Inzwischen ist es Realität, und wenn man dreißig Jahre zurückblickt, war das ein Sturm im Wasserglas.

Ihr Spielraum ist doch aber auch hier begrenzt. Sie müssen schon eine Fachkommission um die Genehmigung bitten, bevor Sie neue Behandlungen vornehmen?

Ja, sicher. Die »Human Fertilisation and Embryology Authority« erteilt uns die Lizenzen, genetische Präimplantationstests für bestimmte Krankheiten vorzunehmen. Die gehen aber nicht in die Details, sondern entscheiden über die grundsätzliche Richtung.

Ist es denkbar, daß die Eltern mit dieser Technik eines Tages auch die Auswahl des Geschlechts bestimmen können, wie es die schottische Familie Masterton versucht hat?
Grundsätzlich halte ich das für denkbar. Zur Zeit ist man noch gegen die Geschlechtsauswahl. Unter ganz bestimmten Bedingungen und wenn gewährleistet ist, daß die Schwangerschaft hohe Erfolgsaussichten hat, halte ich das aber für möglich. Dazu benötigen wir strikte Richtlinien. Die gibt es bislang jedoch noch nicht.

Viele Menschen, zumindest in Deutschland, bringen solche Art von Selektion schnell mit der eugenischen Praxis der National-sozialisten in Verbindung. Was halten Sie davon?
Man sollte sich vor solchen Weltuntergangsszenarien hüten und nicht überdramatisieren. Es geht hier um präventive Medizin, um das Ziel, schlimmen Krankheiten vorzubeugen. Man kann diese Entwicklung natürlich als Eugenik auffassen, aber wir haben es hier nicht mit einem Block von Machiavellisten zu tun. Wir Mediziner arbeiten ausschließlich aus humanitären Gründen hier. Es sind Welten zwischen der Eugenik hier und Hitlers Auffassung von Eugenik. Solche Vorwürfe regen mich fürchterlich auf.

Glauben Sie, daß eines Tages die Geburt von Designerbabys genauso normal sein wird wie Retortenbabys heute?
Da muß man unterscheiden: zwischen Diagnosen, die Krankheiten betreffen, und solchen für Körpergröße, für die Form der Nase oder für die Intelligenz des Menschen. Auch hier liegen Welten dazwischen. Ich denke, die Präimplantationsdiagnostik bei schweren Krankheiten wird sich ohne Probleme in den nächsten

Jahren weiterentwickeln. Die nichtmedizinische Diagnose wird, so glaube ich, zumindest zu meiner Lebenszeit kein Routineverfahren werden. Das könnte sich aber danach ändern. Die Perspektive und Einstellung der Menschen wird sich grundlegend ändern.

Das Gespräch fand im Labor von Paul Serhal statt. Es wurde geführt und übersetzt von Joachim Müller-Jung.

26. Oktober 2000

Dirk Schümer

System Builders
Kári Stefánsson

Irgendwann muß Kári (sprich: Kauri) Stefánsson im Exil gedämmert haben, daß seine isländische Herkunft mehr bedeuten könnte als eine Liliput-Kuriosität im großen Amerika, sondern daß die kalte, im Inland fast menschenleere Heimatinsel sogar einen einzigartigen Schatz beherbergen könnte: die Gene seiner Landsleute. Der Harvard-Professor für Neuropathologie gründete 1996 das Unternehmen »deCODE«, das sich zum Ziel setzte, das Erbgut der Isländer auf Krankheiten zu untersuchen. Die Aussichten schienen ideal, hat sich doch der Genpool der Bewohner seit der Landnahme der wikingischen Siedler vor über tausend Jahren verhältnismäßig wenig verändert. Die Insel bot das Beispiel einer weißhäutigen, wohlhabenden und vor allem überschaubaren Gesellschaft, an deren Gewohnheiten und Malaisen die Pharmakonzerne ganz besonders interessiert sind.

Um die Krankheitsfälle über Generationen zu verfolgen, bedarf es einer lückenlosen Überlieferung; Island offerierte mit einer peniblen Gesundheitsdokumentation seit dem Ersten Weltkrieg und der Ahnenforschung als einer Art Nationalsport Idealbedingungen, Alzheimer, Krebs oder Bluthochdruck über Generationen zu verfolgen. Um an das zugehörige Genmaterial zu gelangen, ließ Stefánsson seine guten Kontakte zur politischen Elite des Heimatlandes spielen. Im Dezember 1998 verabschiedete das Allthing in Reykjavík eine umstrittene »lex deCODE«, welche dazu führte, daß Stefánssons Privatfirma das Datenmaterial für zwölf Jahre nutzen kann. Dazu sammelt »deCODE« eifrig Blutproben isländischer Patienten und läßt sie im hauseigenen Genlabor, einem der größten der Welt, analysieren.

Ein leistungsbezogener Vertrag mit dem Schweizer Pharmakonzern Hoffmann-LaRoche versorgte die Forscher mit Kapital;

bei Erreichen der Meilensteine zur Erforschung von zwölf definierten Menschheitsgeißeln werden im besten Fall zweihundert Millionen Dollar fällig, andernfalls aber erheblich weniger. Der Betrieb des Unternehmens mit weit über dreihundert Mitarbeitern fordert viel Kapital. Im Juli 2000 geht der Vorstandsvorsitzende mit Erfolg an die amerikanische Nasdaq-Börse, obwohl Stefánsson beteuert, dies nur aus Gründen der geschäftlichen Offenheit und der zeittypischen Gebräuche getan zu haben. Flüssiges Geld benötige man nicht. »deCODE« verkündet bald danach eine Zusammenarbeit mit der kalifornischen Firma »Affymetrix«, die darauf abzielt, die genetische Chipkarte zur schnellen Verfügung für Forschung und Medizin serienreif und preisgünstig zu entwickeln. Kurz darauf folgte dann die Mitteilung aus Reykjavík, die Region eines »Alzheimer-Gens« auf dem menschlichen Erbstrang eingegrenzt zu haben.

Ganz im Gegensatz zur Erfolgsgeschichte seiner Firma ist der Neurologe und Genetiker Stefánsson ein eher zurückhaltender, fast scheuer und launischer Mensch – ein Sohn mehr noch der rauhen isländischen Landschaft als der isländischen Gene eben. In den Fischerhäfen und Bauernflecken seiner Heimat, die vom Boom der Gentechnologie förmlich überrollt wurde und die dringend auf Arbeitsplätze und Kapital aus der Zukunftstechnologie am Polarkreis hofft, schwankt die Beurteilung des weißbärtigen, durchtrainierten Mannes Anfang Fünfzig beinahe so heftig wie die Erdbebenskala. Während die politische und die ökonomische Elite unendlich viel Prestige und Kapital in seine Ideen investiert haben, formierte sich auch eine Opposition gegen die Vermessung eines ganzen Volkes. Für einige gilt er als Guru und Heilsbringer, andere zeichnen ihn als verlorenen Sohn, der dem ganzen Volk einen Teufelspakt vorlegte. So oder so genügt inzwischen die Erwähnung des Namens Kári (in Island nennt man einander beim Vornamen), um ein ganzes Volk zu polarisieren. Das dürfte seit Darwin nur wenigen Naturforschern mehr gelungen sein.

Datenschützer fürchten den orwellschen Big Brother im weißen Forscherkittel, wenn »deCODE« sämtliche Krankheitsdaten mit Erbinformation abgleichen kann, wenn Patienten einer automatischen Erfassung eigens widersprechen müssen und wenn sich Versicherungen und Pharmahersteller für die einzigartige Datenmenge zu interessieren beginnen. Stefánsson ficht die Kritik nicht an. Alle Informationen sind doch verschlüsselt, und kaum irgendwo in der Welt seien die Kontrollstandards höher als im kleinen, überschaubaren Island. Er expandiert mit seiner Firma, von der er sieben Prozent hält, weiter, kauft für sie Grundstücke in Reykjavík und holt neben der ausgewanderten Forschungselite Mitarbeiter aus zwanzig Ländern in den hohen Norden.

Stefánsson, der außer seinen Forschungen einzig von der Literatur begeistert zu sein vorgibt und in seinem schlichten Büro zur Begrüßung auswendig Heine-Gedichte im Original hersagt, scheinen die Einwände gegen sein Megaprojekt kaum zu berühren, denn er ist von einem faustischen Forscherdrang beseelt: das Wissen um die Herkunft des Menschen auf molekulare Grundlagen zurückzuführen. Dieser Ehrgeiz, das gibt er gerne zu, hat auch viel mit Sport zu tun. Im Wettlauf der Biotechnologie möchte er gewinnen und glaubt sich an der Spitze. Wer sich ihm dabei in den Weg stellt, den erinnert er mit fast schon puritanischer Ethik daran, daß es nicht nur Bürgerrechte, sondern auch Bürgerpflichten in einer Gesellschaft gibt, die Pflicht zur Erforschung und Heilung schlimmer Krankheiten zum Beispiel. In einem Land, wo man im Kampf mit den Naturgewalten – Vulkanen, Stürmen, Schnee und Schiffsuntergängen – seit Jahrhunderten auf gegenseitige Hilfe angewiesen ist, kommt der Appell an: Die Mehrheit der Isländer unterstützt seine Vision.

Inzwischen hat man andernorts die Idee des genetischen Fingerabdrucks eines ganzen Volkes aufgegriffen, obwohl der Erkenntniswert solcher Studien durchaus umstritten ist. In Estland wurde jüngst ein Gesetz für eine genetische Landkarte von zwei Dritteln der Bevölkerung beschlossen, und auch auf den abgeschiedenen Färöern liebäugelt man mit einer vergleichbaren Datenbank. Stefánsson verkündet indes, man habe gewaltige Fortschritte bei der Eingrenzung von Krankheitsgenen erreicht, und man werde von seinem Unternehmen in Kürze Großes hören. Wenn es – aus dem Hause Hoffmann-LaRoche – dann irgendwann einmal Medikamente gegen die genannten Übel gibt, die auf Stefánssons Forschungen beruhen, werden sie für Isländer umsonst sein; das sieht der Vertrag vor. Und – so Stefánsson – auch seine Kritiker, die ihm bloßes Blendertum und eine baldige Börsenpleite vorhersagen, würden sie im Fall des Falles begierig nehmen.

29. August 2000

Ich protestiere nicht gegen den Tod

Ein Gespräch mit Kári Stefánsson

Herr Stefánsson, Ihr Projekt, eine genetische Datenbank des isländischen Volkes anzulegen, ist im Land auf Widerstand gestoßen.

Die öffentliche Aufregung wird wieder zurückgehen, hat sich auch schon ziemlich gelegt. Daß Menschen beunruhigt sind, ist ganz normal in einem historischen Prozeß voller ungewohnter und ungewisser Entwicklungen. Es gab hier stellenweise eine übertrieben emotionale Debatte. Aber das ist in einer kleinen Gesellschaft, wo die Distanz zueinander fehlt und sich die Beteiligten häufig persönlich kennen, auch nicht anders zu erwarten. Inzwischen haben wir ein Gesetz, das die Verschlüsselung von Krankheitsdaten regelt, und unser Umgang damit wird vom Staat kontrolliert. Wenn ich morgen irgendeinen Mißbrauch treibe – persönliche Daten verkaufe oder die Codierung breche –, dann macht der Staat mein Unternehmen dicht. Warum also sollte ich so etwas tun? Wenn ich irgend jemandem Schaden zufügen wollte, dann wäre das auf direktem Wege sehr viel leichter, dafür brauche ich keine Datenbank.

Ihr Projekt ist weltweit einzigartig. Es gibt keine Erfahrungen, auf die man zurückgreifen kann.

Genau, das ist alles noch Neuland, unser Unternehmen existiert seit vier Jahren, das »deCODE-Projekt« seit anderthalb. Insofern haben auch die Kritiker uns allen, ihrem Land, einen Dienst erwiesen, indem sie die isländischen Politiker und uns selbst für die Gefahren sensibilisiert haben. Das führte dann zu Korrekturen im Gesetz. Es war eine wichtige Debatte. Und überall in der Welt weiß man jetzt, daß Rhetorik zum Handwerkszeug der Gentechnologie gehört; es ist ungeheuer wichtig, diese Forschung den Menschen gründlich zu erklären.

*Trotzdem haben viele Leute Angst vor dem »Großen Bruder«
George Orwells, wenn sich Wissen über ihre Gene und ihre
Familiengeschichte in ein und derselben Hand befindet.*
Ich wiederhole: Wir haben hier – mit großer Mehrheit – als erstes
Land so ein Gesetz eingeführt, weil wir ebenfalls als erstes Land
an so einem Register arbeiten. Das ist der höchste Sicherheits-
standard weltweit. Woanders kann man ganz legal an viel heik-
lere Medizindaten herankommen. Wenn nun Vertreter der däni-
schen oder der schwedischen Ärztekammer öffentlich gegen
unser Projekt protestieren, muß ich mich einfach aufregen. Das
sind Länder, in denen Alkoholiker einen Stempel in den Paß
bekamen, wo alle Kranken seit Generationen gespeichert sind
und vermeintlich Asoziale durch die Ämter kontrolliert werden.
Nirgendwo gab und gibt es soviel Überwachung wie in Skandinavien. Von diesen Leuten muß ich mir nichts sagen lassen.
Außerdem kann in Island jeder, der nicht mitmachen will, mit
einem einfachen Formular aus der Erhebung aussteigen. Es gibt
ein fundamentales Recht auf Nichtwissen, das muß natürlich
respektiert werden.

*In Deutschland haben die Menschen die Erfahrungen mit der
Euthanasie unter den Nationalsozialisten nicht vergessen, als
wehrlose und unschuldige Kranke getötet wurden.*
Das ist Ihre eigene traurige nationale Geschichte. In Island liegt
das Problem ganz anders, hier hat der Sozialstaat mit Krankenversorgung und staatlichen Krankenhäusern das zivilisatorische
Niveau, auf dem wir uns jetzt befinden, erst aufgebaut. Die Menschen vertrauen deswegen auf staatliche oder gesetzlich geregelte
Maßnahmen. Auf die deutschen Medien bin ich ohnehin nicht gut
zu sprechen, seit man in einigen Publikationen die Ziele von
»deCODE« mit den Verbrechen der Nationalsozialisten verglichen hat. Vielleicht ist dieser Vergleich eine typisch deutsche
Obsession, aber ich muß mir das nicht bieten lassen.

Wozu brauchen Sie die Daten in Verbindung mit den Genen?

Wir wissen ja nicht erst seit gestern, daß viele Krankheiten, vielleicht die meisten, erblich sind. Nun haben wir die Möglichkeit, dieses uralte Wissen auf die molekulare Grundlage zurückzuführen. Nehmen Sie das Beispiel Brustkrebs. Natürlich könnten Versicherungen das Wissen um eine erbliche Belastung mißbrauchen. Das würde dann zur genetischen Diskriminierung von Mitbürgern führen. Aber sollen wir, weil es diese Gefahr gibt, die Forschung unterdrücken, die möglicherweise zur Heilung der Krankheit führt? Das wäre meiner Meinung nach ethisch viel bedenklicher. Und eines hat die Geschichte doch wohl gelehrt: Entdeckungen lassen sich nicht verhindern. Es ist am besten, wenn in gesetzlich geordnetem und demokratisch kontrolliertem Rahmen geforscht wird – so wie hier in Island. Meine Mitbürger hat das offenbar überzeugt, denn die große Mehrheit unterstützt in Umfragen unser Projekt.

Der richtige Umgang mit dem Wissen – das war Ihr Slogan, mit dem Sie auf Versammlungen durchs Land gezogen sind.
Genau. Es gibt kein schlechtes Wissen, es kommt nur darauf an, wie man es anwendet. Nun müssen wir lernen, überall auf der Welt, mit diesem neuen Wissen umzugehen. Leicht ist das natürlich nicht. Andererseits verrät die genetische Analyse ja nichts grundsätzlich Neues über uns. Wer wir eigentlich sind, diese Frage läßt sich leichter mit einem Blick auf Ihre Kleidung, Ihre Frisur und Ihre Gesten beantworten als mit dem Faden Ihrer Erbsubstanz. Wer jemand ist, das ist nicht in den Genen festgelegt. In den Genen steht eine gewisse Veranlagung, ein Risiko, eine Chance festgeschrieben, die wir im Ungefähren sowieso schon kannten.

Wenn das alles so banal ist – was treibt Sie dann bei Ihren Forschungen an?
Ich gebe gerne zu, daß hier auch sportlicher Ehrgeiz im Spiel ist. Das geht nicht anders als im Sport: Jeder will der erste sein. Und ich glaube mit gutem Grund, daß kaum eine, vielleicht keine

andere Organisation bei der genetischen Erforschung von Krankheiten weiter ist als wir.

Vor zwei Wochen ist Ihr Unternehmen mit der Erklärung an die Öffentlichkeit gegangen, das Alzheimer-Gen auf dem Erbstrang weitgehend isoliert zu haben. Was bedeutet das für die Heilung der Krankheit?
Wir haben nur die Region des Gens eingegrenzt, da bleibt noch viel Arbeit. Ich warne vor allzu großen Hoffnungen, wenngleich man Erkrankten natürlich diese Hoffnung nicht nehmen darf, weil sie oft das einzige ist, was sie noch haben. Aber heute dauert die Entwicklung eines Medikaments von der Entdeckung bis zur Marktreife zwölf bis fünfzehn Jahre. Vielleicht können wir diese Spanne durch neue Techniken und die Fortschritte der Computerisierung verkürzen, vielleicht auf sieben oder acht Jahre. Aber auch dann wissen wir noch gar nicht, ob überhaupt ein Medikament herstellbar ist.

Vielleicht führt die Genforschung erst einmal zu nichts anderem als zu einer großen Verunsicherung der Menschen, die wissen, daß sie bestimmte Gene tragen?
Ich kann nicht voraussagen, wie die Welt in zwanzig Jahren aussehen wird. Die Entwicklungen sind rasant. Aber eine Voraussage wage ich doch: Wir werden den Tod nicht besiegen. Der verzweifelte Protest mancher Dichter, etwa von Dylan Thomas, gegen den Tod als Skandalon, ist eine rein rhetorische Floskel. Denn den Tod werden wir nicht aus der Welt schaffen. Gestorben wird immer. Ich sehe den wichtigsten Ertrag unserer Entdeckungen noch nicht einmal in einem klassischen Medikament – so weit sind wir vielleicht in zehn Jahren. Und der heilende Eingriff in die Keimbahn, also die Gentherapie, wird meiner Ansicht nach frühestens in zwanzig Jahren möglich sein. Ich wäre sehr überrascht, wenn das schneller ginge. Was wir aber sicher bekommen werden, ist ein besseres Wissen über Krankheiten, schon auf molekularer Grundlage. Dieses Wissen wird unser Leben konkret verändern.

Wir werden unser Verhalten darauf abstimmen, unsere Lebensstile ändern.

Läuft das nicht auf eine schlimme Rigidität im Umgang mit dem eigenen Körper hinaus?
Nein, ich glaube nicht an den genetischen Calvinismus. Schon jetzt weiß ja jeder, daß es Substanzen gibt, mit denen man achtsam umgehen muß, und daß bestimmte Lebensweisen ungesund sind. Das werden wir dann noch sehr viel exakter, individueller eingrenzen können. Dieses neue Wissen aus der Genetik bedeutet natürlich eine große Verantwortung. Aber zugleich wird es den Menschen die Gelegenheit geben, länger und besser zu leben.

Wie sehen die bisherigen Erfolge Ihres Unternehmens aus?
Nachdem es uns gelungen ist, die genetische Bedingtheit des erblichen Tremors, eines Zitterleidens im Alter, zu definieren, sind wir nun bei Alzheimer besonders weit gekommen. Wir haben aber auch sonst überall wundervolle Fortschritte erzielt: bei fundamentalen Leiden wie multipler Sklerose, Schizophrenie, Osteoporose, Psioriasis. Aber wie gesagt, das braucht alles seine Zeit.

Sie haben sich für diese Arbeit Ihre Heimat, Island, ausgesucht. Warum?
Zuerst einmal natürlich, weil es hier mit der überschaubaren Bevölkerung, dem Krankenregister und dem relativ hohen Bildungsniveau ideale Bedingungen gibt. Aber nun, wo wir in Reykjavík mehr als 350 Menschen aus zwanzig Ländern beschäftigen, verschafft mir das angesichts der harten klimatischen Bedingungen eine ungeheure Befriedigung. Ich bin stolz darauf, daß dies in meiner Heimat am Polarkreis möglich ist. Über Jahrhunderte ist hier fast jeder ausgewandert, der studiert hatte und irgendeinen wissenschaftlichen Beruf ergreifen wollte. Ich selbst bin ein Beispiel dafür, ich habe in Harvard und Chicago gearbeitet. Doch nun kehren zum ersten Mal Isländer mit Universitätsabschluß

wieder auf die Insel zurück. Inzwischen arbeitet bereits jeder achthundertste Isländer bei »deCODE«.

Und Sie sind mit Ihrem Unternehmen an die Nasdaq-Börse gegangen.
Das wäre aus finanziellen Gründen gar nicht nötig gewesen. Aber das ist der Zug der Zeit; alle Biotech-Unternehmen gehen an die Börse, also haben wir das auch gemacht. Das sichert zudem die Offenlegung der Bilanzen und die Aufsicht über den Handel.

Bedeutet die gewaltige Summe von mehr als einer Milliarde Dollar, die jetzt an Ihrem Unternehmen hängt, nicht auch eine große Gefahr für die kleine isländische Volkswirtschaft?
In anderen Ländern, etwa in den Vereinigten Staaten oder in Deutschland, ist der Börsenanteil an der Gesamtwirtschaft viel höher als bei uns. Sie sind in Deutschland also noch abhängiger vom Auf und Ab der Kurse als die Isländer. Zudem wäre von dem Geld und der Manpower, die hier versammelt sind, nichts auf der Insel geblieben, wenn es »deCODE« nicht gäbe. Ganz Island ist monokulturell vom Fischfang abhängig. Der bringt sicher viel Geld ins Land, aber diese Abhängigkeit ist gefährlich. Um das auszugleichen, holt man eine zweifelhafte Großindustrie, die mit billiger Wasserkraft riesige Aluminiumhütten betreiben will, die unsere unberührte Landschaft vergiften. Ich finde das fürchterlich. Im Osten Islands will man ganze Landstriche überschwemmen – das ist doch Dritte-Welt-Ökonomie! Nun haben wir zum ersten Mal die Möglichkeit, hier auf andere, schonende Weise zu produzieren und Arbeitsplätze zu schaffen. Endlich ist dieser Brain-Drain, dieser ewige Abfluß von Wissen, vorbei. Und vielleicht gewinnen wir ja sogar Einwanderer, denn eine multikulturelle Gesellschaft halte ich für einen fundamentalen gesellschaftlichen Fortschritt. Einwanderer würden uns nach mehr als tausend Jahren Isolation sehr guttun.

Die Geschichte mit den Wikinger-Genen hat Ihrem Unterneh-

men große Publizität gebracht: Ein Volk in tausendjähriger Abgeschiedenheit, dessen Nationalsport die Ahnenforschung ist, wird zur Avantgarde der neuesten Naturwissenschaft.

Sie müssen sich das mal vorstellen: Mit Lämmerblut hat man die Chroniken und Sagas auf Kalbshäute niedergeschrieben. Das war ungeheuer mühselig. Doch die Aufzeichnungen der Taten der Väter, die eigene Genealogie, war die einzige Vergewisserung, daß überhaupt je Menschen in dieser gefährlichen Landschaft gelebt hatten. Alles andere – Häuser, Kirchen, Kleider, Waffen – verging mit der Zeit. Alles außer den Texten und den Genen, die ja auch eine Art von Texten sind. Und nun lernen wir mit Hilfe unserer Analysen, wie genau die alten Sagas die Wirklichkeit gezeichnet haben. Es heißt, daß die ersten Siedler vor allem aus Norwegen kamen, sich ihre Frauen aber aus Irland geholt haben. Nun haben wir die Mitochondrien-DNS analysiert, die sich in weiblicher Linie direkt vererbt, und herausgefunden, daß die Mehrheit der Isländerinnen keltischen Ursprungs ist. Die männliche Erbsubstanz hingegen weist große Übereinstimmung mit Skandinavien aus – also genauso, wie das im Landnama-Bók (Landnahme-Buch) unserer Frühzeit niedergeschrieben ist. Ist das nicht faszinierend? Da berühren sich nicht nur Vergangenheit und Zukunft, auch Wissenschaft und Literatur kommen ganz eng zusammen. Das gefällt mir, denn außer der Forschung gehört meine ganze Liebe der Literatur. Ich lese in jeder freien Minute.

Was denn gerade?
Saul Bellows »Ravelstein«. Ein bemerkenswerter Roman, brillant geschrieben. Ich habe mal in Chicago mit Bellow im selben Gebäude gewohnt und versuche jetzt, die Anspielungen auf Personen in dem Roman zu entschlüsseln. Auch das ist nichts anderes als ein Code.

Das Gespräch wurde geführt und aus dem Englischen übersetzt von Dirk Schümer.

5. September 2000